VULKANE

VULKANE

KÖNEMANN

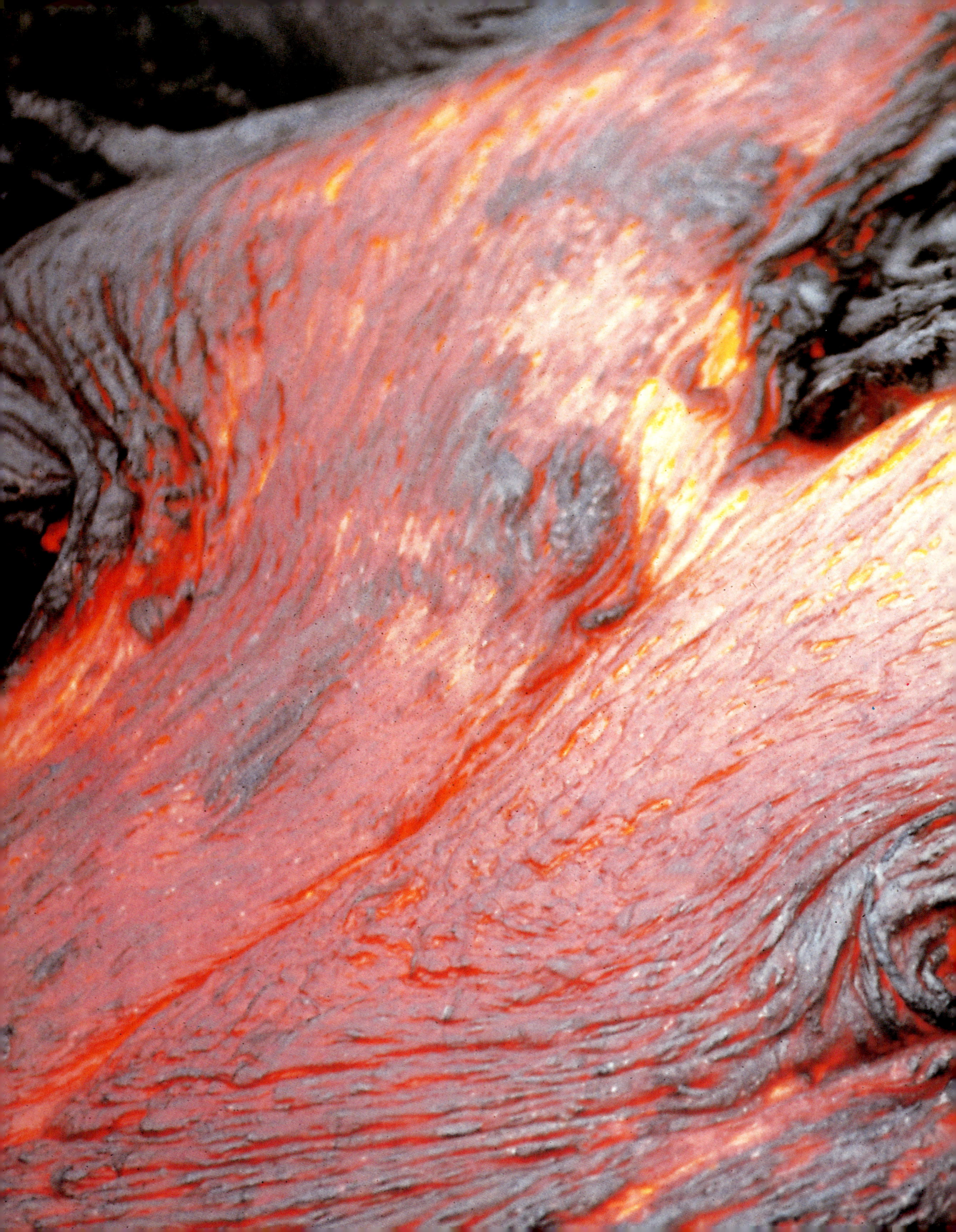

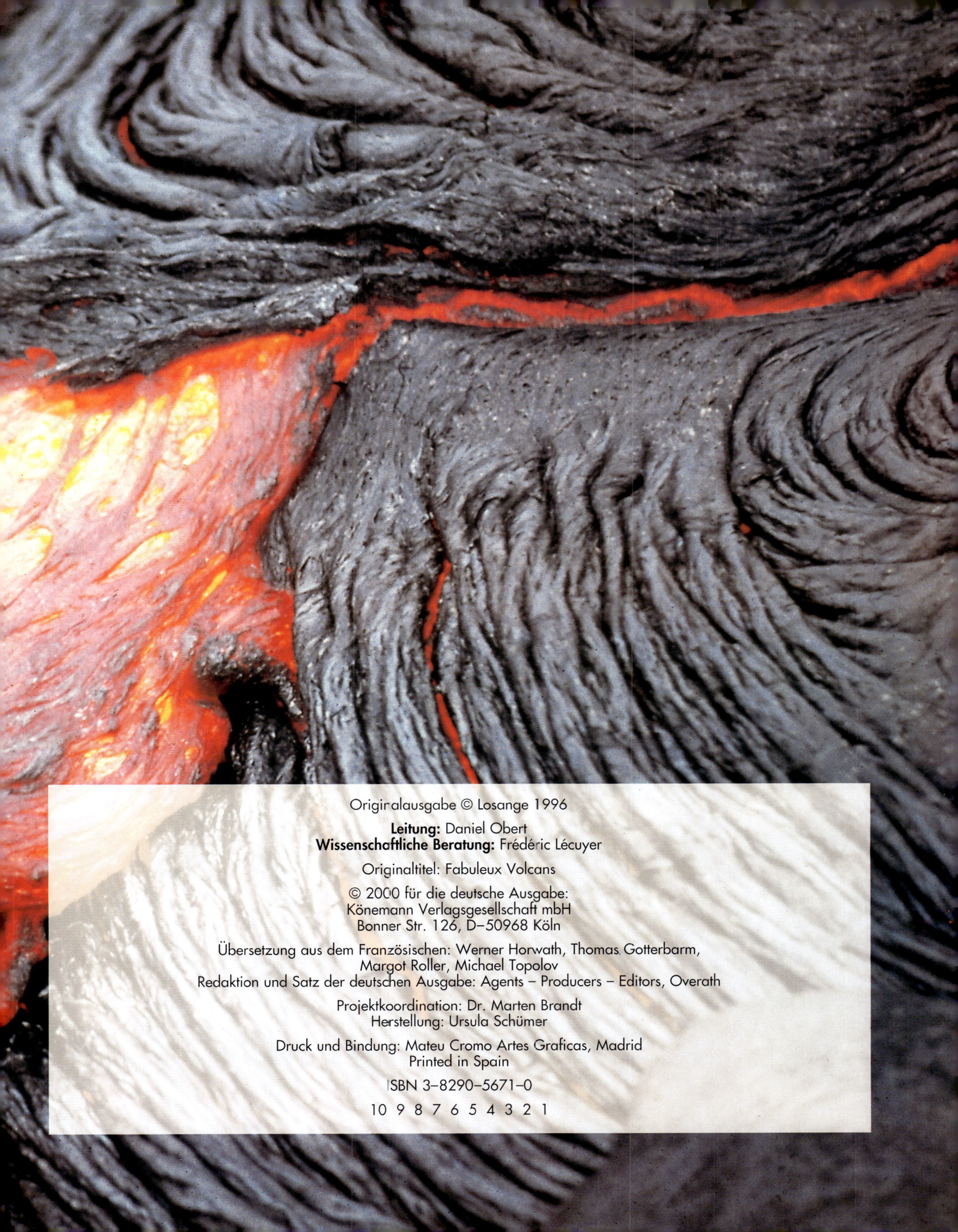

Originalausgabe © Losange 1996

Leitung: Daniel Obert
Wissenschaftliche Beratung: Frédéric Lécuyer

Originaltitel: Fabuleux Volcans

Übersetzung aus dem Französischen: Werner Horwath, Thomas Gotterbarm, Margot Roller, Michael Topolov
Redaktion und Satz der deutschen Ausgabe: Agents – Producers – Editors, Overath

Projektkoordination: Dr. Marten Brandt
Herstellung: Ursula Schümer

Druck und Bindung: Mateu Cromo Artes Graficas, Madrid
Printed in Spain

ISBN 3-8290-5671-0

10 9 8 7 6 5 4 3 2 1

INHALT

DAS FEUER DER ERDE

WARUM GIBT ES VULKANE?

von Frédéric Lécuyer

MENSCH UND VULKAN

von Jean-Louis Cheminée

DAS FEUER DER ERDE

KARTE DER IN DIESEM BUCH

Es scheint auf den ersten Blick kein so schwieriges Unterfangen zu sein, eine Bestandsaufnahme erwähnenswerter Vulkane zu versuchen. Allein in den letzten 10 000 Jahren waren über 1511 Vulkane aktiv. Nach Angaben der Smithsonian Institution in Washington, die *Vulcanoes of the World* herausgibt, ein Verzeichnis aller aktiven Vulkane, weiß man von 414 Vulkanausbrüchen, denen Menschen zum Opfer fielen. Zwischen 1974 und 1993 waren aufgrund von Vulkanausbrüchen 101 Evakuierungen notwendig. Wissenschaftler konnten zwischen 8000 v. Chr. und 1993 über 7886 Eruptionen nachweisen und datieren.

Das eigentliche Problem liegt also in der Qual der Wahl. Jeder Vulkan wäre eine Beschreibung wert; kein Vulkanologe würde uns in diesem Punkt widersprechen. Aber auch wenn wir keine erschöpfende Darstellung liefern können, so haben wir uns bei unserer Darstellung doch um ein möglichst breites Spektrum bemüht.

△ Vulkane, die im ersten Teil (S. 12–55) einzeln vorgestellt werden

▲ In diesem Buch genannte Vulkane

BESCHRIEBENEN VULKANE

DER KILAUEA

Am Südosthang des Mauna Loa gelegen, erreicht der Kilauea eine Höhe von rund 1250 m über dem Meeresspiegel. Mit einer Steigung von maximal 6° weist er sehr flache Flanken auf. Dieses Profil ist charakteristisch für den Typ des Schildvulkans, der durch eine Ansammlung dünnflüssiger basaltischer Laven entsteht. Ein Großteil der ausgestoßenen Lava (über 65 %) zirkuliert zunächst in Lava-Tunneln, bevor sie sich in gewundenen Strängen an der Oberfläche ausbreitet (Pahoehoe-Laven).
Am Gipfel des Vulkans befindet sich eine Caldera mit einem Durchmesser von 3,5 km und einer Tiefe von 150 m, die im südwestlichen Bereich einen Pitkrater aufweist. Diese Einsturzstelle wird Halemaumau, »Haus des Ewigen Feuers«, genannt. Noch eine Besonderheit dieses Vulkans ist seine Grabenzone: Zwei Arme verzweigen sich vom Gipfel aus nach Osten bzw. Südwesten. Überirdisch wird dieser Graben von ehemaligen Schlackenkegeln und erstarrten Lava-Seen gesäumt; bis heute kommt es hier immer wieder zu Eruptionen. Aufgrund der geophysikalischen Gegebenheiten konnte rund 4000 m unter dem Kilauea-Gipfel ein unregelmäßig geformtes Magmareservoir lokalisiert werden, das den zentralen Schlot und das Grabensystem der Riftzone speist.

Eine intensive Vulkantätigkeit

Die Ausbrüche des Kilauea wurden erst seit Anfang des 19. Jh. schriftlich festgehalten, was insbesondere den auf Hawaii lebenden Missionaren zu verdanken ist. So berichtete William Ellis über die Eruption von 1823, während sich Titus Coan mit der Vulkantätigkeit zwischen 1840 und 1874 auseinander setzte. Diese Beobachtungen, ergänzt durch Aufzeichnungen des Mineralogen und Forschungsreisenden James Dana, lassen auf eine nahezu ununterbrochene vulkanische Tätigkeit des Kilauea zwischen 1823 und 1924 schließen. Seine Aktivität war durch einen ständigen Wechsel von Einsturz und Auffüllung der Caldera gekennzeichnet, vereinzelt kam es auch zu Ergüssen an Nebenschloten. Im Jahr 1924 wurde der Wissenschaftler Thomas Jaggar, der 1912 am Rande der Caldera das bis heute existierende vulkanologische Observatorium errichtete, Zeuge eines explosiven Vulkanausbruchs, was für einen als »ruhig« geltenden Vulkan eine kleine Sensation darstellte. Bei diesem phreatomagmatischen Ausbruch wurde eine über 6000 m hohe Aschesäule in die Luft geschleudert, um anschließend den Lava-See des Kraters Halemaumau unter sich zu begraben.
Danach kam es nur zu sporadischen Ausbrüchen, teils in der Caldera selbst, teils an den Flanken im Bereich der östlichen Grabenzone. Im Jahr 1968 setzte eine neue Phase intensiver vulkanischer Tätigkeit ein, ebenfalls überwiegend entlang dieser Riftzone. Im Verlauf dieser Eruptionsperiode, die im Wesentlichen im Mai 1969 einsetzte und – abgesehen von einigen ruhigeren Phasen – bis Juni 1974 andauerte, entstand der Krater von Mauna Ulu, der »wachsende Berg«. Schätzungen zufolge traten bei diesem Ausbruch rund 185 Mio. m^3 Lava aus, Teile davon ergossen sich ins Meer.

Im Jahr 1925 wurde T. Jaggar Zeuge einer phreatomagmatischen Explosion, die durch den Kontakt eines solchen Lava-Sees mit Grundwasser verursacht wurde. Bei dieser Explosion bildete sich eine über 6000 m hohe Aschesäule.

- **Lage**: Hawaii-Insel (Pazifischer Ozean, USA)
- **Höhe**: 1250 m über dem Meeresspiegel und 6750 m über dem umliegenden Meeresgrund
- **Basisdurchmesser**: 180 x 75 km
- **Vulkantyp**: basaltischer Schildvulkan, Hot Spot
- **Häufigster Eruptionstyp**: Hawaii-Typ (diese Bezeichnung geht auf den Kilauea zurück), effusive Spalteneruptionen, Lava-Fontänen und Bildung von Lava-Seen
- **Eruptionen**:
  erste Eruptionen vor 200 000 Jahren;
  letzter Zyklus 1983 bis heute
- **Wissenswert**:
  Die Geschichte des Kilauea beginnt vor 200 000 Jahren und lässt sich in fünf Phasen einteilen:
  Die Entstehungs- und Wachstumsphase des Vulkans war vor rund 2000 Jahren abgeschlossen.
  In dieser Zeit bildete sich die Powers Caldera mit einem Durchmesser von 6 x 8 km, deren Auffüllung vor 200 Jahren vollendet war.
  1790 kam es zum Einsturz der Modern Caldera (Durchmesser 3,5 x 5 km).
  Zwischen 1790 und 1960 spielte sich die Vulkantätigkeit im Wesentlichen im Bereich der Gipfelkrater ab.
  Während der letzten, 1960 einsetzenden Phase war der Vulkan überwiegend im Bereich seiner Flanken aktiv.

Die Eruption von 1983

Im Jahr 1983 setzte die produktivste und längste Eruptionsphase ein, die aus der Geschichte des Kilauea bekannt ist. Seit diesem Zeitpunkt waren rund 50 größere Eruptionsepisoden zu beobachten. Der Zyklus begann im Januar 1983 mit einer Spalteneruption im Zentralbereich der östlichen Grabenzone. Fast dreieinhalb Jahre lang kam es zu Ausbrüchen in Form von Lava-Fontänen, die in der paroxysmalen Phase Höhen von über 500 m erreichten. Im Verlauf eines solchen Eruptionsprozesses wird das ausgestoßene Magma durch Entgasungseffekte in die Luft geschleudert, um sich dann in noch flüssigem Zustand auszubreiten oder in Form erstarrter Lava-Brocken auf die Erde zurückzufallen – in diesem Fall bildet sich ein Schlackenkegel. So entstand rings um den Austrittsschlot dieser Fontänen rund 19 km vom Kilauea-Gipfel der Puu-Oo-Kegel. Im Juli 1986 verlagerte sich die Tätigkeit in einen 3 km weiter östlich gelegenen Bereich der East-Rift-Zone und beschränkte sich nun auf das Gebiet rund um den Kupaianaha. Hier handelte es sich um eine effusive Phase, die fünfeinhalb Jahre andauerte. Während der Episode im November 1991 wurden schätzungsweise 12 Mio. m^3 Lava pro Tag gefördert, die Höchsttemperaturen lagen bei ca. 1100 °C. Im Februar 1992 setzte die Aktivität des Kupaianaha aus, stattdessen kam es in unregelmäßigen Abständen zu Eruptionen an den Westflanken des Puu Oo, in dessen Krater sich seither ein Lava-See befindet. Insgesamt bedecken die während dieser Phase – die zur Zeit, als das Buch verfasst wurde (1996) bereits 13 Jahre andauerte – ausgetretenen Laven eine Fläche von 82 km^2, die an einigen Stellen bis zu 25 m mächtig ist. Die Insel

Durch die Entgasung des Magmas in den Spalten entstehen Lava-Fontänen, die eine Höhe von bis zu 500 m erreichen können.

Lava-Seen wie der im Puu-Oo-Krater sind seltene Phänomene, die mit Effusionsmechanismen zusammenhängen. Sie füllen oder leeren sich in dem Maße, wie der Vulkan ausgetretene Lava auffängt oder in Form von Lava-Strömen freigibt, die teilweise bis ans Meer vordringen können.

DER MYTHOS DER GÖTTIN PELE

Für Hawaiianer gilt der Kilauea, die »aufsteigende Rauchwolke«, als bevorzugter Aufenthaltsort der gefürchteten Göttin Pélée, die Sinnbild für Jugend und Schönheit ist. Sie trägt mal die Züge eines schönen jungen Mädchens, mal die einer hässlichen alten Frau, wenn sie die Bewohner von Big Island, wie Hawaii auch genannt wird, auf die Probe stellt. Es heißt, dass jeder, der es wagt, ihr Missfallen zu erregen, ihren zerstörerischen Zorn auf sich zieht, der wiederum als Ursache für die vulkanische Aktivität in dieser Region gilt. Denn wie, wenn nicht durch die Launen einer Göttin, wollte man sonst diese extremen Eruptionsphänomene erklären? Dem Volksglauben nach soll sogar Pélées Haar den Lava-Fontänen entspringen und ihr Körper in den Lava-Strömen abgebildet sein. In Wirklichkeit ist die Existenz des Kilauea Folge eines wissenschaftlich exakt untersuchten geologischen Prozesses, dem gar nichts Geheimnisvolles anhaftet. Wie alle Vulkane der Inselgruppe von Hawaii gehört auch der Kilauea zu einer untermeerischen, von Südost nach Nordwest verlaufenden Vulkankette im Zentrum der Pazifischen Platte. Jeder dieser Vulkane, die in südöstlicher Richtung immer jünger werden, hat sich über ein und demselben Manteldiapir (mantle plume), einer heißen Aufschmelzungszone, gebildet, um dann mit der Pazifischen Platte weiter zu wandern (vgl. Abbildung S. 85). Mit seinen knapp 200 000 Jahren gehört der Kilauea zu den jüngeren Ausprägungen dieses so genannten Hot-Spot-Mechanismus. ■

Hawaii ist um rund 150 ha größer geworden, doch wurde dabei ein großes Wald- und Wiesengebiet verwüstet. Außerdem haben die bis an die Küste vorgedrungenen Lava-Ströme großen materiellen Schaden angerichtet. Da sich die Lava in diesen Bereichen nur langsam ausbreitet (mit Geschwindigkeiten von 4 bis 5 km/h), haben die dort lebenden Menschen und technische Hilfsdienste genug Zeit, um die Evakuierung der Häuser zu organisieren. Manchmal werden sogar Öltanks versetzt, um Explosionen zu vermeiden; auch Kirchen wurden auf diese Weise schon vor den Flammen bewahrt … Bis heute haben die Laven über 180 Wohnhäuser unter sich begraben, und auch die in der Vergangenheit immer wieder bedrohte malerische Stadt Kalapana südwestlich der Inselhauptstadt Hilo hat den Kampf gegen die Lava letzten Endes verloren.
Das Gebiet ist bis heute aktiv. Vulkanologen aus aller Welt können hier unter idealen Bedingungen Eruptionsphänomene messen und erforschen. Da der Kilauea ständig im Blickpunkt des wissenschaftlichen Interesses steht, können seine Ausbrüche zudem mit 99%-iger Wahrscheinlichkeit vorausgesagt werden. ■

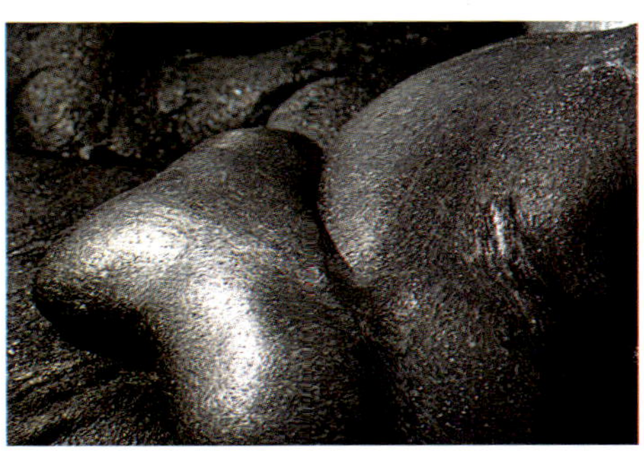

Mit seinen extrem dünnflüssigen Laven bringt der Kilauea immer wieder skurrile Gebilde hervor, wie etwa diese »Blutwürste« (links) oder die »Fäden« (rechts), wie man sie von geschmolzenem Käse kennt.

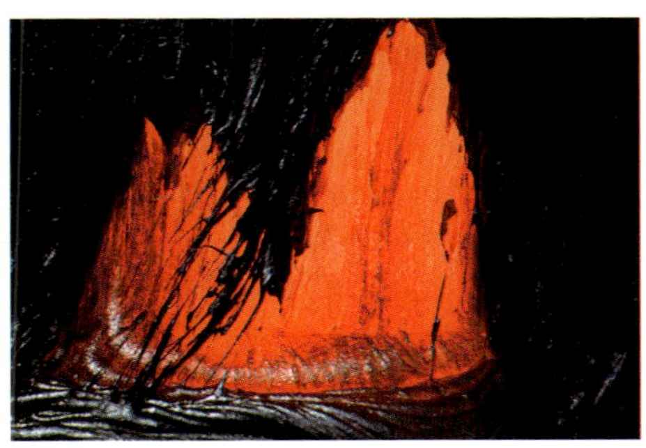

DER MOUNT SAINT HELENS

Bis 1980 war der 2950 m hohe Mount Saint Helens, der Seen, Flüsse, Wälder und Wiesen imposant überragte, einer der landschaftlichen Höhepunkte im amerikanischen Westen. Seine Form und sein schneebedeckter Gipfel hatten ihm den Namen »Fujiyama Amerikas« eingetragen. Wenn er aus den vom Pazifischen Ozean landeinwärts ziehenden Wolken auftauchte, bot er einen grandiosen Anblick. Die seit Jahrtausenden im Umkreis des Mount Saint Helens lebenden Indianer näherten sich dem Berg nicht: Sie nannten ihn Tah-one-lat-clah, den »Rauchenden Berg«.

Eine lange geologische Vergangenheit

Dieser mächtige Stratovulkan, der zum Feuergürtel rund um den Pazifik gehört, war im 19. Jh. sehr aktiv; die längste Eruptionsphase dauerte mit Unterbrechungen von 1832 bis 1857. Da diese Region dünn besiedelt war, gab es dafür nur wenige Zeugen, und die Erinnerung an die vulkanische Tätigkeit dieser Zeit verblasste rasch. Über ein Jahrhundert lang schien der Berg jenen Recht zu geben, die ihn als harmlos einstuften.
Andererseits befassten sich auch verschiedene Geologen mit dem Vulkan, und nach einer ausführlichen Untersuchung veröffentlichten Dwight Crandell und Donal Mullineaux 1978 einen Bericht, der folgendermaßen schloss: »Noch vor der Jahrhundertwende könnte es zu einer Eruption kommen.« Der Vulkan sollte ihre Vermutung schon sehr bald bestätigen.

Vorboten

Nach einer Ruhephase von 123 Jahren zeigte der Mount Saint Helens im März 1980 erste Anzeichen für ein Wiedererwachen: Ein Erdbeben der Stärke 4,2 markierte den Beginn einer langen Serie von Erdstößen, und ab dem 25. März wurden täglich mehrere Hundert Erschütterungen registriert. Am 27. März rückte der Vulkan endgültig in den Blickpunkt des Interesses: um 12.36 Uhr, nach einer gewaltigen Explosion, die in der gesamten Region widerhallte, begann der Berg, Dampf- und Aschewolken auszustoßen.
Journalisten entdeckten vom Hubschrauber aus an seinem Gipfel einen Ring schwarzer Asche, einen Krater und große Spalten – untrügliche Zeichen für das Wiedererwachen des Vulkans.
Den ganzen April hindurch kam es zu zahlreichen weiteren Explosionen, die den Vulkankrater immer weiter vergrößerten und den Schnee allmählich mit einer dunklen Ascheschicht bedecken. Vulkanologen, die die Entwicklung des Phänomens genau verfolgten, stellten bald fest, dass es sich hierbei um phreatische Explosionen handelte, die nach und nach einen alten Lava-Dom zerstörten. Gleichzeitig ließ ein anhaltender Tremor (ein gleichmäßiges Beben, das durch aufsteigendes Magma in den Kanälen verursacht wird) darauf schließen, dass sich im Innern des Vulkangebäudes frisches Magma ansammelte.

- **Lage**: Nordamerika (USA)
- **Höhe**: 2550 m (2950 m vor dem 18. Mai 1980)
- **Basisdurchmesser**: 8,5 km
- **Vulkantyp**: andesitischer Stratovulkan, Subduktionszone, Vulkankette
- **Häufigster Eruptionstyp**: explosiv, Schuttlawine
- **Eruptionen**: erste Eruptionen vor 40 000 bis 50 000 Jahren
  zehn Ausbrüche im 17. Jh. bekannt
  letzte Eruption: 1991
- **Wissenswert**: Der 18. Mai 1980 ist ein entscheidendes Datum im Kalender moderner Vulkanologie. An diesem Tag beobachtete man erstmals das Phänomen erheblicher Destabilisierung von Vulkanbauten. An der Nordflanke des Vulkans stürzten innerhalb weniger Minuten 2,7 km^3 eines über 2200 Jahre alten Vulkankegels ab, wobei die unter der in seinem Innern aufgestauten Lava-Masse (Staukuppe) eingeschlossenen Gase freigesetzt wurden. Ein gigantischer Dampfstrom (*blast*) verwüstete mit Überschallgeschwindigkeit in weniger als 30 Sekunden ein mehr als 600 km^2 großes Gebiet. Die von den Flanken des Vulkans herabstürzenden Felsplatten bildeten eine Schuttlawine, die eine Caldera zurückließ. Die Phase nach dieser paroxysmalen Eruption war gekennzeichnet durch die Förderung pyroklastischer Ströme, die die sich immer wieder bildenden Lava-Dome zum Einsturz brachten.

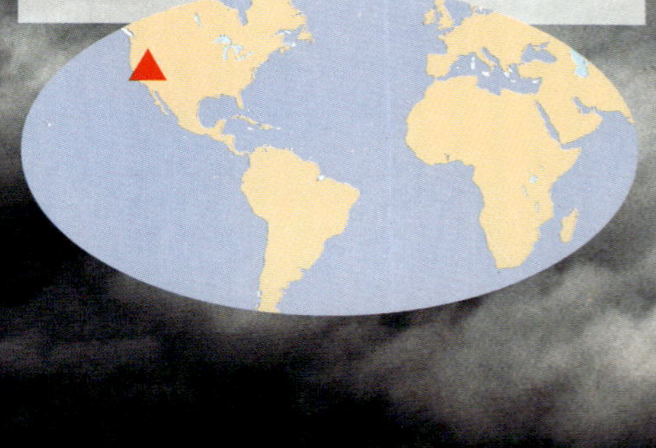

Nach der Naturkatastrophe vom 18. Mai 1980 erhoben sich noch einige Male plinianische Aschesäulen über dem Mount Saint Helens und zerstörten die Lava-Dome, die sich nacheinander in der Caldera gebildet hatten.

Auch kam es zu erheblichen Deformationen: Durch die Intrusion von Magma verformte sich der Gipfel des Vulkans, es bildete sich eine Aufwölbung, die am 12. Mai eine Höhe von 200 m erreichte und täglich um 1,50 m wuchs.
Unmittelbar nach Beginn der seismischen Aktivität untersagte die Forstbehörde die Begehung des Berges wegen drohender Bergstürze und der daraus resultierenden Lawinengefahr. Ab dem 27. März konkretisierten die Vulkanologen des U. S. Geological Survey ihre Eruptionsprognose und empfahlen die Absperrung eines Gebiets im Umkreis von 30 km. Der Staat Washington entschied sich schließlich für die Errichtung von zwei Sperrgebieten: eine gar nicht und eine eingeschränkt zugängliche Zone.
Am Samstag, dem 17. Mai, löst der Vulkanologe David Johnston auf der Station Coldwater II seinen Kollegen Harry Glicken ab (der später bei der Explosion des Vulkans Unzen im Juni 1991 ums Leben kam). An diesem sonnigen Frühlingswochenende bot die Natur ein liebliches, friedliches Bild … Es sollte ein böses Erwachen geben.

IM HERZEN DER KASKADENKETTE

So unerwartet und gewaltig sie auch war – die Eruption des Mount Saint Helens hat uns wieder ins Bewusstsein gerufen, dass im Vulkanismus der Kaskadenkette, zu der auch er gehört, in der Tat ein Potenzial für Naturkatastrophen schlummert. Die Kaskadenkette erstreckt sich vom Lassen Peak im Süden (nordöstlich von San Francisco, California) bis zum Mount Garibaldi im Norden (British Columbia) und ist Teil des Feuergürtels rund um den Pazifischen Ozean. Obwohl die Vulkane immer wieder Signale aussandten, die als warnende Vorzeichen hätten interpretiert werden können, hat man ihnen nicht genügend Aufmerksamkeit geschenkt.
Der Mount Rainier beispielsweise, 80 km nördlich des Mount Saint Helens gelegen, stieß Rauch- und Dampfwolken aus, die die Eisschichten auf seinem Gipfel verformten, während der sich 100 km südlich des Mount Saint Helens erhebende Mount Hood Fumarolen und schweflige Dämpfe ausatmete. Auch der Mount Mazama, v. a. bekannt wegen des Crater Lake, einer gewaltigen, fast 600 m tiefen Caldera, hätte den Blick auf das Potential dieser Vulkankette lenken können. Im Übrigen hatte der Mount Mazama vor 6000 Jahren den gesamten Nordwesten der heutigen USA mit Asche bedeckt. Auch der Lassen Peak hatte im Mai 1915 von sich reden gemacht, als er eine dunkelgraue Wolke ausstieß, die eine Höhe von 11 km erreichte und ihre Asche in einem Umkreis von 300 km verbreitete. Im Jahr 1915 waren die Augen der Weltöffentlichkeit jedoch auf ein ganz anderes Ereignis gerichtet.
Im Jahr 1969, nach den ersten Eruptionen des Arenal, eines Vulkans in Costa Rica, der Ähnlichkeiten mit den Vulkanen der Kaskadenkette aufweist, machte der Geologe Dwight Crandell die Behörden auf die in der Nähe von Ballungsgebieten wie etwa Portland schlummernden Katastrophenherde aufmerksam und wies nachdrücklich darauf hin, dass sie ein erhebliches Gefahrenpotential darstellten. In den Jahren 1969, 1972 und 1977 wurden Maßnahmen zur Beobachtung seismischer Erdbewegungen und Errichtungen von Überwachungsstationen eingeleitet. Das System wurde 1980 in Betrieb genommen; damals umfasste das Netz 58 Stationen, davon nur eine auf dem Mount Saint Helens.

■ Graue Flächen: Vulkanablagerungen, die jünger als 2 Mio. Jahre sind

Der Höhepunkt der Eruption am 18. Mai 1980

Von seiner Beobachtungsstation aus, die 8 km vom Vulkan entfernt lag, übermittelte David Johnston um 7 Uhr morgens über Funk seine letzten Beobachtungen an das Koordinationszentrum in Vancouver. Erdbeben, Deformation, Ausstoß von Schwefeldioxid (SO_2) – das Bild glich in allen Punkten den nun schon seit mehreren Wochen beobachteten Phänomenen. Der Wissenschaftler sagte einmal, der Berg gleiche einer Bombe mit brennender Zündschnur, deren Länge allerdings niemand kenne.
Plötzlich, um 8.32 Uhr, gab er erneut eine Funkmeldung durch: »Vancouver, Vancouver, es ist soweit!«
Dann herrschte nur noch Schweigen. Von David Johnston sollte man nichts mehr finden, auch nicht von seinen Geräten, dem Auto, dem Lagerplatz.
Soeben hatte der Ausbruch des Mount Saint Helens begonnen. Alles entschied sich innerhalb der ersten Minute dieser katastrophalen Eruption, die ihren Höhepunkt sehr rasch erreichte.
Als Folge eines gewaltigen Erdbebens der Stärke 5,1 brach die in Gipfelnähe entstandene Aufwölbung ein: Die Nordflanke stürzte als gigantische Schuttlawine abwärts. Der in der Staukuppe (im Vulkaninneren eingeschlossener Lava-Dom) entstandene Druck entlud sich. Die Gase entwichen schlagartig in zwei Explosionen: Eine Dampffahne stieg senkrecht nach oben, während eine zweite seitlich, an der Flanke des Vulkans, entwich. Das Grundwasser schoß mit gewaltiger Wucht aus dem Berg, und die laterale Explosionswolke holte die anfängliche Schuttlawine ein. Mit unfassbarer Energie raste die Wolke hangabwärts, fegte über Bergrücken hinweg, wobei sie eine Geschwindigkeit von fast 1100 km/h erreichte.
Die Druckwelle wälzte auf einer Fläche von 600 km² sämtliche Wälder flach. Die Temperatur in der Explosionswolke betrug 260 °C; sie kam erst nach über 25 km zum Stillstand. Man vermutet, dass dieser laterale Dampfstrom, auch *blast* genannt, nur 30 Sekunden dauerte. Die dahinter hangabwärts donnernde Schuttlawine bestand aus Asche, Felstrümmern, Eisblöcken und umgeknickten Bäumen. Insgesamt

Die Wälder rund um den Mount Saint Helens waren einst von Riesen bevölkert: Mammutbäume, die teilweise über 60 m hoch waren und Durchmesser von bis zu 5 m aufwiesen, wurden noch fast 25 km von der Austrittsstelle entfernt von der Druckwelle niedergemäht.

AUS DEM LEBEN GEGRIFFEN

Harry Truman und seine Katzen

Harry Truman, ein alter Herr von 84 Jahren, trotzte dem Mount Saint Helens mit hartnäckiger Entschlossenheit. Er lebte in einem kleinen Häuschen am Rande des Spirit Lake, der inmitten der roten, also vorrangig zu evakuierenden Zone lag. Nachdem ein Erdbeben der Stärke 5 die Region erschüttert hatte, vertraute Harry Truman seine Angst einem Freund an, der bei ihm zu Besuch war, bekräftigte aber seine Absicht, sein Haus unter keinen Umständen aufzugeben: »Ich bin ein Teil des Berges, und der Berg ist ein Teil von mir.«

Seit der Eruption des Berges, den er Zeit seines Lebens als Freund betrachtet hatte, ist er mitsamt seinen 16 Katzen verschwunden.

Das Abenteuer der Familie Moore

Am Tag der Eruption zelteten Mike und Lu Moore mit ihren beiden Kindern nur 20 km von der Nordflanke des Vulkans entfernt. Mike Moore hatte insofern Vorsichtsmaßnahmen getroffen, als er außerhalb der behördlich festgesetzten Sicherheitszone kampierte und den Schutz hoher Grate suchte. Diese zusätzliche Vorsicht rettete der vierköpfigen Familie das Leben.

Am 18. Mai 1980 wurden sie kurz nach 8.30 Uhr von einem dumpfen Grollen aufgeschreckt; unmittelbar danach wirbelte ihnen eine riesige Aschewolke entgegen. Sie hatten gerade noch Zeit, in eine nahe Hütte zu flüchten, wo sie, in Decken gehüllt und die Gesichter mit feuchten Tüchern bedeckt, das Ende der Aschewolke abwarteten. Sie hörten einen Steinregen auf die Hütte niederprasseln. Als wieder Ruhe eingekehrt war, waren sie von einer grauen, pulverigen Steinwelt umgeben. Sie versuchten vergeblich, über die entwurzelten Bäume hinweg zu ihrem Auto zu gelangen und verbrachten eine Nacht im Chaos. Am nächsten Tag wurden sie von einem Rettungshubschrauber entdeckt.

lagerten sich über 2 Mrd. m^3 Schutt im Spirit Lake sowie – auf einer Länge von fast 30 km – im sich daran anschließenden Flusstal ab. An einigen Stellen war diese Schicht über 180 m mächtig. Nun folgten Schlammströme, die durch das Schmelzen von Schnee und Eis ausgelöst wurden: Sie transportierten Asche und Gesteinstrümmer bis zu 45 km weit. Die senkrechte Aschesäule erreichte innerhalb von 15 Minuten eine Höhe von 25 km; neun Stunden lang sollte sie unentwegt Asche ausstoßen. Etwa 20 Minuten später wurden die Schallwellen in Seattle wahrgenommen.

Am Ende dieser gewaltigen Eruption war die Sicht auf den Vulkan wieder frei. Auf seinem Gipfel hatte sich ein neuer Krater gebildet – 1,5 km breit, 3 km lang und 700 m tief; durch die Sprengung des Gipfels hatte der Berg 400 m an Höhe verloren. Der Ausbruch hatte rund 60 Todesopfer gefordert, 300 km Straßen wurden zerstört und Tausende von Bäumen umgemäht. Außerdem kamen nahezu 6500 Hirsche und Elche, 200 Schwarzbären sowie unzählige Vögel und kleine Säugetiere um. Auf einer Fläche von mehreren Tausend Hektar wurde jedes Leben ausgelöscht.

Nach und nach bildete sich im Krater ein neuer Dom, der bis 1986 immer wieder explosive Phasen auslöst. Keine war jedoch nur annähernd so stark wie die vom 18. Mai 1980, die rund 27 000 mal so viel Energie entwickelt haben soll wie einst die Hiroshima-Bombe. ■

Erstmals in der Geschichte der Vulkanologie werden Wissenschaftler Zeugen der partiellen Zerstörung eines Vulkans durch den Abrutsch der Flanken. Innerhalb weniger Augenblicke verliert der Mount Saint Helens 400 m an Höhe, an der Nordflanke klafft eine hufeisenförmige, 200 m tiefe Narbe mit 3 km Durchmesser.

Infolge der paroxysmalen Eruption, die durch die Vermischung von Asche mit Schnee und Eis noch ver-stärkt wurde, stürzten mächtige Schlammströme
die Berghänge hinab, rissen Häuser mit sich in die Tiefe, zerlegten Lastwagen in ihre Einzelteile, kurz, alles, was ihnen in die Quere kam, wurde verschluckt.

DER NEVADO DEL RUIZ

Stellen Sie sich eine Landschaft in den Anden im Westen Kolumbiens vor: spärliche Vegetation, kahle Felsen und schneebedeckte Gipfel. Riesige andesitische Stratovulkane, die von tief eingeschnittenen Tälern durchzogen sind, weisen auf die Existenz einer darunter liegenden Subduktionszone hin. Hier ist im Laufe der letzten Jahrtausende der Nevado del Ruiz entstanden. Der Gipfel des 5321 m hohen Vulkanmassivs mit einem Durchmesser von rund 55 km trägt eine 25 km^2 große Eiskappe. Der Berg überragt die etwa 70 km weiter östlich liegenden, dicht besiedelten Anbaugebiete des Magdalena-Tals um rund 5000 m und die sich westlich anschließenden Ebenen des Flusses Cauca um über 3000 m. Bis zur Katastrophe am 13. November 1985 hatte der Nevado del Ruiz kaum von sich reden gemacht. Lediglich zwei Eruptionen gingen in die Geschichtsbücher der damals in der Region lebenden Menschen ein: der Ausbruch des Jahres 1595, dessen Schlammströme (Lahare) die Täler von Guali und Lagunillas bis zum Río Magdalena hinabstürzten und dabei 600 Menschen in den Tod rissen, und die Eruption von 1845, bei der ein Lahar die Stadt Ambalema und 1000 Bewohner unter sich begrub – 30 km stromaufwärts von der Stelle entfernt, wo Armero auf den Ablagerungen früherer Lahare friedlich gedieh. Zwischen 1845 und 1984 hatte der Vulkan eine ruhige Phase.

25 000 Tote innerhalb weniger Stunden

Ende 1984 erwachte der Vulkan. Erdbeben erschütterten den Gipfel, die Temperatur in den Fumarolen stieg und es kam zu kleineren phreatischen Eruptionen. Diese schwache Aktivität hielt bis Ende August 1985 an, als ein Anstieg der Erdbebenhäufigkeit zu verzeichnen war. Am 11. September spie der Vulkan sieben Stunden lang heiße Asche, die seinen Gipfel bedeckte und genügend Eis zum Schmelzen brachte, um einen Lahar auszulösen. Als Warnsignal durchspülte dieser das Tal des Azufrado auf einer Strecke von rund 27 km in knapp einer Stunde. Am 10. November kam es zu anhaltenden rhythmischen Beben – ein untrügliches Zeichen dafür, dass sich Magma dem Gipfel näherte. Am 13. November 1985 ging ein heftiger Wolkenbruch über der Region nieder. Gegen 15 Uhr wurde bei einer phreatischen Eruption Asche ausgestoßen, die einige Stunden später auf die über 45 km nordöstlich bzw. östlich des Gipfels gelegenen Städte Mariquita und Armero niederging. Gegen 21 Uhr begann die magmatische Eruption, bei der sich eine 8 km hohe Aschesäule sowie kleine Glutwolken bildeten. Obgleich die Eruption eher bescheiden ausfiel, brachte sie 5 % der Eiskappe zum Schmelzen. Schmelzwasser, Regenwasser und kleine Kraterseen bildeten ein gigantisches Wasservolumen, das sich mit der angesammelten Asche verband und sturzflutartige Lahare auslöste. Diese schossen die strahlenförmig vom Gipfel ausgehenden Täler hinab und erreichten dabei Geschwindigkeiten

1985 machte ein Vulkan von sich reden: Ein gigantischer Schlammstrom löste sich vom Gipfel des Nevado del Ruiz und verschlang die Stadt Armero. Eines hat uns die Naturkatastrophe gelehrt: Eine enge Zusammenarbeit zwischen Wissenschaftlern und Behörden ist unabdingbar.

- **Lage**: Kolumbien
- **Höhe**: 5321 m
- **Vulkantyp**: andesitischer Stratovulkan, Vulkankette (Subduktionszone)
- **Häufigster Eruptionstyp**: explosiv, begleitet von pyroklastischen Strömen

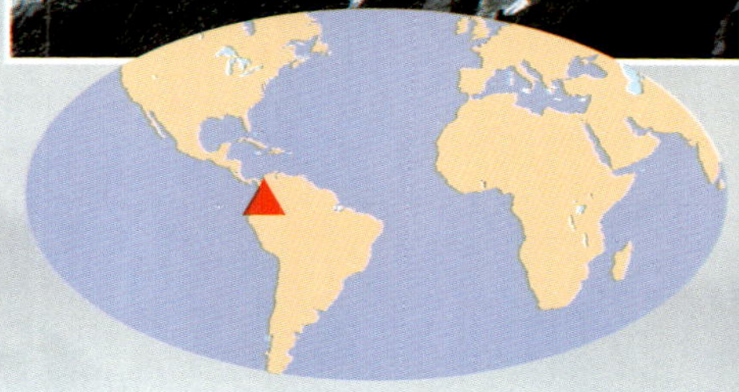

von 30 bis 35 km/h. In weniger als zwei Stunden erreichten die tödlichen Lahare die mehr als 60 km entfernten Siedlungen. Fluten von Schlamm, Felsbrocken und Bäumen ergossen sich mehrere Dutzend Meter hoch in die Straßen der Städte Chinchina (im Westen) und Armero (im Osten). Was sich ihnen in den Weg stellte, wurde dem Erdboden gleichgemacht. Die Bilanz war katastrophal: 25 000 Tote, Tausende von Verletzten, 15 000 Stück Vieh waren verendet, das gesamte Straßen-, Strom- und Telefonnetz war zusammengebrochen, Häuser, Krankenhäuser, Schulen und Industriebetriebe wurden fast vollständig zerstört, die Landwirtschaft war ruiniert. Innerhalb weniger Stunden hatte der Nevado del Ruiz Platz vier in der traurigen Rangfolge der tödlichsten Vulkane seit dem letzten Jahrhundert eingenommen.

Eine vermeidbare Katastrophe

Die ersten Anzeichen für eine Eruption lagen über ein Jahr zurück; der Vulkan war mit Seismographen ausgestattet worden, seit dem 9. Oktober gab es eine Gefahrenkarte. Dennoch kam es durch eine Verkettung ungünstiger Faktoren zu dieser schweren Katastrophe. Mangelnde Klarheit in den Äußerungen der Wissenschaftler sowie gewisse Widersprüche darin untergruben deren Glaubwürdigkeit. Da die Behörden nicht wussten, wann es zur Eruption kommen würde, lösten sie erst in allerletzter Minute Alarm aus; sie fürchteten enormen wirtschaftlichen und politischen Schaden im Fall einer verfrühten oder unnötigen Evakuierung. Außerdem war die Regierung zu sehr mit der Stabilisierung der politischen Macht und dem Kampf gegen die Drogenmafia beschäftigt, um sich mit einer eruptiven Krise auseinander zu setzen, die bereits seit über einem Jahr andauerte. Schließlich taten auch das schlechte Wetter, die späte Uhrzeit und die Fernsehübertragung eines Fußballspiels ein Übriges, um die Verbreitung des Alarms zu verzögern. Aus heutiger Sicht scheint es sicher, dass bei entschiedenem Handeln zahlreiche Menschenleben hätten gerettet werden können. ■

DER MONT PELÉE

In den frühen Morgenstunden des 8. Mai 1902 herrschte friedliche Ruhe in der Hafenstadt Saint-Pierre auf Martinique – bis um 8 Uhr eine Detonation die Stadt erschütterte, deren Widerhall noch in einer Entfernung von 600 km zu hören war. Wenige Minuten später war Saint-Pierre, die Perle der Karibik, verschwunden – zerstört von einer Glutlawine (*Nuée ardente*), die sich an den Flanken des über der Bucht aufragenden Vulkans Mont Pelée hinabwälzte. Mit einer traurigen Bilanz von nahezu 28 000 Todesopfern ging der 8. Mai 1902 als Tag der größten Vulkankatastrophe des 20. Jh. in die Geschichte ein. Am 10. August desselben Jahres forderte eine weitere Glutwolke in Morne-Rouge nochmals mehr als 1000 Opfer.

Chronik einer angekündigten Katastrophe …

Als erste Anzeichen der Katastrophe tauchten 1889 an der Spitze des Vulkans einige schwächere Fumarolen auf. Auf dem Gipfel befand sich zu diesem Zeitpunkt eine Vertiefung, eine Caldera namens Etang Sec. Anfang 1902 verstärkte sich der Ausstoß von Fumarolen und der starke Schwefelwasserstoffgeruch an der Westseite des Vulkans, wo sich zuvor die bescheidenen so genannten phreatischen oder Dampferuptionen (ausgelöst durch überhitztes Grundwasser) von 1792 und 1851 zugetragen hatten. Zur ersten phreatischen Explosion kam es am 24. April 1902. Man spürte mehrere Erdbeben, und über dem Vulkan erhob sich eine Dampf- und Aschewolke. Das Leben in Saint-Pierre wurde von diesen beunruhigenden Ereignissen jedoch kaum beeinträchtigt – obwohl der Gipfel des Vulkans nur 7 km von der Hafenstadt entfernt war.
Stattdessen drehte sich alles um die Parlamentswahlen: Der erste Wahlgang am 27. April war ergebnislos verlaufen, der zweite war für den 11. Mai angesetzt. Am 2. Mai ging ein Ascheregen über der Nachbarstadt Le Prêcheur nieder, und ein Teil der Bevölkerung floh nach Saint-Pierre. Aus wahltaktischen Überlegungen spielten die Behör-

Als der Vulkanologe nach der Katastrophe auf die Insel Martinique geschickt wurde, machte er diese Aufnahmen von einem Phänomen, das er später als »*Nuées ardentes*«, Glutwolken, bezeichnete.

- **Lage**: Insel Martinique
- **Höhe**: 1397 m
- **Vulkantyp**: andesitischer Stratovulkan, Subduktionszone, Inselbogen
- **Häufigster Eruptionstyp**: explosiv, verbunden mit dem Einsturz von Lava-Domen, peleanischer Typ (nach ihm benannt)
- **Eruptionen**: erste Eruptionen vor 25 000 Jahren; jüngste Eruptionen: 1902–1905, 1929–1932; in den letzten 6000 Jahren haben, soweit bekannt, 25 Eruptionen stattgefunden

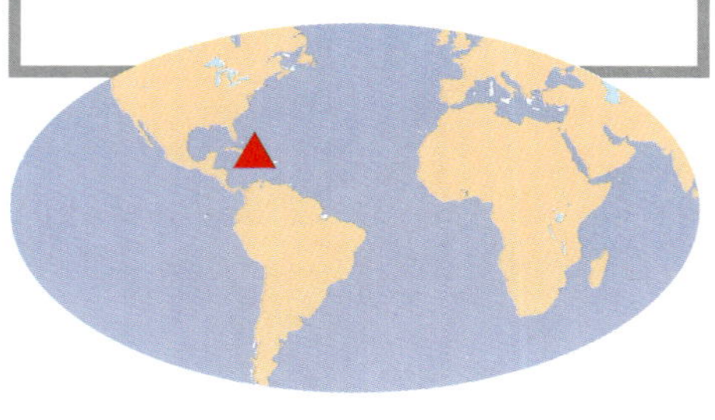

Vor der Zerstörung war Saint-Pierre die reichste Stadt der gesamten Karibik. Nach dem Ausbruch vom 8. Mai 1902 erlangte es nie wieder den einstigen Wohlstand.

den die Gefahr herunter. Am 3. Mai erwachte auch Saint-Pierre unter einer dünnen Ascheschicht. Am 5. Mai zerbrach der Krater des Etang Sec und löst einen reißenden Strom aus. An der Mündung der Rivière Blanche wurde die Fabrik Guérin mit ihren 25 Arbeitern unter einer 6 m hohen Schlammschicht begraben. Als sich die Schlammlawine ins Meer ergoss, entstand im Hafen eine Mini-Flutwelle, und erstmals machte sich Panik breit. Am 6. Mai verließ ein Teil der Bevölkerung den beschwichtigenden Parolen des Bürgermeisters zum Trotz die Stadt. Am 7. Mai war der Vulkan ruhig. Eine wissenschaftliche Kommission kam zu dem Ergebnis, dass »der Mont Pelée keine größere Gefahr für die Stadt Saint-Pierre darstellt als der Vesuv für Neapel«. Am 8. Mai, gegen 8 Uhr, verschwand die Stadt von der Landkarte. Es gab nur zwei Überlebende. Einer davon, Ciparis, saß zur Zeit des Ausbruchs im Gefängnis. Geschützt von den dicken Mauern seiner fensterlosen Zelle hatte er wie durch ein Wunder überlebt. Die Stadt Saint-Pierre und eine Fläche von 58 km² wurden durch eine so genannte »Nuée ardente« verwüstet, eine Glutwolke, die sich am Gipfel des Vulkans gelöst hatte. Dieser Begriff wurde vom französischen Vulkanologen Alfred Lacroix eingeführt, der ab Juni 1902 in offiziellem Auftrag den Ort untersuchte. Derartige Glutwolken entstehen durch das Wachstum und die anschließende Zerstörung eines zähflüssigen (in diesem Fall andesitischen) Lava-Doms. Die Glutwolke, eine Mischung aus Domfragmenten und expandierenden Gasen, raste den Hang hinab und erreichte die Stadt in wenigen Minuten. Am 7. Mai 1902 begann ein über den Kraterrand hinausragender Dom einzustürzen, wobei sich kleine Glutlawinen bildeten. Das Wachstum dieses Doms wurde von Alfred Lacroix bis September 1903 genau verfolgt. Ende 1902 hatte sich eine Lava-Nadel bis zu einer Höhe von 260 m aus dem Dom hervorgeschoben, ehe sie zusammenbrach. Sein Einsturz erfolgte in mehreren Schüben. Dabei bildeten sich Glutwolken, die teils schwächer, teils ebenso stark waren wie bei der Eruption vom 8. Mai. Zu den heftigsten Eruptionen kam es am 20. Mai, als die letzten Reste der Stadt vernichtet wurden, am 6. Juni, am 9. Juli und am 30. August 1902. Von der letzten Eruption war ein noch größeres Gebiet betroffen, da auch eine 56 km² große Fläche im Osten zerstört wurde, darunter ein Teil des Ortes Morne-Rouge. ■

EIN ÜBERWACHTER VULKAN

Die Eruption des Mont Pelée im Jahr 1902 war aus humanitärer wie auch wissenschaftlicher Sicht ein gravierender Einschnitt in der Geschichte der Vulkanologie: Rund 28 000 Todesopfer sind ein hoher Tribut. Als der Vulkan 1929 wieder erwachte, wurde die gefährdete Zone evakuiert. Zudem sorgte ein vulkanologisches Observatorium fortan für die Überwachung des Berges. Der Mont Pelée ist der potentiell gefährlichste aktive Vulkan Frankreichs. Im Falle eines erneuten Ausbruchs wären 35 000 Menschen in seiner unmittelbaren Umgebung betroffen. Er gehört heute zu den am besten erforschten und auch am besten überwachten Vulkanen. Sein nächster Ausbruch wird wohl vorhersagbar sein, vermutlich wird es sich um eine (bescheidene) phreatische, um eine peleanische oder eine plinianische Eruption handeln. Im letzten Fall würde ein Ascheregen weite Teile der Insel Martinique bedecken.

Eine 260 m hohe Lava-Nadel ragt wie die Kralle eines Drachens, der aus dem Erdinnern zu klettern versucht, aus dem Vulkangipfel.

HEIMAEY

- **Lage**: Insel Heimaey (Island)
- **Höhe**:
  Helgafell (»heiliger Hügel«) 225 m;
  Eldfell (»Feuerhügel«) 215 m (nach der Eruption von 1973)
- **Vulkantyp**:
  Spalteneruption, ozeanischer (mittelatlantischer) Rücken mit darunter liegendem Hot Spot
- **Häufigster Eruptionstyp**:
  Hawaii-Typ, Lava-Fontänen, Aa- und strombolianische Ströme (rhythmische Explosionen)
- **Eruptionen**:
  Entstehung des Helgafell vor 5500 Jahren;
  letzte Eruption: Januar bis Juni 1973

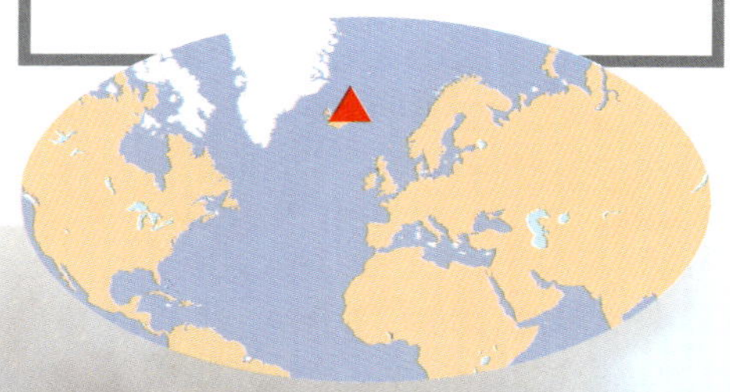

Am 23. Januar 1973, kurz vor 2 Uhr morgens, begann auf Heimaey, der einzigen bewohnten Insel des Archipels von Vestmannaeyjar, eine der verheerendsten Eruptionen in der Geschichte Islands, nur zwei Steinwürfe vom wichtigsten Fischereihafen des Landes entfernt. Kurz nach Mitternacht schliefen die meisten der 5000 Inselbewohner bereits. Da über dem Meer ein Unwetter tobte, begleitet von einem Südost-Wind der Stärke 12, lagen nahezu alle der 60 bis 70 Boote im Hafen. Etwas später beruhigte sich der Sturm und drehte ab, die Wolken zogen in nördlicher Richtung.

Glühende Wellen

Die Lage schien sich wieder entspannt zu haben, als gegen 2 Uhr morgens die zentrale Polizeistation der Stadt telefonisch gewarnt wurde: Soeben hatte in der Nähe des Hafens eine Eruption begonnen. Sofort eilten die diensthabenden Beamten in den Ostteil der Stadt. Hier, weniger als 400 m von den ersten Siedlungen entfernt, spie eine 1600 m lange Förderspalte Lava-Fontänen, die einen bis zu 150 m hohen Feuervorhang bildeten. Der Lava-Strom ergoß sich in östlicher und nordöstlicher Richtung, ein Teil des Stromes hatte bereits das Meer erreicht. Die Ascheablagerung (Tephra) war schon relativ mächtig, aber glücklicherweise lenkt der Wind die Niederschläge vom Dorf ab, sodass in dieser Nacht die Häuser verschont blieben. Sirenen schlugen Feueralarm, Polizei- und Feuerwehrautos fuhren durch die Straßen der Stadt, um die Bevölkerung zu wecken – die noch immer schlief! Kurz nach 2 Uhr begann die Evakuierung, die Bewohner eilten in Richtung Hafen. Die am Vorabend wegen des Unwetters im Hafen liegen gebliebenen Boote standen bereit, und die Bewohner konnten rasch vor dem Eruptionsherd in Sicherheit gebracht werden. In den ersten Stunden der Eruption förderte die Spalte fast 200 m^3 Magma pro Sekunde, im Wesentlichen in Form von Lava-Strömen, aber auch als feine Auswürflinge, die nach Norden abgetrieben wurden und auf die Boote niedergingen, mit denen die Bewohner von Heimaey befördert wurden. Auf einer Länge von

Nur knapp 400 m von den Häusern entfernt beginnt eine Spalte Feuer zu speien: ein atemberaubendes Spektakel.

100 m öffnete sich die Spalte unterhalb des Meeresspiegels, und durch den Kontakt von Wasser und Magma kam es zu surtseyanischen (phreatomagmatischen) Explosionen. Durch ungünstige Windverhältnisse war der Ascheregen über dem Dorf so heftig, dass die wenigen Menschen, die zur Überwachung der Eruption vor Ort geblieben waren, ihre Hände nicht mehr vor Augen sehen konnten. Vulkanische Bomben fielen auf die Stadt, durchschlugen Fenster und setzten Häuser in Brand.

Die schwarzen Lapilli haben alles unter sich begraben. Es ist, als hätte die Insel ihre eigenen Häuser und Autos verschlungen!

Eine Stadt unter Asche

In den folgenden Tagen wurden 200 bis 300 kg schwere Bomben bis zu 700 m weit aus der Spalte geschleudert, auch die Stadt blieb nicht verschont. Eine teilweise über 3 m dicke Ascheschicht bedeckte Straßen und Häuser, deren Dächer darunter einbrachen.
Anfang Februar ließ die Aktivität deutlich nach. Über der Spalte erhob sich jetzt ein 215 m hoher strombolianischer Vulkankegel, der später den Namen Eldfell erhalten sollte. Am 4. Februar kam es in der nördlichen Verlängerung der Spalte zu einer kleinen untermeerischen Eruption, durch die die brandneue Trinkwasserleitung und das erst kurz zuvor zwischen Heimaey und der isländischen Küste gelegte Stromversorgungskabel lahmgelegt wurden. Am selben Tag geschah etwas Beunruhigendes: Der Lava-Strom änderte seine Richtung und bewegte sich nun auf die Stadt zu. Dieser neuerliche Vormarsch glühender Ströme bedrohte die Hafeneinfahrt, die bei Ebbe bereits fast blockiert war, da die Lava zwischenzeitlich 70 m weit in den Hafen vorgedrungen war. Als die Flut stieg, erhitzte sich das Wasser durch den Kontakt mit dem Lava-Strom und verdampfte. Dieser Dampfdruck ließ die Lava explodieren, und aus den Fragmenten bildeten sich kleine Nebenkegel, denen keine eigenen Förderkanäle zugrunde lagen. Die Explosionen waren teilweise so stark, dass man glaubte, im Hafen hätte eine neue eruptive Phase begonnen.

Menschen im Kampf gegen den Vulkan

Am 6. Februar beschlossen die Behörden, den Hafen von Heimaey unter allen Umständen zu retten. Ein Wettlauf mit der Zeit begann. Wissenschaftler pumpten Meerwasser auf die Lava, um sie schneller zum Erstarren zu bringen. Nachdem der erste Versuch erfolgreich war, wurden alle isländischen und viele ausländische Wasserpumpen herangeschafft. Nach einem viermonatigen Kampf im Rhythmus der Pumpen und Schläuche verlangsamte sich die Lava-Front und kam schließlich ganz zum Stillstand. Der Hafen von Heimaey war gerettet. Die Bewohner der Stadt schöpften neue Hoffnung; viele von ihnen kehrten bald zurück, um die Häuser aus ihrem Gesteinskokkon zu befreien.
Die Eruption endet am 26. Juni nach 5 Monaten vulkanischer Aktivität, in deren Verlauf fast 230 Mio. m^3 Lava-Ströme und 20 Mio. m^3 Tephra (Auswürflinge) gefördert sowie 417 Häuser zerstört worden waren. Die Asche wurde später verwendet, um die Rollbahnen des Flughafens auszubessern und im neu entstandenen Westteil der Stadt Straßen anzulegen. Der Lava-Strom hat die Insel Heimaey um 13,5 km^2 vergrößert. Außerdem bildet er einen natürlichen Damm, der die Insel vor Nordostwinden schützt. Bis heute leiten die Bewohner Wasser auf den Lava-Strom und verwenden den so gewonnenen Dampf, um ihre Häuser und das neu gebaute Freibad zu beheizen. ■

DER ÄTNA

Das große Kriegsschiff war bei seiner Fahrt entlang der Küste soeben auf der Höhe von Taormina angekommen, als ein tiefes Grollen zu hören war. Die Trommeln beschleunigten ihren Rhythmus, und die unter der Flagge der illustren Stadt Athen fahrende Galeere zog rasch von dannen. Die dichten, bedrohlich über den von Schnee bedeckten Gipfeln des Ätna aufsteigenden Rauchschwaden waren untrügliche Zeichen dafür, dass Hephaistos sein Feuer erneut entfacht hatte. Die göttlichen Schmieden arbeiteten wieder, und wehe dem Unglücklichen, der sich in ihrer Nähe aufhielt!

Zwischen Mythos und Realität

Einige Jahrtausende später waren vom mächtigen Griechenland der Antike nur noch Ruinen übrig, während der Ätna bis heute existiert. Seit fast 300 000 Jahren ist dieser Vulkan an der Ostküste Siziliens aktiv. Mit einer Höhe von 3350 m und einem maximalen Durchmesser von rund 50 km ist der Ätna einer der ersten Vulkane, die systematisch beobachtet und erforscht wurden. Als relativ atypischer basaltischer Schildvulkan befindet er sich über einer Konvergenzzone in der kontinentalen Kruste am Rand der großen afrikanischen Platte. Seine Geschichte lässt sich in mehrere große Kapitel gliedern, die mit einer submarinen Episode beginnen und mit einer riesigen »Narbe« enden, dem Valle del Bove (»Ochsental«). Diese Caldera in Form eines nach Osten offenen Hufeisens scheint sich über einen langen Zeitraum von vielen Jahrtausenden gebildet zu haben, bis sie mit einem Durchmesser von 15 km (von Norden nach Süden) ihre heutige Größe erreichte. Derzeit weist der Ätna vier zentrale Krater auf, auf die sich der überwiegende Teil der vulkanischen Aktivität konzentriert. Allerdings treten große Lava-Ergüsse häufig auch an den mächtigen, radial verlaufenden Spalten der Vulkanflanken auf. Sie haben unzählige Male Siedlungen und Kulturen der an den Hängen lebenden Menschen bedroht oder zerstört.

Der Ausbruch von 1991–1992: »Grazie governo!«

Im Dezember 1991, als sich im Süden der Gipfelkrater die ersten Anzeichen einer neuen Spalteneruption bemerkbar machten, war niemand beunruhigt. Die Eruption ereignete sich in sehr großer Höhe und war weit von den besiedelten Gebieten entfernt; außerdem ergossen sich die Schlackeströme (Aa-Laven) ins Valle del Bove. Im Januar 1992 jedoch wanderten die Förderschlote entlang einer Spalte innerhalb weniger Tage nach Südosten, und die vulkanische Masse trat dieses Mal in 2200 m Höhe an die Erdoberfläche. Dies wäre alles halb so schlimm, hätte sich nicht 200 Jahr zuvor, im Jahr 1792, ein nahezu identisches Szenario abgespielt, das in der vollständigen Zerstörung der Stadt Zafferana Etnea gipfelte. Auch außerhalb des Valle del Bove bestand durchaus eine reale Eruptionsgefahr: Knapp drei Jahre zuvor, 1989, hatte sich parallel zum Tal eine Spalte geöffnet, die weit über die Caldera hinausreichte. Eine der ersten Aufgaben des von Professor Barberi geleiteten Vulkanologenteams bestand nun also darin, Gassensoren (für Kohlendioxid [CO_2] und Radon) zu installieren, um einen möglichen Magma-Anstieg entlang des Grabens

Wie ein feuerrotes Band mäandert der Strom aus glühendem Gestein die Flanken des Ätna hinab. Die Schmieden des Hephaistos sind in Aktion.

- **Lage**: Sizilien (Italien)
- **Höhe**: 3350 m
- **Basisdurchmesser**: rund 50 km
- **Vulkantyp**: basaltischer Schildvulkan (Ursprung unklar)
- **Häufigster Eruptionstyp**: strombolianisch (rhythmische Explosionen) und hawaiianisch (vereinzelt Lava-Fontänen, häufig Spalteneruptionen mit großen Lava-Strömen)
- **Eruptionen**: erste Eruptionen vor 300 000 Jahren; letzte Eruption: Lava-Strom von 1991–1992, explosive Aktivität in den Gipfelkratern bis 1996
- **Wissenswert**: Als größter aktiver Vulkan Europas ist der Ätna seit über 2000 Jahren fast ununterbrochen aktiv.

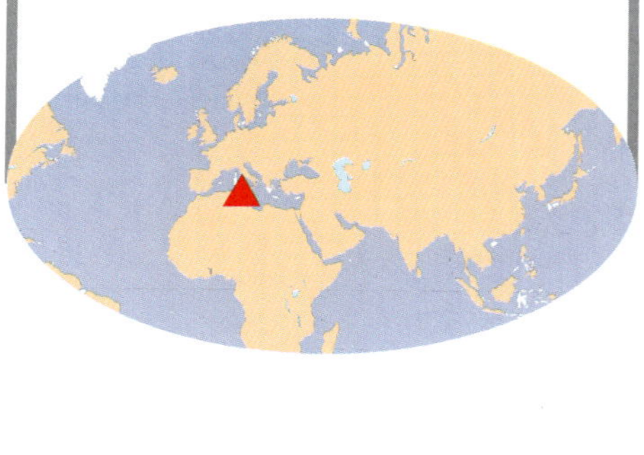

frühzeitig erkennen zu können. Die Lava-Austritte von 1991–1992 fanden zwar ausschließlich innerhalb der großen hufeisenförmigen Senke statt, aber die Ströme waren so gewaltig, dass sie rasch über deren Wände hinaustraten und auch Val Calanna, das letzte schützende Tal vor der Stadt Zafferana, hinter sich ließen. Ohne offizielle Gutachten abzuwarten, errichteten die an den Berghängen des Ätna wohnenden Menschen mit Hilfe von Planierraupen und Baggern einen Erdwall, der dem Lava-Strom noch bis zum 7. April 1992 standhalten konnte, bevor auch er unter der Last zusammenbrach. Diese Operation wurde auf einer Länge von etwa 2 km noch fünfmal wiederholt, aber all diese Dämme wurden früher oder später überflutet. Dies hängt damit zusammen, dass der Strom zwar in 2200 m Höhe austrat, nach 200 m jedoch in einem natürlichen Lava-Tunnel weiterfloss und erst rund 970 m tiefer an so genannten »*bocche effimere*« wieder austrat. Diese resurgenten Schlünde entstanden immer wieder an anderen Stellen. Beim Durchfließen des Lava-Tunnels behielt der Lava-Strom eine sehr hohe Temperatur (zwischen 950 und 1050 °C) und blieb dadurch relativ flüssig, sodass seine schlackenartige Front bis an die Tore von Zafferana vordringen konnte! Das italienische Vulkanologenteam entschied sofort, den Eingriff weiter oben vorzunehmen, wo die Lava in den Tunnel eintrat. Das Prinzip war einfach: Der Strom musste so umgeleitet werden, dass er zum Verlassen des Tunnels gezwungen war. Durch den Luftkontakt erkaltete die Lava, wurde zäher, v. a. aber musste sie denselben Weg zurücklegen, den sie sonst geschützt im Tunnel absolviert hätte. Unterschiedliche Verfahren kamen zum Einsatz. Eines bestand darin, die Flanke des Stroms zu sprengen. Ein anderes Verfahren wurde zum ersten Mal angewandt und war extrem aufwändig. Helikopter der amerikanischen Armee kreisten über den glühenden Lava-Strömen des Ätna und transportierten 1 t und 3 t schwere Betonblöcke dorthin, mit deren Hilfe die Vulkanologen den Tunnel verschließen wollten. Dank dieser vielfältigen Maßnahmen gelang es zum Teil, den Strom zu verlangsamen, der lediglich einige Hektar Rebflächen und eine kleine Weinberg-Hütte zerstörte. An dieser jedoch entzündete sich ein handfester Streit, der melodramatische Züge annahm: Die Sizilianer, die vermutlich von der Ineffizienz ihrer Erdwälle enttäuscht waren, warfen der italienischen Regierung vor, nicht genug für die Rettung von Zafferana getan zu haben. Sie schrieben auf die zerstörte Hütte ein provokantes »Grazie governo« (»Danke, Regierung«), das durch das große Medieninteresse nur Öl ins Feuer kippte. ■

Als die Stadt Zafferana in Gefahr ist (oben), reagieren die Verantwortlichen sofort. Die eingesetzten Mittel sind vielfältig, Planierraupen (oben) und Helikopter (unten) ermöglichen einen Eingriff an den resurgenten Schlünden (unten).

DER PITON DE LA FOURNAISE

Zu Beginn des 17. Jh. trug die Insel Réunion noch keinen Namen. Das verloren inmitten des Indischen Ozeans liegende Eiland war vollkommen unbewohnt, als französische Marineoffiziere im Namen ihres Königs von ihm Besitz ergriffen. 1663 begann Louis Payen mit einer Handvoll Männer, die Insel zu erschließen, und bereits fünf Jahre später landeten die ersten Siedler auf der Isle Bourbon, die erst sehr viel später ihren heutigen Namen, Réunion, erhielt. Der Piton de la Fournaise, ihr aktiver Vulkan, wird seit dieser Zeit beobachtet. Mit seiner nahezu ununterbrochenen Aktivität zieht er zahlreiche namhafte Wissenschaftler an.

Ein geschichtsträchtiger Ort …

Im Jahr 1801 beschrieb Bory de Saint-Vincent erstmals detailliert die eruptiven Phänomene des Vulkans. Auch zählte er die verschiedenen Krater auf und gab ihnen die Namen von Wissenschaftlern seiner Zeit. Den Hauptkrater, damals noch mit einem flüssigen Lava-See angefüllt, nannte er nach sich selbst Bory-Krater. Joseph Henry Hubert, der den französischen Kolonialverwalter Pierre Poivre beim Anbau von Nutzpflanzen und Gewürzkulturen unterstützen sollte, diente Bory als Führer. Er überließ ihm seine zahlreichen Beobachtungsnotizen, die dieser für die Illustration seines 1804 erschienenen Werks *Voyages dans les quatre principales îles des mers d'Afrique* (»Reisen zu den vier Hauptinseln der afrikanischen Meere«) verwendet.

… mit einem modernen Observatorium

Zu Beginn des 20. Jh. regte Alfred Lacroix erstmals die Errichtung eines vulkanologischen Observatoriums zur Überwachung des Piton de la Fournaise an. Es wurde schließlich 1979 gebaut, zwei Jahre nach der teilweisen Zerstörung des Dorfes Piton-Saint-Rose. Das weniger als 15 km vom Vulkangipfel entfernt liegende Observatorium wurde 1980 als eines der modernsten der Welt in Betrieb genommen. Dank seiner hervorragenden Ausstattung konnte nicht nur die Geschichte des Vulkanismus auf Réunion genau erforscht werden, sondern mithilfe seines dichten Netzes von Seismographen, Magnetometern, Neigungsmessern und geochemischen Sensoren ließen sich auch die rund 20 Eruptionen seit seiner Gründung vorhersagen. Der Piton de la Fournaise ist ein basaltischer Schildvulkan (s. S. 106–107). Er ist 500 000 Jahre alt und wird oft mit dem Kilauea verglichen (s. S. 12–15). Beide Vulkane sind zwar perfekte Beispiele für Schildvulkane im maximalen Wachstumsstadium, doch unter-

Die Aktivität des Vulkans beschränkt sich im Wesentlichen auf den Gipfel, der eine große Vertiefung mit einem Durchmesser von 9 km aufweist. Hier liegen die beiden Haupteinsturzkrater Bory (im Bild nicht zu sehen) und Dolomieu.

- **Lage**: Insel Réunion (Indischer Ozean)
- **Höhe**: 2631 m, 4000 m über dem Meeresboden
- **Basisdurchmesser**: 200–240 km
- **Vulkantyp**: Hot Spot
- **Häufigster Eruptionstyp**: hawaiianisch, effusiv, Spalteneruption
- **Eruptionen**: erste Eruptionen vor 530 000 Jahren; letzte Eruption 1992
- **Wissenswert**: Der Piton de la Fournaise ist der aktivste Stratovulkan der Insel Réunion. Während seine Aktivität vor 530 000 Jahren begann, setzten die ersten Eruptionen des Vulkankomplexes vor 2,1 Mio. Jahren ein und endeten vor 220 000 Jahren. Im Zuge dieses Prozesses ist der Piton des Neiges im nordöstlichen Teil der Insel entstanden. Die derzeitige Aktivität des Fournaise findet überwiegend im Gipfelbereich statt, innerhalb des Enclos Fouqué, einer großen, hufeisenförmig nach Südwesten geöffneten Einsenkung mit einem Durchmesser von 9 km (Tiefe 100–300 m). In ihrem Zentrum prangen die beiden Hauptkrater, der Bory-Krater (200–350 m Durchmesser, existierte bereits vor dem 16. Jh.) und der Dolomieu-Krater (700–1000 m Durchmesser, entstand 1766). Manche Eruptionen treten auch außerhalb der Caldera, entlang großer, strahlen- oder ringförmig verlaufender Spalten auf. Sie haben bislang überwiegend materiellen Schaden angerichtet.

scheidet sich der Piton de la Fournaise durch verschiedene eruptive und tektonische Besonderheiten von seinem hawaiianischen Bruder. Seine vulkanische Aktivität, überwiegend Spalteneruptionen, beschränkt sich v. a. auf zwei lineare Schwächezonen tief im Inneren des Vulkans. Diese als »Riftzonen« bezeichneten Strukturen, in denen sich ein Großteil des Magmas sammelt, um dann an die Oberfläche zu dringen, liegen nord- und südöstlich des Zentralkraters Dolomieu. Sie werden derzeit als Indikatoren dafür gesehen, dass die ganze Ostflanke des Vulkans unter der Last ihres eigenen Gewichts abrutschen wird.
Dieses Phänomen tritt nicht zum ersten Mal ein: Vor 3000 Jahren, vermutlich als sich die Caldera des Enclos Fouqué bildete, war es an derselben Seite bereits zu einer gravitativen Hangrutschung von 20 bis 30 km^3 gekommen, die eine gigantische Einsenkung in Form eines nach Osten geöffneten und sich im Meer fortsetzenden U's hinterließ (Enclos Fouqué und Le Grand-Brûlé). Die Brüche der derzeitigen Schwächezonen reichen beiderseits weit über den Rand des Enclos Fouqué hinaus und führen, wie 1977 im Nordosten (Piton de Sainte-Rose) und 1986 im Südosten, zu Eruptionen außerhalb der Caldera, die eine Bedrohung für die kreolischen Dörfer darstellen.

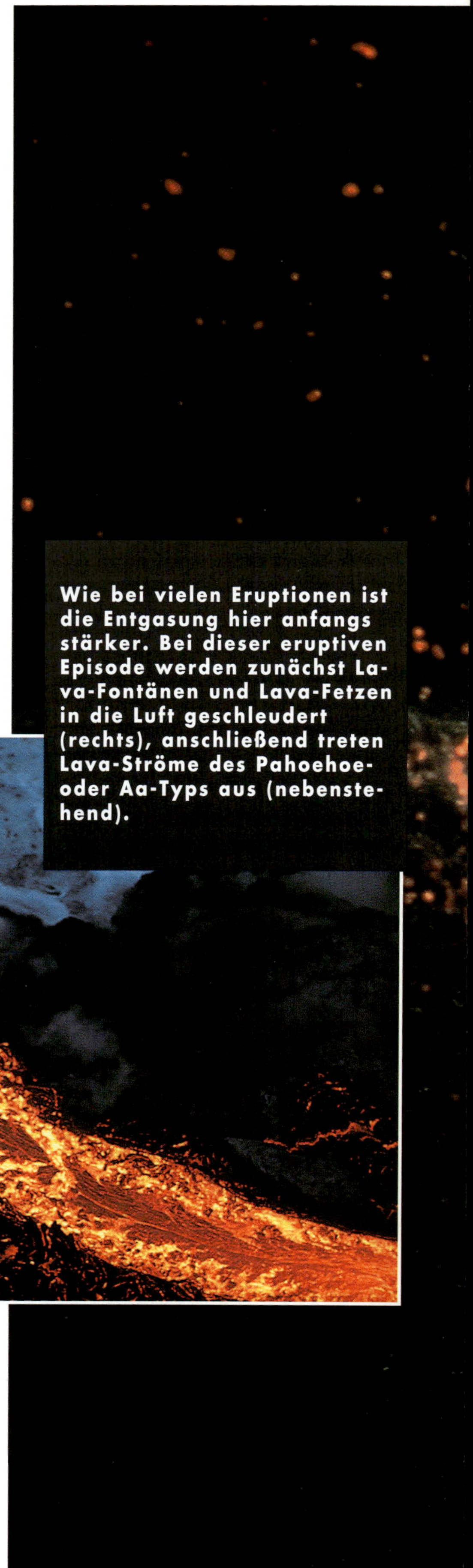

Wie bei vielen Eruptionen ist die Entgasung hier anfangs stärker. Bei dieser eruptiven Episode werden zunächst Lava-Fontänen und Lava-Fetzen in die Luft geschleudert (rechts), anschließend treten Lava-Ströme des Pahoehoe- oder Aa-Typs aus (nebenstehend).

Der Ausbruch von 1986

Auch diese Eruption begann, wie rund 97 % der Eruptionen des Piton de la Fournaise, innerhalb der Caldera. Von Dezember 1985 bis Februar 1986 traten aus dem Dolomieu-Krater Lava-Fontänen und flüssige Lava-Ströme aus. Als die Eruptionen Anfang Februar vorübergehend nachließen, breiteten sich die Lava-Ströme auf dem gesamten Kraterboden aus; man schätzt, dass der Vulkan bis zu diesem Zeitpunkt rund 7 Mio. m^3 Basalt gefördert hatte. Infolge dieser relativ starken Entleerung der Magmakammer senkte sich sein Gipfel, was vom Observatorium auf der Plaine des Cafres registriert wurde. Es schien wieder Ruhe eingekehrt zu sein, und tatsächlich passierte bis Mitte März nichts mehr. Am 17. und 18. März gab das Observatorium die Warnung aus: »Der Vulkan bläht sich wieder auf!« Der Dolomieu-Krater hatte sich im Osten um 10 cm bewegt – es tat sich wieder etwas.

Am nächsten Tag begann im Dolomieu-Krater wieder Lava auszutreten. Gleichzeitig öffnete sich außerhalb der Caldera, über 1200 m tiefer, am so genannten Piton de Takamaka (1070 m), eine 700 m lange, südöstlich verlaufende Spalte. Mit Geschwindigkeiten von 100 bis 300 m/h bewegen sich die Lava-Ströme auf das Meer zu. Die 250 Unglücklichen, deren Häuser unterhalb der Spalte standen, mussten evakuiert werden. Die Eruptionstätigkeit in dieser Spalte dauerte bis

zum 23. März an. Acht Häuser wurden zerstört, die Nationalstraße rund um die Insel wurde an zwei Stellen von Lava-Strömen »gekreuzt«, ehe diese das Meer erreichten. Am selben Tag riss in 120 m Höhe eine neue Spalte auf, nur ein paar Steinwürfe vom Ozean entfernt. Innerhalb weniger Stunden breiteten sich die Erdrisse aus, auch die Vulkanflanke war auf einer Länge von 800 m betroffen. Auf der Straße klafften gigantische Öffnungen, die sich mit jedem Erdstoß vergrößerten und den Rettungsfahrzeugen den Zugang zur Unglücksstelle versperrten. Ständig mussten die Metallplatten ausgetauscht werden, die die Wasserdampf speienden Spalten überbrückten. Am 24. März schoss dann Lava aus den Rissen empor, und ein 1160 °C heißer Strom ergoss sich in den nahen Indischen Ozean. Wasser und Feuer lieferten sich einen erbitterten Kampf, um unter gewaltigen Explosionen und rot glühenden Dampfwolken schließlich eine Landzunge zu erzeugen. Als wieder Ruhe einkehrte, war die Insel um einen 30 ha großen, schwarzen, kahlen und zerklüfteten Felsen größer geworden.
Gleichzeitig dauerte auch im Dolomieu-Krater die Eruptionstätigkeit an. Am 28. März wurde die seismische Aktivität in dieser Zone so stark, dass sie die Messgeräte des gesamten Netzes überlastete. Die leichte Absenkung des Gipfels ging einer kurzen, aber heftigen phreatomagmatischen Explosion voraus, die am 29. März einen Pitkrater (Einsturzschacht) im Hauptkrater erzeugte.
Diese Eruptionsphase war im April 1986 beendet. Der Piton de la Fournaise blieb jedoch nie lange inaktiv. Seit die Insel besiedelt ist, wurden 160 Ausbrüche gezählt, seit Errichtung des Observatoriums nahezu einer pro Jahr.
Mit all seinen Eruptionen gilt der Piton de la Fournaise als einer der aktivsten Vulkane der Erde, und gleichzeitig dient er den Vulkanologen des Pariser Instituts für Geophysik (IPGP) als ideales Freiluft-Labor. ■

Die großen flüssigen Lava-Ströme des Piton de la Fournaise schneiden häufig die rund um die Insel führende Nationalstraße ab; manchmal fallen ihnen auch Wohnsiedlungen zum Opfer.

Durch den Kontakt von Feuer und Wasser entsteht Land. Der Lava-Strom von 1986 ringt dem Ozean 30 ha ab, von denen über die Hälfte wieder den Wellen zum Opfer fallen werden. Derselbe Kampf zwischen den Elementen brachte die Insel Réunion hervor.

- **Lage**: Insel Luzon (Philippinen)
- **Höhe**: 1759 m vor 1991, derzeit unter 1600 m
- **Basisdurchmesser**: 30–50 km
- **Vulkantyp**: Subduktionszone, Inselbogen
- **Häufigster Eruptionstyp**: nur eine historische Eruptionsperiode bekannt (ab 1991); explosiv, plinianisch, Bildung einer Caldera
- **Eruptionen**: erste Eruptionen vor 1,1 Mio. Jahren; letzte Eruption von 1991 bis 1995 nach 500-jähriger Pause
- **Wissenswert**
Der Pinatubo war bis 1991 ein nahezu unbeschriebenes Blatt. Da er rund 500 Jahre lang nicht ausgebrochen war, wurde er in der Liste der aktiven Vulkane der Erde nicht einmal erwähnt. Über seine geologische Beschaffenheit ist nur wenig bekannt, und sein Wiedererwachen kam völlig überraschend. Die ersten Vorboten zeigten sich im August 1990, einen Monat, nachdem ein heftiges Erdbeben Luzon erschüttert hatte. Am 2. April 1991 jedoch markierte eine Dampfwolke, begleitet von vereinzelten Ascheaustritten, endgültig den Beginn einer neuen eruptiven Phase. Nach dem Ausbruch hatte sich auf dem Gipfel des Vulkans eine neue Caldera gebildet, ein 650 m tiefer und 2,5 km breiter Einsturzkrater.

Wo sich einst der Gipfel des Pinatubo befand, klafft nach der paroxysmalen Eruption eine Caldera mit einem Durchmesser von 2,5 km. Über dem gewaltigen Schlund ragen plinianische Aschesäulen mehr als 15 km hoch auf.

DER PINATUBO

Der vor 1,1 Mio. Jahren entstandene Pinatubo gehört zu den 21 aktiven Vulkanen der Philippinen. Im Zentrum des parallel zur Westküste der Insel Luzon verlaufenden Vulkanbogens gelegen, ist er mit seinen 1745 m der höchste Vulkan dieser Kette. Vor 1991 war der Berg durch die Erosion tief zerklüftet, seine Flanken waren von dichten Wäldern bedeckt.Canyons durchzogen das Massiv und mündeten in breiten Flusstälern. Abgesehen von einer Thermalquelle am Fuß des Berges erinnerte nichts an ihren vulkanischen Ursprung. Die letzte Eruption lag bereits rund 500 Jahre zurück und war daher dem Gedächtnis der Menschen entschwunden.
Rund 15 000 Menschen lebten in kleinen Dörfern am Fuß des Vulkans, weitere 500 000 in den nahe gelegenen Ballungsgebieten. Auch zwei wichtige amerikanische Militärstützpunkte, Clark Air Base und Subic Bay, mit fast 30 000 Bewohnern, befanden sich in der näheren Umgebung. Unmittelbar an den Hängen des Vulkankegels siedelten 500 eingeborene Aetas-Familien, die unter anderem Kaffee, Bananen und Orchideen anbauten. Die Flüsse und Wälder des Pinatubo waren ihre Existenzgrundlage. Diese Szenerie sollte jedoch durch eine Serie von Ereignissen, die am 2. April 1992 begann, vollkommen zerstört werden. An diesem Nachmittag waren am Gipfel des Vulkans plötzlich einige Explosionen zu vernehmen.

Warnsignale

Diese Explosionen phreatischer Natur dauerten einige Stunden an. Dabei wurden Blöcke und feine Partikel älterer Laven in die Luft geschleudert und mehrere Hektar Wald zerstört. An der Nordflanke des Gipfeldoms bildeten sich einige Krater. Am folgenden Tag traten auf der Verlängerungsachse eine Reihe heftiger Fumarolen aus. Die Behörden wurden unverzüglich gewarnt und ein Wettlauf zwischen Vulkan und Vulkanologen begann.
Die Experten von Phivolcs, der philippinischen Vulkanbehörde, kannten die Gefahren ihrer allesamt hochexplosiven Vulkane sehr genau. Sofort wurde die Evakuierung der 5000 Menschen angeordnet, die in einem Umkreis von 10 km um den Gipfel des Pinatubo lebten. Rasch installierten Vulkanologen ein erstes Netz von Seismographen, das täglich 40 bis 140 Erschütterungen registrierte. Auch ausländische Experten reisten an, um ihre philippinischen Kollegen zu unterstützen. Gemeinsam errichteten sie in kürzester Zeit ein neues vulkanologisches Observatorium, das Pinatubo Volcano Observatory (PVO). Gleichzeitig wurde eine vollständige geologische Analyse des Vulkans erstellt, um anhand vergangener Ausbrüche ein Bild von der kommenden Eruption zu gewinnen. Dieses Profil nahm schon bald erschreckende Züge an: Während der letzten Jahrtausende war der Pinatubo Schauplatz äußerst heftiger explosiver Eruptionen gewesen, bei denen voluminöse pyroklastische Ströme gefördert wurden, deren Ablagerungen noch über 20 km vom Krater entfernt zu finden waren. Diese pyroklastischen Ströme wiederum erzeugten riesige Schlammströme (Lahare), die sich flächendeckend bis in die Tieflagen ausbreiteten. All diese Daten wurden von den Wissenschaftlern auf eine Karte übertragen, die die unterschiedlichen Gefahrenpotentiale in

Die sich abzeichnende Eruption wird mehr und mehr zum Schreckensszenario. Da angesichts des gigantischen Ausmaßes der plinianischen Säulen eine Glutwolke zu befürchten ist, evakuieren die Zivilbehörden auf Empfehlung der Wissenschaftler eine Zone von 40 km rund um den Vulkan.

der gefährdeten Zone aufzeigte und damit den zivilen und militärischen Behörden als Entscheidungsgrundlage für Präventionsmaßnahmen dienen sollte. Zunächst war allerdings Überzeugungsarbeit zu leisten, dass überhaupt eine reale Gefahr bestand.
Da Maurice und Katia Krafft erst kurz zuvor bei einer Explosion des Vulkans Unzen in Japan ums Leben gekommen waren, richteten sich nun die Augen der Welt auf diesen Vulkan, von dessen Kuppe sich immer wieder große pyroklastische Lawinen lösten. Vor ihrem Tod hatten die beiden Vulkanologen einen Videofilm über die vulkanischen Risiken gedreht. Dieses Video trug entscheidend dazu bei, die philippinischen Behörden wie auch die gesamte Bevölkerung für die Gefahr zu sensiblisieren. Die Kassette wurde vervielfältigt, und schon bald waren über 80 Kopien im Umlauf, um die Bewohner der Vulkanregion in Wort und Bild über mögliche Szenarien am Pinatubo und die Konsequenzen eines solchen Ausbruchs aufzuklären.
Vom 3. Juni an begannen sich die Ereignisse zu überschlagen: Es kam zu Explosionen und Ascheregen, und außerdem war eine erhöhte

Nichts bleibt von der Asche verschont; die Vegetation erstickt, und der Himmel wird tagelang verdunkelt. Jeder versucht, sich so gut wie möglich zu schützen und zu retten, was zu retten ist. Hier pflückt ein Landwirt einige Zuckerrohrstauden und befreit sie vom Staub – das einzige verbliebene Futtermittel für das überlebende Vieh.

In der Nacht, als die Asche kommt, fliehen die Menschen aus der Region und lassen fast alles zurück. Diese Bauern, die Höfe und Ernte verloren haben, nehmen mit, was ihnen noch bleibt: ein paar Habseligkeiten und ihr Vieh.

Während der Eruption tobt ein Taifun. Unter den Regenfällen verwandeln sich Wasser und Asche in reißende Schlammströme, die ganze Dörfer, Straßen, Brücken und Eisenbahnschienen wegschwemmen. In manchen Tälern dehnen sich die Schuttablagerungen über fast 60 km aus.

seismische Aktivität zu verzeichnen. Am 5. Juni riefen die Vulkanologen Alarmstufe 3 aus: »Möglichkeit einer Eruption in den nächsten zwei Wochen«.
Am 6. Juni wurde eine enorme Deformation des Gipfels gemessen, der sich immer mehr aufwölbte.
Am 7. Juni stieg nach einer gewaltigen Explosion eine bis zu 7 km hohe Dampf- und Aschesäule auf.
Ab sofort galt Alarmstufe 4 (»Möglichkeit einer Eruption innerhalb von 24 Stunden«), und weitere Evakuierungen wurden durchgeführt.
Das Hauptproblem dieser Evakuierungen bestand nicht mehr in der Überzeugungsarbeit – denn mittlerweile interessierten sich auch die Medien für den Pinatubo –, sondern darin, zu den abgeschieden in den Wäldern lebenden Aetas vorzudringen. Nonnen eines Franziskanerklosters erläuterten ihnen die Situation, und nach und nach trafen auch sie in den Flüchtlingslagern ein.
Bei den Militärbehörden der beiden amerikanischen Stützpunkte gab es zunächst ebenfalls Widerstand gegen eine Evakuierung. Soeben hatte die Armee den Golfkrieg gewonnen, da wollte man sich doch nicht von einem Vulkan einschüchtern lassen. Doch auch die US-

Streitkräfte ließen sich schließlich von den Bildern von Maurice und Katia Krafft von der drohenden Katastrophe überzeugen.
Vom 8. bis 12. Juni wuchs am Gipfel des Vulkans ein Lava-Dom heran, begleitet von Explosionen und unablässigen Ascheausstößen.
Am 9. Juni rief man Alarmstufe 5 aus: »Die Eruption hat begonnen.« Der Evakuierungsbereich wurde auf einen Umkreis von 20 km erweitert, 25 000 Menschen mussten das Gebiet verlassen. Am nächsten Tag wurden zwischen 15 000 und 20 000 amerikanische Soldaten aus der Clark Air Base evakuiert. Nur die Vulkanologen blieben vor Ort, um den Vulkan rund um die Uhr überwachen zu können.

Heftige Explosionen

Die erste große explosive Eruption ereignete sich am 12. Juni. Eine Aschesäule wurde 19 km hoch in die Luft geschleudert. Gleichzeitig lösten sich am Nordhang des Vulkans kleine pyroklastische Ströme, ein Gemisch aus Gasen, Lava-Tröpfchen und festen Partikeln. Der Evakuierungsradius wurde auf 30 km erweitert, und weitere 58 000 Menschen mussten ihre Häuser verlassen.
Vom 12. bis 15. Juni häuften sich derartige Explosionen, die jedoch in den meisten Fällen für die Beobachter unsichtbar blieben: Wenn nicht gerade Dunkelheit herrschte, verhüllten Wolken oder dichter Aschenebel den Vulkan. Diese Explosionen waren nur durch seismische Signale erkennbar, die austretenden Aschefahnen von den zu diesem Zeitpunkt noch funktionierenden Radargeräten geortet.
Als am 14. Juni der Himmel aufklarte, war der Vulkangipfel von Explosionswolken umgeben, die aus unterschiedlichen Förderschloten austraten. Am Morgen des 15. Juni wurden weitere Explosionen registriert, die sich seitlich ausbreiteten und von der Basis des Doms zu kommen schienen, dessen Einsturz man stündlich erwartete.

Der Tag wird zur Nacht. Einer der letzten zurückgebliebenen Bewohner befreit sein Dach von einer dicken Ascheschicht. Fast alle der 600 Todesopfer wurden von den Trümmern ihrer Häuser und Autos erdrückt, die unter dem Gewicht der mit Regenwasser durchtränkten Aschedecke einstürzten.

Die Aetas, ein eingeborenes Bergvolk, fliehen unter einem Regen von »Steinen, die kopfgroß vom Himmel fielen«. Am 12. Juni müssen sie von ihren 10 km vom Krater entfernten Flüchtlingslagern in 30 km entfernte Camps verlegt werden.

Noch einmal wurde die Alarmstufe erhöht, die Sperrzone auf 40 km erweitert, und unverzüglich wurden die letzten Bewohner evakuiert. Durch den überwiegend aus östlicher Richtung wehenden Wind ging die herausgeschleuderte Asche auf dem Westteil der Insel Luzon nieder, der größte Teil fiel jedoch ins Meer und gelangte auf diesem Weg bis nach China.
Als jedoch durch einen nahenden Taifun der Wind drehte und die Ascheregensedimente nun auch das Zentrum der Insel Luzon bedeckten, verließ ein Großteil der Bevölkerung fluchtartig die Region.

Die 45 km vom Krater entfernte Stadt Olongapo ist von einer rund 15 cm dicken Ascheschicht bedeckt, die sich sukzessive bei jeder Explosion aufgebaut hat.

15. Juni, 14 Uhr 30: Als der Tag zur Nacht wird …

Mittlerweile funktionierte auf dem ganzen Vulkan nur noch ein einziger Seismograph, alle anderen in Gipfelnähe installierten Geräte waren zerstört. Auswürflinge mit einem Durchmesser von bis zu 4 cm fielen 20 km vom Krater entfernt zur Erde. Der Himmel hatte sich bewölkt, der Vulkan war nicht mehr zu sehen. Plötzliche Luftdruckveränderungen wiesen auf eine gigantische Explosion hin, die auch von Satelliten und Radargeräten geortet wurde. Obwohl erst früher Nachmittag war, begann es bereits zu dämmern.

Der über der ganzen Region niedergehende Ascheregen verdunkelte die Sonne. Eine gigantische Aschesäule schoss mehr als 30 km hoch in den Himmel (in einigen Medien kursierte sogar die Zahl 40 km). In der Stratosphäre, also ab einer Höhe von 10 km, verwandelte sich die Säule in einen riesigen Pilz mit einem Durchmesser von über 500 km. Die hier herrschenden Höhenwinde sollten die Asche fast über den gesamten Erdball tragen.

Während dieser explosiven Phasen wälzen sich pyroklastische Ströme die Vulkanhänge hinab. Ihre Sedimente schafften ein völlig neues Landschaftsbild: Sie füllten Täler, flachten hier das Relief ab, türmten sich dort auf und verschlangen dabei den Wald mitsamt evakuierten

Dörfern und den letzten Aetas, die man entweder nicht gefunden hatte oder die sich weigerten zu gehen.
Als der Vulkan sein höchstes Aktivitätsstadium erreichte, fegte der Taifun Yunya über die Insel Luzon. Die heftigen Stürme trugen die Aschemassen über große Distanzen hinweg, und auch der Flughafen von Manila musste mehrere Tage lang geschlossen werden.
Die gewaltigen Niederschlagsmengen verbanden sich mit der Asche und den Ablagerungen der pyroklastischen Ströme zu reißenden Schlammfluten, so genannten Laharen, die in einem Umkreis von bis zu 60 km verheerende Verwüstungen anrichteten.
Durch die Regenfälle wurde die wasserdurchtränkte Ascheschicht immer schwerer: Bäume knickten, Strommasten brachen, Hausdächer stürzten ein und begruben zahlreiche Menschen unter sich, die in verschont gebliebenen Häusern oder Autos Schutz suchten.

Der Tag danach: ein Bild der Verwüstung

Ende Juni 1991 war der Vulkan noch immer aktiv, seine Aschesäule ragte jedoch nur noch 15–20 km hoch auf. Inzwischen war es möglich, sich der Zone vorsichtig zu nähern, um eine erste Bilanz zu ziehen. Der Gipfel des Vulkans war vollständig verschwunden, an seiner Stelle klaffte jetzt eine Caldera, ein riesiger, durch den Einsturz des alten Schlots entstandener Krater mit einem Durchmesser von 2,5 km und einer Tiefe von 650 m.
Eine Fläche von 4000 km^2 war von einer 10 cm bis 1 m dicken Ascheschicht überzogen, und dies, obwohl ein Großteil der Asche über dem Chinesischen Meer niedergegangen war.
Die Vulkanflanken waren mit gewaltigen pyroklastischen Strömen bedeckt, die in einem Umkreis von 16 km eine Stärke von 50 bis 200 m erreichten. Das Volumen dieser Ströme lag bei rund 6 bis 7 km^3. Die Vegetation war vollständig verschwunden, die Täler waren mit Schutt gefüllt, und die Flüsse mussten sich neue Betten graben.
Der Lebensraum der Aetas war wie vom Erdboden verschluckt.
Und dennoch – ein knappes Jahr später zeigte sich bereits wieder Leben in der trostlosen Landschaft, die Natur eroberte sich ihren Platz zurück, die Menschen begannen mit dem Wiederaufbau.
Eine Analyse der Sedimente zeigt, dass bei dieser Eruption vermutlich 4 bis 5 km^3 Magma ausgetreten sind (rund zehn mal mehr als beim Ausbruch des Mount Saint Helens).
Soweit bekannt, war dies der zweitgrößte Vulkanausbruch im 20. Jh. Schwerwiegender war nur die Eruption des Novarupta im Jahr 1912, die das »Valley of Ten Thousand Smokes« in Alaska schuf. Der Ausbruch des Pinatubo gab Anlass zur größten Evakuierungsmaßnahme, die je organisiert wurde: Insgesamt haben mehr als 300 000 Menschen das Gebiet verlassen.
600 Tote waren zu beklagen, doch ohne die umfangreichen Evakuierungen wäre die Zahl der Opfer möglicherweise auf über 20 000 gestiegen. Dass diese Menschenleben gerettet werden konnten, ist zum einen dem perfekten Krisenmanagement durch die Vulkanologenteams und ihrer engen Zusammenarbeit mit den staatlichen Behörden zu verdanken, v. a. aber der Bevölkerung selbst, die sich an die Anweisungen hielt. Ohne diese reibungslose Kommunikation hätte die Katastrophe nicht bewältigt werden können, und das beim Pinatubo-Ausbruch so erfolgreiche Krisenmanagement wäre nicht zum weltweiten Vorbild für künftige Eruptionen geworden. ■

Ein Jahr nach dem Vulkanausbruch hat sich die Natur ihren Platz zurückerobert (oben). Tropische Wälder, die die Vulkanhänge bedeckten, sind einer schneeweißen Ascheschicht gewichen. Etwa 10 Jahre lang werden Regenfälle während des Sommermonsuns die vulkanischen Sedimente bearbeiten und durch neue Schlammströme (Lahare) das Landschaftsbild verändern. »Jeepnies« – so heißen die örtlichen Nahverkehrsmittel – fahren auf den überschwemmten Pisten, die sich durch die Ablagerungen schlängeln (links). Die Philippinos machen das Beste aus der Situation und gewinnen Holzkohle aus verkohlten Baumstämmen und Ästen – so ziehen sie zumindest einen kleinen »Nutzen« aus der Eruption (Mitte).

DER COLO

Inmitten der ruhigen Gewässer des Golfs von Gorontalo, nördlich der Insel Celebes, befindet sich eine Gruppe vieler kleiner Inseln. Etwas abseits liegt Una Una, das Juwel dieses Archipels. Als einzige Insel vulkanischen Ursprungs ist sie die reichste und fruchtbarste des Togian-Archipels. Dank ihrer geschützten Lage blieb die Insel sowohl von den tosenden Wellen des Pazifischen Ozeans als auch von Piraten verschont, die in der Celebes-See ihr Unwesen trieben. Die Insulaner legten an den Flanken des Vulkans Colo große Kokosnussplantagen an und betrieben einen blühenden Handel mit Kopra.

Vorboten einer Katastrophe

Zu Beginn der 80er-Jahre lebten etwa 7000 Menschen auf der Vulkaninsel, und niemand fühlte sich von dem 503 m hoch aufragenden Vulkan ernsthaft bedroht. Allerdings hatte Neumann van Padang, ein Geologe des vulkanologischen Dienstes der Kolonialregierung von Niederländisch-Indien, bereits 1951 darauf hingewiesen, dass 1898 bei einem Vulkanausbruch 2,2 Mio. km^3 Asche ausgestoßen wurden, die über einer 303 000 km^2 großen Fläche niedergingen.

Im Jahr 1900 befand sich der Zentralkrater in einer hochaktiven Phase. Heftige vulkanianische, später strombolianische Eruptionen ließen die Luft erzittern, und schwere Aschewolken stiegen über der Insel auf. Dennoch blieb die Vulkantätigkeit gemäßigt, und abgesehen von einem Erdbeben im April 1961 kehrte auf Una Una wieder Ruhe ein. Im Zentrum des Kraters bildete sich ein von Regenwasser gespeister See, an dessen Südrand Fumarolen austraten und diesen Bereich schon bald mit einem gelben Schwefelteppich überzogen. Einige clevere Insulaner witterten darin eine neue Einnahmequelle. Schwefel wird zum Bleichen von Zucker, zur Streichholzherstellung und in einigen Gegenden auch als Grundstoff für ein traditionelles Medikament verwendet, dem besonders bei der Behandlung von Hauterkrankungen großartige Wirkungen zugeschrieben wird. Im Krater wurden zwei Hütten errichtet, und der Abtransport der Schwefelblöcke auf menschlichen Schultern konnte beginnen. Wie zahlreiche andere Vulkane des Landes wurde auch der Colo von den Indonesiern als ein Geschenk des Himmels betrachtet.

Nicht alle waren jedoch so unbekümmert wie die Bevölkerung, die den Warnsignalen des Vulkans keinerlei Beachtung schenkte. Die Wissenschaftler des VSI (Volcanological Survey of Indonesia) installierten einen Seismographen an dem geographisch isolierten Ort. Dank dieser Vorsichtsmaßnahme konnten sie Anfang 1982 eine erhöhte seismische Aktivität unter der Insel feststellen, die im Lauf des Jahres weiter zunahm. Am 8. Juli 1983 kam es zu ersten phreatomagmatischen Explosionen, die vom See ebenso wenig übrig ließen wie von den unglückseligen Bergwerkshütten. Bis zum 15. Juli registrierten die Seismographen neun bis elf Erdstöße pro Tag. In den folgenden Tagen stieg die Zahl der Beben drastisch an und erreichte eine Häufigkeit von 30 bis 40 Erschütterungen täglich. Die Vulkanologen waren in höchster Alarmbereitschaft und veranlassten sofort die Evakuierung der acht Küstendörfer. Die Bewohner wurden über die Nachbarinseln und den gesamten Norden von Celebes verteilt. Als

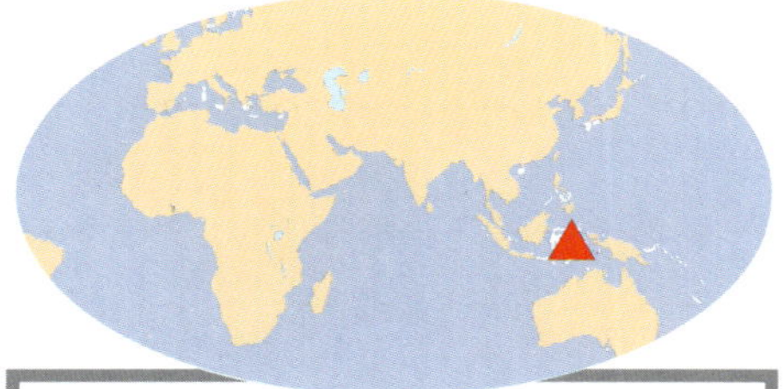

- **Lage**: Una Una (Sulawesi [Celebes], Indonesien)
- **Höhe**: 507 m
- **Vulkantyp**: andesitischer Stratovulkan (Ursprung unklar, vermutlich Inselbogen)
- **Häufigster Eruptionstyp**: explosiv; phreatisch und/oder phreatomagmatisch

am 23. Juli die Katastrophe begann, waren nur noch einige Vulkanologen auf der Insel. In etwa drei Minuten zerstörten die pyroklastischen Ströme alles, was sich in einem Umkreis von 3 km um den Krater befand. Drei Minuten später wälzte sich die in einem Flussbett kanalisierte »Zunge« eines pyroklastischen Stroms mitten durch die Ortschaft Una Una und versetzte die letzten indonesischen Vulkanologen, die hier noch auf ihrem Beobachtungsposten die Stellung hielten, in Angst und Schrecken. Sie verdankten ihre Rettung allein einer dramatischen Flucht, bei der sie am Ende schwimmend die in sicherer Entfernung wartenden Boote erreichten.

Una Una, einst eine grüne, wohlhabende Insel, wurde am 23. Juli 1983 durch die pyroklastischen Ströme des Vulkans Colo zu einem Großteil zerstört. Eine sich nach allen Seiten ausbreitende Druckwelle mähte an der Küste Bäume und Häuser nieder.

Eine Insel unter Kontrolle

Durch den Ausbruch wurde die gesamte Westflanke des Vulkans verwüstet. Lediglich zwei Dörfer im Osten blieben teilweise verschont, alle anderen wurden restlos dem Erdboden gleichgemacht. Die Insel wurde zur Gefahrenzone erklärt, und bis 1986 untersagten die Behörden jegliche Begehung der Insel. Danach konnten die Bewohner wieder mit der Bewirtschaftung der vom Unglück verschonten Kokosnussplantagen beginnen. Um eine zu rasche Wiederbesiedlung zu verhindern, wurde jedoch zur Auflage gemacht, dass nicht mehr als 200 Menschen gleichzeitig auf der Insel leben durften, und außerdem wurde die Aufenthaltsdauer auf zwei Monate befristet. Die Besiedlung erfolgte also nach dem Rotationsprinzip, und einige der noch stehenden Häuser wurden hierfür neu hergerichtet.
Zwölf Jahre später gilt der Ausnahmezustand auf Una Una noch immer, da die Insel nach wie vor als extrem eruptionsgefährdet eingestuft wird. Trotz neuer Palmenhaine begegnet man auf Schritt und Tritt den Spuren der Katastrophe. Die große Moschee etwa ist mittlerweile fast vollends von Buschwerk überwuchert, und von den prachtvollen Häusern sind nur noch die Skelette übrig – all dies führt vor Augen, dass der Mensch nur ein winziges Rädchen im Getriebe ist, wenn die Erde aus den Fugen gerät, und dass nur ständige Wachsamkeit das Leben vieler Menschen zu retten vermag. ■

Glanz und Niedergang – nach und nach erobert sich die Natur ihren Platz auf der Insel zurück. Doch bis heute stellt der Vulkan Colo eine ständige Bedrohung dar.

DER MERAPI

Mit seinen rund 180 aktiven Vulkanen ist Indonesien ein wahres Vulkanologen-Eldorado. So faszinierend sie auch sein mögen – Vulkane stellen für die dort lebenden Menschen eine ernsthafte Bedrohung dar. Der Merapi (»Rotes Feuer«) erhebt sich auf Zentraljava. Dieser große andesitische Vulkan, der an seiner Basis (500 m ü. d. M.) einen Durchmesser von 28 km aufweist, überragt mit 2949 m die Millionenstadt Jogjakarta. Sie wurde teilweise auf altem vulkanischem Sedimentgestein des Merapi errichtet und liegt nur 20 km vom Gipfelkrater entfernt. Der Merapi ist der potentiell gefährlichste Vulkan Javas, da bei einem Ausbruch das Leben von 1,5 Mio. Menschen bedroht wäre. Paradoxerweise ist dieser so gefürchtete Vulkan dicht besiedelt (mit über 1500 Einwohnern je Quadratkilometer mehr als doppelt so dicht wie Java insgesamt). Ein Drittel davon, also rund 500 000 Menschen, ist von der momentanen Aktivitätsphase des Vulkans unmittelbar bedroht. Zwar wurden im Rahmen der Umsiedlungspolitik zahlreiche Anreize geschaffen, um bedrohte oder evakuierte Bevölkerungsgruppen zur Ansiedlung in weniger dicht besiedelten Regionen zu bewegen, dennoch bleiben die javanischen Bauern trotz aller Risiken ihrer Heimat treu. Dies hängt wohl auch damit zusammen, dass die indonesischen Vulkane von großem landwirtschaftlichem Nutzen sind. Die Vulkanasche sorgt für fruchtbare Böden; bis zu drei Ernten pro Jahr können dank dieses »vom Himmel gefallenen« Düngers eingebracht werden. Einerseits sichern die Vulkane über die positiven Auswirkungen auf die Landwirtschaft die Lebensgrundlage, andererseits können sie diese aber auch von einem Moment auf den anderen zerstören – es ist das ewige Paradox der indonesischen Vulkane.

Ein extrem gefährlicher Vulkan

Der Merapi ist ein ständig aktiver Vulkan, dessen Ruhephasen selten länger als einige Jahre dauern. Seine Ausbruchshäufigkeit ist mit 20 bis 30 Eruptionen pro Jahrhundert außergewöhnlich hoch. Die Geschichte des Merapi ist erst seit kurzem bekannt. Die Ausbrüche des noch keine 100 000 Jahre alten Bergs waren bislang überwiegend explosiver Natur. Bis in jüngere Zeit war er immer wieder Schauplatz besonders heftiger Ausbrüche. Dazu gehört die große Eruption vom Saint-Helens-Typ (benannt nach dem Ausbruch des amerikanischen Vulkans im Jahr 1980, s. S. 16–21), die zur Destabilisierung der Südwestflanke des Merapi führte: Tausende Kubikmeter des Hangs rutschten in einer Schuttlawine, von der sogar 29 km vom Gipfel entfernt noch Spuren zu finden sind, in die Tiefe. Dadurch wurde die flachsitzende Magmatasche unter der Südwestflanke freigelegt. Dies löste wiederum eine gewaltige Explosion und einen verheerenden Dampfstrom (*blast*) aus, der Hunderte Quadratkilometer Land rings um den Vulkan verwüstete. So außergewöhnlich es ist, kann sich ein solches Ereignis im Lauf der Geschichte eines Stratovulkans wiederholen, wie beispielsweise am Soufrière (Guadeloupe) vor rund 11 000 bzw. 3000 Jahren. Wann es am Merapi stattgefunden hat, lässt sich nur schätzen, es liegt vermutlich 2000 bis 8000 Jahre zurück. Bis ins 15. Jh. fanden am Merapi auch heftige Eruptionen plinianischen Typs statt, bei denen

Das rötliche Licht der Abendsonne verleiht dem Merapi eine geheimnisvolle Aura. Nicht umsonst ranken sich um den imposanten Berg zahlreiche Legenden.

- **Lage**:
Insel Java (Indonesien)
- **Höhe**:
2911 m
- **Basisdurchmesser**:
28 km
- **Vulkantyp**:
andesitischer Stratovulkan, Subduktionszone, Inselbogen (Sunda-Inseln)
- **Häufigster Eruptionstyp**:
explosiv, Bildung von Domen, Absturz glühender Gesteinsblöcke, Domzerstörung begleitet von pyroklastischen Strömen (Glutwolken); peleanischer Typ (im weiteren Sinne)
- **Eruptionen**:
erste Eruptionen vor rund 60 000 Jahren;
letzte Eruptionen:
1994 (Glutwolken) bis 1996 (glühende Gesteinsbrocken)
- **Wissenswert**:
Der Merapi ist derzeit der gefährlichste unter den 128 aktiven Vulkanen auf dem indonesischen Archipel.

sich Ascheregensedimente und mächtige Bimsschichten im weiten Umkreis ablagerten. Asche- und Schlammströme drangen bis an die Stelle vor, wo später die Stadt Jogjakarta errichtet wurde.
Der 24 km vom Krater entfernte Sambisari-Tempel aus dem 9. Jh. wurde vor etwa 12 Jahren aus einer über 8 m dicken vulkanischen Ascheschicht ausgegraben. Die Vulkantätigkeit des Merapi ist seit Jahrhunderten konstant. Sie beruht auf der Bildung von Lava-Domen, also der Ansammlung zähflüssiger andesitischer Lava in einem Krater oder an der Vulkanflanke und damit auf einer steil abfallenden Oberfläche. Das Besondere an einer Eruption vom Merapi-Typ ist, dass die Dome nur durch gravitative Wirkung kollabieren. Beobachter, v. a. die des Volcanological Survey of Indonesia (VSI), trennen drei vulkanische Phänomene, die durch Wachstum und Kollaps solcher Dome bedingt sind:

- Lawinen, häufig aus glühendem Schutt (indonesisch »*guguran*«), werden nur durch Schwerkraft ausgelöst: Felsblöcke unterschiedlicher Größe (zwischen einem und mehreren Hundert Kubikmetern) lösen sich vom Dom, donnern den Hang hinab und zerbersten beim Aufprall. In der Nacht vom 10. auf den 11. Februar 1992 kam es während eines solchen Ereignisses zu 5 bis 25 Lawinenabgängen pro Stunde, bei denen die Blöcke 300 bis 800 m weit rutschten.
- Glutwolken, die ebenfalls durch den Einsturz des Doms, aber ohne vorhergehende Explosion entstehen, bewegen sich lautlos (abgesehen vom Pfeifgeräusch entweichender Gase). Dies sind die Glutlawinen vom Merapi-Typ (indonesisch »*awan panas*«).
- Durch eine Explosion ausgelöste Glutwolken entwickeln eine senkrechte Eruptionswolke und wälzen sich in den Tälern lautlos den Hang hinab. Es handelt sich hier um die explosiven Glutwolken.

Den großen historischen Ausbrüchen des Merapi gingen häufig lange Ruhephasen voraus. Der Vulkan schläft jedoch immer nur scheinbar, und je länger eine Ruhepause dauert, umso gefährlicher ist sein Erwachen. In den Jahren 1822, 1872 und 1930/1931 fanden solche historischen Eruptionen statt. Beim Ausbruch von 1822 bildete sich ein riesiger, 600 m tiefer Krater. Im Jahr 1872, nach dreijähriger Pause, trat eine 9000 m hohe Eruptionssäule aus. Die dadurch ausgelösten Glutwolken unterschieden sich jedoch von denjenigen, die unmittelbar an den Einsturz eines Doms gekoppelt sind. Dieser Eruptionstyp blieb allerdings einzigartig in der jüngeren Geschichte des Vulkans. Beim Ausbruch von 1930/1931, nach siebenjähriger Ruhe, legten die Glutwolken 15 km zurück und forderten 1369 Todesopfer.
Die Vulkanausbrüche am Merapi finden in regelmäßigen Zyklen statt; zwischen zwei großen Eruption liegen meist etwa 50 bis 60 Jahre. Die letzte ereignete sich 1930/1931, daher ist möglicherweise in naher Zukunft mit einem neuen heftigen Ausbruch zu rechnen. Da der Merapi häufig ausbricht, hat man einen Vierstufen-Plan entwickelt, um die Bevölkerung vor der jeweils drohenden Gefahr zu warnen:

- Alarmstufe 1: erste Anzeichen für Aktivität, Vorsicht ist geboten;
- Alarmstufe 2: erhöhte Vorsicht, Empfehlung von Evakuierungsmaßnahmen;
- Alarmstufe 3: Vorbereitungen für eine Evakuierung der unmittelbar gefährdeten Zone;
- Alarmstufe 4: unmittelbare Bedrohung durch Glutlawinen oder Lahare, höchste Gefahr, zügige Evakuierung.

Zu den folgenschwersten vulkanischen Phänomenen gehören die Lahare (Schlammströme, s. S. 128).

**Am 22. November 1994 zerstören Glutwolken die Südflanke des Merapi, ehe sie nach 6 km zum Stillstand kommen (oben).
Am nächsten Tag verschaffen sich Teams des VSI (Volcanological Survey of Indonesia) am Unglücksort einen Überblick über das Volumen der Vulkanablagerungen (unten), um die Gefahr von Schlammströmen einzuschätzen.**

1994: Paroxysmaler Ausbruch am Merapi

Die letzten von Glutwolken begleiteten Ausbrüche ereigneten sich 1984 und 1992. In der Folgezeit war der Merapi sehr aktiv; der Gipfeldom hatte eine Rekordhöhe erreicht. Alles deutete auf eine große Eruption mit verheerenden Folgen hin. In der Nacht vom 22. auf den 23. August 1994, einer klaren Vollmondnacht, war das imposante Merapi-Massiv vom gegenüber der Südflanke gelegenen Plawangan-Observatorium aus gut zu beobachten. Der über den Kraterrand hinausragende Dom kollabierte schubweise. Dabei kam es zu donnernden Lawinenabgängen, die aber kein glühendes Material enthielten. An der Basis des Doms, dem Ausgangspunkt der Lawinen, war manchmal nach Süden hin ein rotes Glühen zu erkennen. Als die Vulkanologen in den frühen Morgenstunden das in südwestlicher Richtung verlaufende Tal beobachteten, das über eine Strecke von 1000 m mit Lawinenschutt angefüllt war, bestand kein Zweifel: Eine Anhäufung von Gesteinsblöcken am Fuße des Berges würde kein Hindernis für Glutwolken darstellen, sondern sie ins benachbarte Bojong-Tal umleiten, das nach Süden gerichtet war. Die seit Jahrzehnten verschonte Region südlich des Vulkans, und damit auch die Stadt Kaliurang sowie das Plawangan-Observatorium, wären in diesem Fall unmittelbar bedroht. Diese Situation war beunruhigend, denn der gewaltige, über den Kraterrand hinausragende Dom stand zum Großteil auf einem steilen Abhang, was die Vorhersage einer Destabilisierung erheblich erschwerte. Jeder noch so geringe Magma-Anstieg konnte sowohl zu simplen Erdrutschen führen als auch ohne weitere Vorwarnung eine gewaltige Glutwolke auslösen.

Am 22. November 1994 um 10.30 Uhr war es dann soweit: Glutwolken stürzten 6 km weit an der Südflanke des Merapi hinab und ergossen sich in den Fluss Bojong. Ein 5 km vom Krater entferntes und 100 m über dem Tal gelegenes Dorf wurde teilweise zerstört. Rund 60 Tote und fast 300 Verletzte waren zu beklagen; die meisten von ihnen erlitten Verbrennungen durch die heißen Gase. Hunderte Häuser wurden zerstört, viele Tausend Stück Vieh verendeten. Rund 6000 Menschen mussten wegen drohender Lahare evakuiert werden. Betroffen waren v. a. die Bewohner des Bojong-Tals.

An der Beobachtungsstation von Plawangan, die 4 km vom Gipfel entfernt und 200 m über dem Bojong-Tal lag, zerbrachen durch die Schockwelle einige Fenster; ein Techniker des VSI wurde leicht verletzt. Das Observatorium wurde nach Kaliurang verlegt. ■

EIN BEDROHLICHER RIESE

Das Besondere an der Eruption von 1994 ist, dass die Glutwolke von einer turbulenten pyroklastischen Wolke begleitet wurde, die auch in Kammlagen großen Schaden anrichtete. Diese waren sonst verschont geblieben, da bei früheren Ausbrüchen (wie 1984) die Glutwolken durch Täler kanalisiert wurden. Dieser Eruptionstyp erinnert an den Ausbruch des Mont Pelée vom 8. Mai 1902: Die Eruption war zwar weniger heftig, bedrohte aber auch eigentlich geschützt liegende Dörfer, denn eine solche Wolke setzt sich über topographische Hindernisse hinweg.

Der Merapi ist der am besten überwachte Vulkan Indonesiens. Viele Ausbrüche können vorhergesagt werden, insbesondere dank Seismographen, die jeden Magma-Anstieg registrieren. Ein Jahr nach dem verheerenden Ausbruch hat sich die Situation jedoch nicht geändert. Der 1994 teilweise zerstörte Dom wächst weiter, und die Möglichkeit eines großen Ausbruchs besteht noch immer. Man wird vor der Schwierigkeit stehen, nicht nur eine Eruption, sondern auch ihre Intensität vorherzusagen. Doch wie sollte man die Stärke einer Lawine, eines Gewitters oder eines Sturms voraussehen?

Angesichts der Unmöglichkeit, diese Frage verlässlich zu beantworten, bleibt der Merapi auch in Zukunft äußerst gefährlich.

DER SAKURAJIMA

Nach einer alten Legende liegt Japan auf dem Rücken eines riesigen schlafenden Welses. Wird dieser gestört, vollführt er heftige Verrenkungen, die sich in Form kräftiger Beben auf die Inseln des Archipels der Aufgehenden Sonne übertragen. So wurden in der Zeit der Shogune und Samurai die Erdbeben erklärt, die in regelmäßigen Abständen die Region heimsuchten. Die 130 Mio. Japaner sind an Naturkatastrophen gewöhnt; Vulkane gehören zum Alltag. Dieses eigentümliche Miteinander hat im Süden des Landes, auf der Insel Kyushu, bislang kaum gekannte Ausmaße angenommen.

- **Lage**: Kyushu (Japan)
- **Höhe**: 1117 m
- **Basisdurchmesser**: 10 km
- **Vulkantyp**: andesitischer Stratovulkan, Inselbogen (Subduktionszone)
- **Häufigster Eruptionstyp**: explosiv; häufig vulkanianischer Typ
- **Eruptionen**: erste Ausbrüche vor 7750 Jahren; letzter Ausbruch: 1955–1993

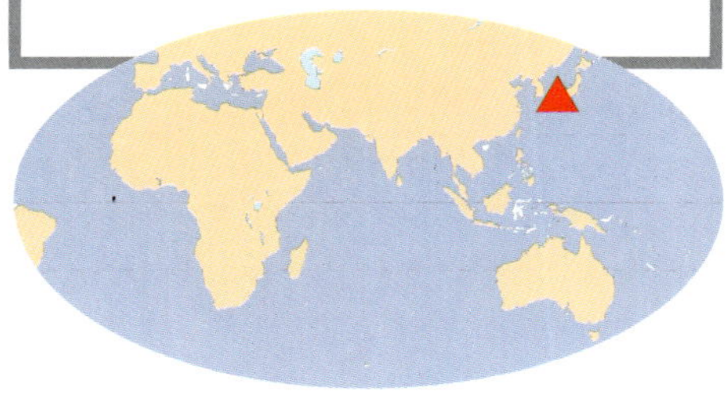

Eine Insel unter dem Joch ihres Vulkans

Der Vulkan Sakurajima (1117 m) überragt die rund 6 km entfernte Stadt Kagoshima. Dieser in der Caldera von Aira liegende andesitische Stratovulkan ist seit dem 8. Jh. eng mit der Geschichte der Menschen verwoben und gilt als einer der aktivsten Vulkane der Erde. Seit dem Beginn des 20. Jh. haben elf Eruptionsperioden stattgefunden, von denen zwei besondere Berühmtheit erlangten: Während der Ausbrüche von 1914 und 1946 bewegten sich mächtige Lava-Ströme auf die Dörfer Sakurajima und Shirahama zu. Seit 1955 hat die Aktivität der Zentralkrater nicht mehr aufgehört. Die Häufigkeit der Explosionen in diesem Bereich ist erschreckend – 500 waren es allein im Jahr 1986. Gewaltige Schockwellen zerstören Fenster- und Autoscheiben auf der ganzen Insel, manchmal sogar in Kagoshima. Ein Großteil der Lava-Bomben und -Blöcke geht in einem Umkreis von

Die Vulkaninsel Sakurajima (unten) ist seit dem Ausbruch von 1914 eine Halbinsel und hat die Form eines andesitischen Stratovulkans. Aus ihm steigen dichte Aschewolken (rechts) auf. Er ist nur rund 6 km von der Stadt Kagoshima entfernt, die ständigem Gesteinsregen ausgesetzt ist.

2 km rund um den Gipfel nieder, manche werden jedoch bis in die Wohngebiete geschleudert und zertrümmern die Hausdächer der 2000 ständig auf der Insel lebenden Menschen. Die 100 000 Einwohner von Kagoshima haben unter den Niederschlägen aus der Eruptionswolke zu leiden. Dennoch möchte seltsamerweise niemand die Region verlassen. Im Jahr 1960 ließen die Behörden ein vulkanologisches Observatorium knapp 3 km vom Ort des Geschehens entfernt errichten. Wegen der hier etwas zu häufig niedergehenden vulkanischen Auswürflinge mussten sich die Vulkanologen der Universität Kyoto jedoch vorsichtshalber zurückziehen. 1978 wurde mit dem Bau eines neuen Observatoriums begonnen – diesmal in einer gebührenden Distanz von 5 km. 250 m unterirdische Gänge wurden zu einer hochmodernen, vollautomatischen Mess- und Beobachtungsstation ausgebaut. Eine ganze Batterie von Videokameras und Fotoapparaten ist mit einem Seismographen verbunden, der die Apparatur in Gang setzt, sobald er einen bestimmten Typ seismischer Wellen registriert.
Seit 1982 ist der Vulkan außerdem mit einem Netz von Messgeräten überzogen, die Deformationen, Erdbeben und bestimmte Spaltenöffnungen überwachen (s. S. 152). Dieses Netz ist direkt mit den Computern des Observatoriums verbunden, die anhand der übermittelten Daten automatisch den Risikograd berechnen. Drei Alarmstufen werden unterschieden: »Phase erhöhter Wachsamkeit«, »kritische Phase« und »Gefahrenphase«. Die ständige Aktivität des Sakurajima während der 80er-Jahre hat gezeigt, dass dieses System, das zu den fortschrittlichsten der Welt gehört, verhältnismäßig verlässlich arbeitet. Glücklicherweise bleibt jedoch der Mensch das letzte Glied in der Kette: Wenn das rote Warnsignal in der vulkanologischen Station leuchtet, ist er es, der die Evakuierung veranlasst.

Eine durch und durch japanische Disziplin

Um für einen solchen Fall gewappnet zu sein, haben die Gemeinden auf Sakurajima die Insel mit kuriosen »Betonbunkern« ausgestattet, die eigentümlich an die Wartehäuschen von Bushaltestellen erinnern. Diese seltsam massiven Bauwerke sollen jedoch nicht vor dem Regen, sondern vor eventuellen geschossartigen Auswürflingen der Krater schützen. Jedes Jahr am 12. Januar nehmen fast alle Insulaner an einer Großübung teil, um den im Falle einer paroxysmalen Eruption zum Einsatz kommenden Evakuierungsplan zu proben. Der Übungsalarm wird in Echtzeit und unter authentischen Bedingungen durchgeführt. Um im Ernstfall eine reibungslose Evakuierung zu ermöglichen, werden 20 Anlegestellen und ein Hubschrauberlandeplatz permanent instand gehalten. Auch müssen die Schüler von Sakurajima das ganze Jahr hindurch ihre Helme griffbereit haben. Nichts bleibt dem Zufall überlassen – und dennoch sind sich die Verantwortlichen der Tatsache bewusst, dass zwar eine Evakuierung am Tage problemlos verlaufen würde, man jedoch bei einem nächtlichen Ausbruch, noch dazu bei einem der so häufig in der Region tobenden Stürme, mit erheblichen Schwierigkeiten zu kämpfen hätte. Bei dieser Konstellation könnte der Ausbruch in einer Katastrophe enden. Bleibt also zu hoffen, dass die Kamikaze, die »göttlichen Winde«, die das Reich der Aufgehenden Sonne seit Jahrtausenden beschützen (indem sie den Taifun auf seine Feinde lenken), für die Sicherheit der Bewohner von Sakurajima sorgen. ■

PRO UND CONTRA

Die Gefahr eines Vulkanausbruchs ist für die Bewohner von Sakurajima allgegenwärtig. Dass sie bleiben, ist allerdings verständlich, da Fischerei und Landwirtschaft lukrative Einnahmequellen sind. Dieses Fleckchen Erde ist bekannt für die angeblich größten Rettiche der Welt. Schwieriger nachzuvollziehen sind die Beweggründe der Stadtbewohner. Der Flughafen muss oft geschlossen werden, und die Asche verstopft die Flugzeugtriebwerke. Hinzu kommen zahlreiche Lungenerkrankungen.

Während die Inselbewohner jedes Jahr am 12. Januar den Ernstfall einer Evakuierung proben (oben), haben die »elektronischen Augen« der Kameras den 2,8 km entfernt gelegenen Krater ununterbrochen im Blick. Sie werden dabei von Betonpavillons abgeschirmt (unten).

RABAUL

Am 10. September 1767 sah der englische Seefahrer Philip Carteret bei seiner Fahrt durch melanesische Gewässer im Nordosten des späteren Papua-Neuguinea plötzlich eine gigantische Rauchwolke aufsteigen. Für ihn bestand kein Zweifel daran, dass ein solches Phänomen nur vulkanischer Natur sein konnte. Diese Beobachtung ist das erste Zeugnis über die historische Aktivität des Vulkankomplexes von Rabaul, der sich im äußersten Nordosten der Insel Neubritannien befindet. Wie auch die übrigen Vulkane in der Bismarcksee markiert der Rabaul-Komplex die Grenze mehrerer abtauchender Lithosphäreplatten und damit eine sensible geologische Zone. Diese Lage führt zu einer erhöhten seismischen Aktivität und zu einem extrem explosiven Vulkanismus auf der Basis saurer Laven.

Rabaul – von der Vulkanstadt …

Trotzdem ließen sich westliche Siedler, die von diesen Risiken nichts ahnten, Ende des 19. Jh. in der Region nieder. Die Stadt Rabaul wurde 1905 gebaut und kam nach dem Ersten Weltkrieg zu Wohlstand. Der ursprünglich für die Stadt gewählte Standort im Inneren der Weißen Bucht bot ideale Bedingungen für die Errichtung eines Hafens. Dennoch vermochte die Topographie der Region nicht darüber hinwegzutäuschen, dass sich die Bucht im Herzen einer aktiven Caldera befand. Käme sie zum Einsturz, wäre dies die Folge gigantischer ignimbritischer Eruptionen, die alle 2000 bis 3600 Jahre auftreten können.
Zwischen diesen großen Ausbruchsphasen kommt es immer wieder zu kurzen, oft heftigen und spektakulären Eruptionen.

… zur Geisterstadt

Ab 1971 wurde die Region von einer Erdbebenkrise heimgesucht, die, begleitet von erheblichen Deformationen, zwischen 1983 und 1985 ihren Höhepunkt erreichte – doch ohne dass es zur Eruption kam.
Am 19. September 1994 markierten zahlreiche Erdbeben den Beginn einer erneuten Naturkatastrophe. Die alarmierte Bevölkerung befolgte die Evakuierungsanweisungen, und 30 000 Menschen verließen die Stadt wohlgeordnet auf den in Notfallplänen ausgewiesenen Wegen. Als die Verantwortlichen des vulkanologischen Observatoriums in den frühen Morgenstunden des folgenden Tages mit dem Fernglas die Bucht ins Visier nahmen, erkannten sie eine deutliche Aufwölbung des Calderagrundes: Durch den Druck des Magmas wurde die Caldera um fast 5 m angehoben, wodurch einige Korallenbänke aus dem Meer aufgetaucht waren.
Um 6.15 Uhr begann der Ausbruch des Vulkans Tavurvur, wenig später hatte sich bereits eine hohe Aschesäule gebildet. Der Vulkan namens Vulcan folgte um 7.45 Uhr.
Über Rabaul, das zu dieser Zeit glücklicherweise menschenleer war, ging ein schmutzig-weißer Gesteinsregen nieder. Die Stadt wurde von zwei fast 16 km hohen Gas- und Aschesäulen überragt, die infolge elektrostatischer Entladungen von Blitzen durchzuckt wurden. Die feine Asche machte jegliche Sicht unmöglich, was den Verkehr in

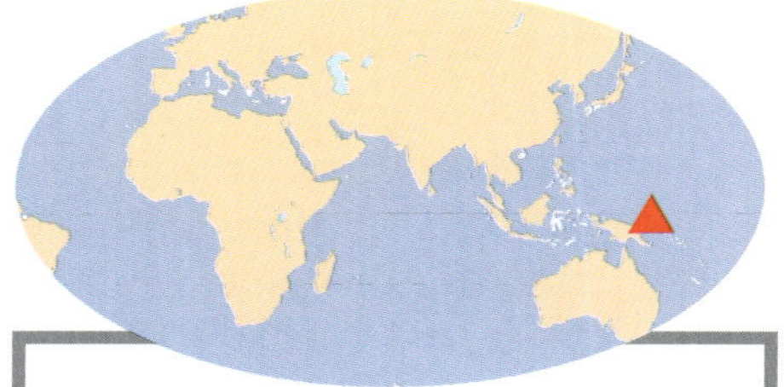

- **Lage**: Neubritannien (Papua-Neuguinea)
- **Höhe**: 688 m
- **Durchmesser der Einsturzzone der Caldera**: 12 x 15 km
- **Vulkantyp**: Caldera, Subduktionszone, Inselbogen
- **Aktive Vulkane in der Caldera und ihr häufigster Eruptionstyp**: Tavurvur und Vulcan, brechen häufig gleichzeitig aus; explosiv, vulkanianisch und plinianisch, manchmal phreatomagmatisch
- **Eruptionen**: Entstehung der ersten Caldera vor 7000 Jahren; Entstehung der zweiten Caldera vor 1400 Jahren; letzte Eruption: 1994–1996 (Tavurvur und Vulcan)

EINE SCHWERE VERGANGENHEIT

Im Jahr 1878 brachte eine untermeerische Vulkantätigkeit im Westen der Bucht das Meer zum Brodeln, bis schließlich eine plinianische Säule aufstieg. Bimsablagerungen, die eine geringere Dichte haben als Wasser, bedeckten das Meer mit einer schwimmenden, 2 m dicken Schicht, die eine Einfahrt in die Bucht unmöglich machte. Nach wenigen Tagen war die Insel Vulcan den Fluten entstiegen. Am 29. Mai 1937 wiederholte sich das Eruptionsszenario von 1878, dieses Mal war jedoch die Stadt Rabaul unmittelbar betroffen. Die von der Insel Vulcan ausgehenden plinianischen Niederschläge hinterließen ein Bild der Verwüstung – die Palmen mit ihren zerfetzten Blättern glichen riesigen zusammengefalteten Regenschirmen. Straßen und Häuser lagen unter der Asche begraben, 500 Tote waren zu beklagen. Ein durch die vulkanischen Turbulenzen ausgelöster Tsunami zerstörte den Hafen. Am Tag danach stieß der am entgegengesetzten Rand der Caldera gelegene Vulkan Tavurvur eine Eruptionswolke aus. Nach dreitägiger Aktivität war ein neues Vulkangebäude namens Vulcan entstanden, der die Insel Vulcan mit der Küste verband.

Tavurvur (oben) und Vulcan lassen die Stadt Rabaul unter einem Gesteinshagel verschwinden. Der durch die auf dem Wasser treibende Bimsschicht verstopfte Hafen ist nicht mehr schiffbar, die Boote liegen auf der Seite. Die mit schmutzigem Staub verkrusteten Flugzeuge scheinen die Explosionen des Vulcan vom anderen Ende des Rollfelds zu betrachten.

dieser Zone extrem behinderte. Der Flughafen wurde geschlossen, bevor alle Flugzeuge in Sicherheit gebracht werden konnten. Alle Hangars waren eingestürzt und das Rollfeld war unter einer Ascheschicht verschwunden. In der Verlängerung der Rollbahn, nur knapp 2 km entfernt, brodelte und spie der Vulkankegel Tavurvur. Noch näher an den beiden Vulkanen lag der Hafen, der sehr rasch unzugänglich wurde, da sich auf der Wasseroberfläche eine Bimsschicht gebildet hatte.
Vier Tage lang lag die menschenleere Stadt unter der Asche begraben: Je nach Stadtviertel war die Schicht zwischen 30 cm und 1,5 m dick.
Dann begann sich die Ausbruchstätigkeit allmählich zu beruhigen. Die beiden Vulkane waren zwar noch aktiv, aber das Fördervolumen hatte deutlich nachgelassen, und über der Stadt hing nur noch eine ständige Staubwolke.
Bis heute hält die Eruption des Tavurvur an, und im gesamten Gebiet um Rabaul werden unablässig neue Verformungen registriert. Die eigentliche Bedrohung für die Stadt sind jedoch nicht die Ausbrüche von Tavurvur und Vulcan: Viel gravierender ist die Gefahr, dass eines Tages die gesamte Caldera einstürzen könnte. ■

WARUM GIBT ES VULKANE?

WARUM GIBT ES VULKANE?

Bei welcher anderen Gelegenheit flößt uns die entfesselte Natur so viel Angst und gleichzeitig Ehrfurcht ein wie bei einem Vulkanausbruch?
Das kollektive Gedächtnis verbindet mit den Namen von Vulkanen oft Vorstellungen von Zerstörung und Tod, aber der faszinierende Anblick ihrer Aktivität lässt diesen tragischen Aspekt in Vergessenheit geraten und beschäftigt unseren Intellekt. Seit der Mensch Vulkanausbrüche kennt, scheint er zwischen Bewunderung und Abscheu hin und her gerissen. In seiner Ohnmacht angesichts der Tobsucht der Feuergiganten bedrängen ihn Fragen, um deren mehr oder weniger rationale Beantwortung seine Phantasie sich abmüht.
Das Altertum sah in Vulkanen lebendige Wesen. Bei einigen Völkern lebt dieser urväterliche Glaube noch fort, und das Bedürfnis zu verstehen spornt auch weiterhin den menschlichen Geist an oder wird ihm gar zur fixen Idee, wie etwa im Fall des unglückseligen Empedokles. Dieser Philosoph und frühe Wissenschaftler begab sich in die Nähe der Ätna-Krater, weil er dieses merkwürdige Phänomen verstehen wollte. Das Geheimnis blieb ihm leider verschlossen, und so stürzte er sich verzweifelt in einen der Krater. Der Legende zufolge spie der Vulkan – wie der Menschheit zum Hohn – eine seiner Sandalen wieder aus. Auf einem solchen wissenschaftlich-philosophischen Nährboden erwuchs Jahrhunderte später die Vulkanologie. Doch heute ist der Kampf ausgeglichener: Statt wie der heilige Georg nur mit einer Lanze bewaffnet dem Drachen entgegenzutreten, verfügt der moderne Vulkanologe zu Beginn des 21. Jh. über ein neues Waffenarsenal namens Geophysik, Geochemie und Geologie.
Vielleicht gelingt es dem Menschen eines Tages, die Wut des Drachen zu verstehen und ihrer Herr zu werden. ■

SANTORIN ODER DER MYTHOS VON ATLANTIS

Im Jahr 1620 v. Chr. erschüttert der heftigste Vulkanausbruch der letzten drei Jahrtausende, ausgehend von Thera (Santorin), den gesamten Mittelmeerraum und zerstört die blühende minoische Kultur.
Unter den Bimssteinschichten von Santorin fand man 1967 die Überreste der Stadt Akrotiri. Allmählich verdichteten sich die Arbeiten der Archäologen und Geologen zu einer phantastischen Hypothese: Wenn es das mythische Atlantis gegeben haben sollte, dann lag es vermutlich auf Santorin.
Den Mythos von Atlantis kennen wir aus Berichten griechischer Philosophen des Altertums, v. a. Platons. Er erwähnt in mehreren Werken den Untergang einer mächtigen Kultur, die zur Zeit, als ein Pharao Herr über das Festland war, über die Meere herrschte. Platon berichtet von einem hoch entwickelten Gemeinwesen, einem Volk der Kunstliebhaber und Erbauer prächtiger Paläste, das schon bestimmte Vorstellungen von einer gerechten sozialen Ordnung besaß – und er beschreibt auch dessen Untergang, mit dem eine ganze Kultur versank.
Der Ausbruch des Santorin bewirkte die Bildung einer Caldera (s. S. 110–113) und war von zahlreichen plinianische Eruptionswolken begleitet, deren Niederschlag noch in der Türkei über 10 cm hoch fiel. In erster Linie aber löste die Eruption eine gewaltige, über 30 m hohe Flutwelle aus, die wohl alle mediterranen Küstenstädte zerstörte – und möglicherweise damit auch das ebenso sagenhafte wie geheimnisvolle Atlantis.

In der Mitte der Caldera des Santorin liegt der aktive Vulkan Nea Kameni, dessen dunkle Lavaströme mit den Steilhängen aus weißem Bimsstein kontrastieren.

VULKANE UND

Seit Jahrtausenden gebiert die menschliche Fantasie Fabelwesen, die Mythologien, Erzählungen und Legenden bevölkern. Die Natur, immer noch eine Gefahr für den Menschen, versetzt ihn seit jeher in Angst und Schrecken. Vulkane haben mit ihrer Aktivität zur Mythenbildung beigetragen, und die Furcht, die sie auslösten, zeugte Götter und Teufel, Dämonen und Drachen, deren tödlicher Atem die Kontinente verpestete.

Nordamerika

Die Indianer Oregons glaubten, der Mount Mazama beherberge den Gott des Feuers und der Mount Shasta den Gott des Schnees. Natürlich kommt es zum ewigen Konflikt zwischen Gut und Böse, und der Mount Mazama wird enthauptet. An seiner Stelle gähnt ein ungeheurer Abgrund, Crater Lake, der die Niederlage des unheilvollen Gottes bezeugt.

Vulkanologen finden sehr viel später heraus, dass die Caldera des Crater Lake vor 6000 Jahren entstand und die Indianer tatsächlich Zeugen ihrer Entstehung waren.

In Wyoming gibt es einen indirekten Zusammenhang zwischen Indianerlegenden und Vulkanismus. Der felsige Berggipfel Devil's Tower – eigentlich ein durch Erosion freigelegter ehemaliger Vulkanschlot – soll zur Rettung von sieben kleinen Mädchen aus dem Boden emporgewachsen sein. Die Basaltsäulen, die bei diesem Formationstyp häufig auftreten, bilden offensichtlich den Ursprung der Legende, denn die Urbevölkerung sah in ihnen von Bärenpranken hinterlassene Spuren an der Flanke des Bergs.

Südamerika

Nach Vorstellung der Azteken brachen Mexikos Vulkane aus, um die spanischen Eroberer, die ihre Tempel entweihten, außer Landes zu treiben. In Nicaragua, wo man Vulkane mit Gottheiten gleichsetzte, versuchte man deren Zorn dadurch zu beschwichtigen, dass man Jungfrauen in den Lava-See des Masaya stürzte.

Im Jahr 1600 lässt der Huaynaputina Asche auf die peruanische Stadt Arequipa regnen. Die christlichen Siedler glauben, Gott in seinem Zorn habe den Weltuntergang beschlossen. Die Indios hingegen sehen in dem Ausbruch eine Kampfansage ihrer Vulkane gegen die tyrannischen Spanier. Sie bereiten sich auf den Tod vor, wundern sich allerdings darüber, dass der ganz in der Nähe gelegene Vulkan Misti ruhig bleibt. Hätte er dem Huaynaputina bei der Vertreibung der Unterdrücker nicht zu Hilfe eilen müssen? Schließlich finden sie die Erklärung: Der Vulkan, von den Eroberern Monte San Francisco getauft, hat sich zum Christentum bekehren lassen.

Afrika

In der Demokratischen Republik Kongo gilt der Nyiragongo bei den dort ansässigen Stämmen als Sitz der verstorbenen Seelen. Das Volk der Chaggas in Tansania führt das mit eigentümlichen Einbuchtungen übersäte Aussehen des Kilimandscharo-Kraters Mawensi auf die Tätlichkeiten seines Nachbarn, des großen Kraters Kobe, zurück: Weil ihm die allzu enge Nachbarschaft lästig ist, bearbeitet er den Mawensi mit Keulenschlägen.

■ Crater Lake

Europa

Im Mittelmeerraum ist die vulkanische Aktivität sehr ausgeprägt. Die

■ Kilimandscharo

LEGENDEN

Geschichtsschreibung der Griechen und Römer verzeichnet viele Ausbrüche, die der Volksglaube dann in seine Mythologie aufnimmt. So lebt der Feuergott des griechischen Pantheon, Hephaistos, im Inneren des Ätna. Wenn die Zyklopen ihre Waffen gegen die Götter schmieden, beginnen die Krater des Ätna zu erglühen. Der Gott Vulkan, das römische Pendant zum Hephaistos der Griechen, lebt dagegen im Vulcano auf den Äolischen Inseln.
Der Dichter Vergil berichtet vom Schicksal des Giganten Enkelados, den Athene unter dem Ätna begrub, weil er sich gegen die Götter erhob. Seinem Bruder Mimas geschieht ein Gleiches, doch Hephaistos verbannt ihn unter den Vesuv. Ihre verzweifelten Bemühungen sich aus dieser Lage zu befreien, lassen Gebäude erzittern und erbeben. Später vereinnahmt das Christentum das vulkanische Phänomen für seine Zwecke. Der Ätna wird nun zum Eingang der Hölle, und die Heiligen müssen die Städte vor den teuflischen Anschlägen der Vulkane beschützen.
Im Jahr 1660 »offenbart« sich der Schutzheilige Neapels, Januarius, dadurch, dass er kleine dunkle Kreuze auf die Hänge des Vesuvs niederregnen lässt. In den kreuzförmig angeordneten Zwillingen der Pyroxenkristalle will man ein Wunder erkennen.

■ Vesuv

Asien

Auf dem heiligen Berg Japans, dem Fujiyama, haben sich schintoistische Mönche niedergelassen. Ihr Kloster, das seit dem Jahr 800 existiert, ist ein vielbesuchter Wallfahrtsort, an dem die Gläubigen den Kontakt zur Natur und ihren Gottheiten suchen.
In Indonesien gedeihen die Legenden vielleicht am lebhaftesten. Kaum einer der 128 aktiven Vulkane des Archipels beherbergte nicht einen Gott oder eine Göttin, einen Geist oder Dämon. Im Zentrum Javas lebt der »Menschenberg«, eine Gestalt aus dem Wayang Kulit, dem Schattentheater. Er ist die wichtigste Gestalt im Kraton, dem Königspalast Jogjakartas; er ist der Sultan, aber er ist ebenso der Berg Merapi. Sein Schicksal ist eng verflochten mit dem des Vulkans und Jogjakartas. Auch im 20. Jh. ist seine Legende noch lebendig.
Andere Vulkane beherbergen andere Gottheiten, die in mehr oder weniger sonderbaren Zeremonien verehrt werden. Der Berg Bromo im Osten Javas wurde nach dem Schöpfergott des hinduistischen Pantheon, Brahma, benannt. Einmal im Jahr wird eine große Zeremonie an den Hängen des Vulkans veranstaltet. Mehrere Tage lang kommen Tausende Gläubige im Rahmen feierlicher Veranstaltungen zum Gebet. Ziegen, Hühner, Blumen und Geldstücke werden als Opfergaben in den Krater geworfen.

■ Bromo

Der Berg Agung liegt auf Bali; sein Name bedeutet »Der höher ist als die anderen«. Für die Balinesen mit ihrem besonders gearteten Hinduismus stellt er einen Bereich von Göttern und Dämonen dar. Am Fuß des Agung zieht sich ein riesiger Tempelkomplex hin, in dem häufig Zeremonien stattfinden. ■

GESCHICHTE DER VULKANOLOGIE

Die Vorläufer

• Im Altertum

Der Mittelmeerraum, den man zweifellos als Wiege der westlichen Kultur bezeichnen kann, war und ist Schauplatz zahlreicher Erdbeben und Vulkanausbrüche. Daher nimmt es nicht Wunder, dass die ersten Versuche, sie zu erklären, aus dem Altertum stammen. Die ersten schriftlichen Überlieferungen kommen aus Griechenland, doch wahrscheinlich haben alle großen Kulturvölker wie die Babylonier, Phönizier und Hebräer gleichfalls versucht, Erklärungen für die Eruptionen zu finden. Die Geburtsstunde der verschiedenen Erklärungsmodelle scheint das 6. Jh. v. Chr. zu sein. Thales, der gemeinhin als Mathematiker bekannt ist, glaubte, die Erde sei eine Scheibe, und schrieb ihre Erschütterungen Stürmen des Ozeans zu, auf dem sie seiner Meinung nach schwamm. Sein Schüler Anaximander erkannte in der Natur eine höhere Macht, die Hitze und Kälte hervorbringt. Aus der innigen Vermischung beider Elemente entstehe das Vulkanfeuer. Schon seit dem 5. Jh. waren zwei Begriffe im Umlauf, die alle Erklärungsversuche in der Antike beeinflussten: Luft und Feuer. Bis ins 18. Jh. beschäftigten sie die besten Köpfe, und schon Empedokles (geboren um 490 v. Chr. in Agrigent) setzte sich vermutlich mit ihnen auseinander. Platon (428–348 v. Chr.) reiste viel und wurde Zeuge eines Ausbruchs des Ätna. Tief beeindruckt, vermutete er eine Vielzahl von Verbindungswegen zwischen einzelnen unterirdischen Regionen. In der Tiefe sollte der Pyriphlegeton – der Fluss des Feuers – fließen und den Vulkanöffnungen Lava zuführen. Aristoteles betrachtete seinerseits die Erde als einen lebendigen Organismus, dessen Launen als Beben oder Vulkanausbrüche zutage träten. In seinem Werk »Physik« verwendete er zum ersten Mal den Begriff »Krater« und erklärte Vulkanausbrüche durch »einen Wind, der aus dem Erdinneren bläst und die Luft in winzige Partikel zerlegt, die bei ihrem Austritt aus der engen Öffnung aneinander stoßen und Feuer fangen«. Strabon (58 v.–21 n. Chr.) entdeckte die vulkanische Natur des Vesuvs zu einer Zeit, als der sich völlig ruhig verhielt und bis zum Gipfel von Vegetation überwachsen war. Auch er beschrieb im Lauf seiner zahlreichen Reisen nach Griechenland, Italien und zu den Äolischen Inseln mehrere Eruptionen. Die römischen Gelehrten, die den griechischen Philosophen nachfolgten, hielten sich vorzugsweise an rationale Erklärungen. In dem großen Gedicht »Ätna«, das manche Historiker Vergil (70–19 v. Chr.) zuschreiben, finden sich viele Schilderungen von Ausbrüchen dieses größten aktiven Vulkans der zivilisierten Welt. Lukrez vertrat die Meinung, dass die Eruptionen des Ätna auf Winde zurückzuführen seien, die sich in dem ausgehöhlten Berg verfingen und hier herumwirbelten. Sie heizten sich an den Seitenwänden auf und brächten Flammen hervor, die aus Kratern oder Längsspalten austräten. Ovid (43 v. Chr.–17 n. Chr.) glaubte, der Ätna, dessen Austrittsöffnungen ständig wechselten, »verändere seine Atemwege«.

In Simone Francos Darstellung des Vesuv-Ausbruchs im Jahr 79 hat der Vesuv seine heutige Form mit dem berühmten Kegel, der ihm von Neapel aus betrachtet sein charakteristisches Aussehen verleiht. Vor der Eruption ähnelten jedoch Gipfel und Gestalt des Vulkans vermutlich mehr einem andesitischen Stratovulkan.

Im Jahr 62 erschütterte ein gewaltiges Beben die Region um Neapel. Seneca (4 v. Chr.–65 n. Chr.) nimmt oft darauf Bezug. Sein wichtigster Beitrag zur Vulkanologie besteht jedoch darin, auf die Bedeutung der Dämpfe und Gase bei Eruptionen hingewiesen zu haben. Als erster erkannte er ihre explosionsauslösende Funktion. Einer seiner anderen genialen Einfälle war die Idee, unter jedem Vulkan liege eine gigantische Feuerhöhle und versorge ihn mit Materie – eine vorwissenschaftliche Entdeckung der Magmenkammern.
Plinius der Ältere (23–79 n. Chr.) erfasste in seiner »Historia Naturalis«, einer umfassenden 37-bändigen Enzyklopädie, die zehn in seiner Zeit bekannten aktiven Vulkane und versuchte auch schon, erste Vorzeichen eines drohenden Ausbruchs zu bestimmen. Seiner Meinung nach gingen der Entfesselung eines Vulkans Windstille und ein ruhiges Meer voraus. Dies erschien ihm sehr einleuchtend, denn die Winde sollten sich ja im Vulkan verfangen haben.
Als der Vesuv im Jahr 79 ausbrach, eilte er, wie immer um das Wohl seiner Mitmenschen besorgt, den Einwohnern Pompejis zuhilfe. Seine Hilfsbereitschaft sollte er

Auf diesem bemerkenswerten Bild vom Ausbruch des Asama (Honshu, Japan) im Jahr 1783 verrät die stilisierte Darstellung der vulkanischen Eruptionserscheinungen eine erstaunlich präzise Beobachtungsgabe des Künstlers.

mit dem Leben bezahlen, aber ihr verdanken wir die erste detaillierte vulkanologische Darstellung überhaupt, denn sein Neffe Plinius der Jüngere (62–114 n. Chr.) beschrieb den katastrophalen Ausbruch mit der Präzision eines Naturforschers in einem Brief an Tacitus, in dem er ihm den Tod seines Onkels in Stabiae mitteilt. Dafür sollte er einmal als der erste Vulkanologe in die Geschichte eingehen.

• Eine dunkle Zeit (Vom Mittelalter bis zum Ende des 17. Jh.)

Im Mittelalter konzentrierte die allmächtige Kirche Kultur und Wissenschaft auf ihre Klöster. Über allem wachte – zumindest im ausgehenden Mittelalter – die Inquisition. Wissenschaftler, die sich vom Wortlaut der Heiligen Schrift entfernten, wurden an den Pranger gestellt und mussten ihren Theorien abschwören, wenn sie nicht als Häretiker auf dem Scheiterhaufen enden wollten.
Die Mönche sahen in Vulkanen Tore zur Hölle. Die Alchimisten, die sich ihre eigenen Gedanken über die Zusammenhänge machen, schwiegen, und so gerieten die Vulkane in Vergessenheit.
Der wissenschaftliche Obskurantismus jener dunklen Zeit konnte jedoch nicht verhindern, dass uns einige wichtige Tatsachen überliefert wurden. Alexander Neckam (1157–1227) verwendete erstmalig den Begriff »Vulkan« in seiner heutigen Bedeutung, und Albertus Magnus (1207–1280) führte erste primitive vulkanologische Experimente durch. Am 28. September 1538 bildete sich inmitten der Stadt Tripergole auf den »Phlegräischen Feldern« ein Vulkan. Man nannte ihn Monte Nuovo. Er erreichte in nur einer Woche die Höhe von 140 m und erhitzte die Gemüter. Von kühn spekulierenden Naturforschern wurde er als Beweis für die Ansicht, dass Gebirgszüge sich mit großer Schnelligkeit herausbilden, in Anspruch genommen. Georg Bauer (1494–1555), besser bekannt unter dem Namen Agricola, glaubte, das Feuer im Inneren der Erde leite sich von mühelos die Erdkruste durchdringenden Sonnenstrahlen her. Giordano Bruno (1548–1600) endete auf dem Scheiterhaufen, weil er nicht genügend Vorsicht walten ließ. Er wurde bezichtigt, die biblische Vorstellung von der Sintflut in Zweifel zu ziehen. Außerdem war ihm aufgefallen, wie häufig Vulkane in Meeresnähe vorkommen, und er hatte versucht, ihre Existenz aus dem Zusammenwirken von Feuer und Wasser abzuleiten.
Im 17. Jh. entdeckt man die Theorien der Antike von Neuem. Descartes entwickelt seine eigenen Vorstellungen über die Struktur der Erdkugel, und Athanasius Kircher (1602–1680) griff auf Ideen des Aristoteles zurück. Er entwarf eine Erde, in deren Innerem an zahlreichen Stellen Feuerherde brannten, die die vulkanische Tätigkeit speisten. Gegen Ende des 17. Jh. versuchte man, Erkenntnisse aus der im Entstehen begriffenen Chemie auf eine noch in den Kinderschuhen steckende Vulkanologie zu übertragen. Fast zur selben Zeit gelangten Robert Hooke (1635–1703) und Martin Lister (1638–1711) zu der Überzeugung, Feuer könne spontan aus der Fermentation von Pyrit und Schwefel entstehen, wenn sie mit Meerwasser und Meersalz in Berührung kämen.
Gleich zu Beginn des 18. Jh. stieg die Insel Nea Kameni, begleitet von einer Explosion aus Feuer und Dampf, inmitten der Caldera des Santorin empor. Lazzaro Moro (1687–1740), ein Mönch, bediente sich dieses Ereignisses ebenso wie der Entstehung des Monte Nuovo, um damit seine Theorie zu untermauern, nach der alle Berge der Erde einen vulkanischen Ursprung haben. Vehement verfocht er die Idee des vulkanischen Ursprungs der Erde; um sich jedoch nicht allzu weit von der Position der Kirche zu entfernen, schlug er eine intellektuelle Pirouette und rechtfertigte seine Hypothese mit der Behauptung, Gott habe es gefallen, im Erdinneren ein Feuer brennen zu lassen.
In krassem Gegensatz zu ihm behauptete Benoît Maillet (1656–1738), das Meer sei der Ursprung allen Gesteins. Für ihn waren Vulkane nur zweitrangige Phänomene und entstanden aus der Verbrennung des Fetts der in Sedimente eingeschlossenen Tiere. Maillet war zwar mutig, aber nicht kühn; so ließ er diese Ideen erst zehn Jahre nach seinem Tod unter dem Pseudonym Telliamed – einem Anagramm seines Namens – veröffentlichen. Dadurch entging er der Exkommunikation. Von ihm nicht beabsichtigt, lösten seine Ideen eine polemische Debatte unter den Denkern des 18. Jh. aus, die sich als Vertreter der Wasser- bzw. der Feuerhypothese verstanden – Neptunisten bzw. Plutonisten.

Neptunisten und Plutonisten im 18. Jh.

Das 18. Jh. war die Zeit der Naturforscher. Vom Reisen begeistert, beobachteten die Gelehrten der Aufklärung Sachverhalte, die oft zueinander im Widerspruch zu stehen schienen, und es entzündeten sich leidenschaftliche Diskussionen. In dieser Streitkultur wurzelte die wissenschaftliche Vitalität jener

Epoche, von der auch die noch ganz in den Anfängen steckende Vulkanologie profitierte.
Buffon (1707–1788), ein Aristokrat und wohl einer der berühmtesten naturwissenschaftlichen Gelehrten seiner Zeit, erwähnte Vulkane kaum. Das Bild, das er sich von ihnen machte, war typisch für einen Zeitgenossen in der Mitte des 18. Jh.: »Eine Kanone ungeheueren Ausmaßes …, aus deren Mündung Feuer, Flammen, Bitumen, Schwefel und Metallverbindungen hervorschießen. Die Pyrite in ihrem Inneren beginnen beim Kontakt mit Luft oder Wasser zu gären, wodurch Eruptionen ausgelöst werden. … Nichts anderes ist ein Vulkan für den Naturforscher.« Er war davon überzeugt, dass vulkanische Aktivität aufs Engste mit dem Vorhandensein großer Wassermassen zusammenhing, und schlug vor, im Meer gelegene Vulkane rund herum durch große Dämme vom Wasser zu isolieren, um sie so schnell erlöschen zu lassen. Man muss Buffon zugute halten, dass er Vulkane nicht aus eigener Anschauung kannte und seine Theorien auf Arbeiten antiker wie zeitgenössischer Wissenschaftler stützte.
Der Beginn des Streits zwischen Plutonisten und Neptunisten lässt sich auf den 10. Mai 1752 datieren. An jenem Tag bewies der Arzt, Botaniker und Mineraloge Jean Étienne Guettard (1715–1786) vor der Gelehrtenversammlung der französischen Akademie der Wissenschaften, dass die Berge der Auvergne erloschene Vulkane sein mussten. Er war zufällig auf ihren vulkanischen Ursprung gestoßen, als er die erste geologische Karte Frankreichs erstellte. Auch er kannte keinen aktiven Vulkan aus der Nähe, doch verschiedene Gesteinsproben des Vesuvs und des Ätnas waren durch seine Hände gegangen. In der Stadt Moulins im Département Allier stieß er verblüfft auf einen Brunnenstein, der ihn an Gesteinsproben des Vesuvs erinnerte. Es war der berühmte Stein von Volvic. Er überprüfte seine Herkunft, und nun war es ihm ein Leichtes zu beweisen, dass der Hügel, der sich über Volvic erhebt – der Puy de la Nugère – einst ein Vulkankegel war. Wenig später bestieg er den Puy de Dôme und konnte für alle Kegel des Gebirgsmassivs der »Chaîne des Puys« darlegen, dass sie aus einer Anhäufung vulkanischer Materialien bestehen und nicht etwa Abfall gewaltiger Schmieden aus der Römerzeit sind, wie die Bewohner der Auvergne glaubten. Er behauptete sogar, die Vulkane seien noch nicht erloschen und ermahnte die Einheimischen, auf mögliche Anzeichen einer bevorstehenden Eruption zu achten. Mit seinem Beweis der Existenz von Vulkanen in der Auvergne gelang Guettard zugleich indirekt der Nachweis, dass es Vulkane fernab vom Meer – und das bedeutet fernab des Wassers – geben kann. Eigenartigerweise erklärte er jedoch die Entstehung von Basalten, insbesondere von Basaltsäulen, aus einem Kristallisationsprozess, der sich in einem wasserhaltigen Milieu vollzogen haben soll, so wie es vor ihm auch der Schweizer Conrad Gesner (1516–1565) in seinem Buch »Fossilien, Steine und Kristalle« aus dem Jahr 1550 getan hatte. Damit spaltete er unbeabsichtigt die Vulkanologen für den Rest des Jahrhunderts in zwei Lager. Die Neptunisten (von Neptun, dem Gott des Meeres) glaubten, der Vulkanismus entspringe im Wasser; die Plutonisten (von Pluto, dem Gott des Feuers und der Unterwelt) gingen dagegen davon aus, dass sein Ursprung das Feuer sei. Eine lange Auseinandersetzung begann.
Der geniale Mineraloge Abraham Gottlob Werner (1749–1817), ein Deutscher, eröffnete die Debatte. Er veröffentlichte ein Werk über das äußere Erscheinungsbild der Fossilien, in dem er die Mineralien klassifizierte, und entwarf eine Theorie der Gesteinsbildung, die Geognosie. Seine Hypothese stand im Einklang mit dem religiösen Schrifttum, insbesondere der Genesis. Für ihn war der Erdball kalt, und dies schon seit Urzeiten, denn einst hatte ihn das Meer ganz und gar bedeckt. Gestein entstand daher entweder durch Ablagerung oder durch chemische Fällung in diesem sintflutartigen Meer, niemals aber durch Schmelzvorgänge. Vulkane betrachtete er als nur unbedeutende Oberflächenphänomene, ausgelöst durch Verbrennen von Kohle tief im Inneren der Erde. Werner, ein brillanter Kopf, lehrte und verteidigte seine Thesen so eindrucksvoll, dass sie noch weit in die Zukunft hinein wirkten und zahlreiche leidenschaftliche Anhänger fanden.
Sein Gegenspieler auf Seiten der Plutonisten wurde der schottische Arzt und Chemiker James Hutton (1726–1797). Er besaß Ländereien und beschäftigte sich dort anfänglich nur zum Zeitvertreib mit Geologie. Sie begeisterte ihn so sehr, dass er beschloß, ihr sein Leben zu widmen. In Edinbourgh gründete er den »Oyster Club«, eine Gelehrtengesellschaft, der mehrere berühmte Wissenschaftler jener Epoche angehörten. Hutton war ein scharfer Beobachter und untersuchte alte vulkanische Erhebungen in Schottland, ohne jedoch eine Theorie über deren Formation aufzustellen. Er ging ganz anders vor als Werner. Denn während jener versuchte, Beobachtungen zu machen, die seine Theorie stützten, war Hutton noch auf der Suche nach einer Hypothese, die es ihm ermöglichte, seine Beobachtungen zu verstehen. Im Jahr 1795 stellte er eine Theorie auf, die der Vorstellung von einer Sintflut und einem alles bedeckenden Meer widersprach. Für ihn hatte die Welt keinen Anfang und kein Ende. Mit seinem Werk »Theory of the Earth, with Proofs and Illustrations« legte

■ James Hutton (1726–1797)

er die Grundlagen für den Plutonismus. Da er literarisch jedoch wenig begabt war, wäre seine Arbeit fast in Vergessenheit geraten. Erst einige Jahre später stellte einer seiner Schüler, John Playfair, in seinem Werk »Illustrations of the Huttonian Theory of the Earth« seine Gedanken stilistisch geschliffener noch einmal dar und verhalf so dem Plutonismus zu neuer Wirkung. Hutton glaubte, dass es zwischen dem aus ihm noch unbekannten Gründen geschmolzenen Kern der Erde und den Vulkanen eine Verbindung geben müsse. Die Hitze im Inneren der Erdkugel lasse das Gestein schmelzen und drücke ungeheure Vulkangesteinsmassen in die Erdkruste; der im Kern herrschende gewaltige Druck baue sich schließlich in einer Eruption ab.

Richard Kirwan (1733–1812) widersprach Hutton als einer der Ersten. Meeresfossilien, die er im Basalt gefunden haben wollte, dienten ihm als Gegenbeweis. Allerdings stellte sich schnell heraus, dass es sich bei dem vermeintlichen Basalt eigentlich um von Lava gebrannten Ton handelte.

Der schottische Mineraloge und Professor an der Universität Edinbourgh Robert Jameson ging noch einen Schritt weiter. Er gründete eine Gesellschaft für Naturgeschichte, die sich auf Werner berief und nur die Publikationen von dem Neptunismus zuzurechnenden Autoren förderte.

Schließlich entschied James Hall (1761–1832) mit seinen Argumenten den Streit. Er war Mineraloge mit einer Leidenschaft für das Experiment, und so kam ihm zu Ohren, dass Glas im Glaswerk Kristalle bilden kann, wenn es sich langsam abkühlt. Er verschaffte sich diese kristallisierten Produkte, brachte sie zum Schmelzen, härtete sie in einem Kaltbad und erhielt wieder – Glas. Er wiederholte das Experiment mehrmals und erhielt entweder kristallisierte Materie oder Glas, je nachdem, wie lange er den Stoff abkühlen ließ. Verwendete er Basalte, war das Resultat dasselbe, was belegte, dass vulkanisches Gestein tatsächlich aus einem Schmelzvorgang entsteht. Später, anlässlich einer Reise zum Vesuv, sah er Lava-Gänge, deren erstarrte Ränder sich zur Mitte hin kristallisierten. Daraus schloss er, dass diese Laven, als sie in die Spalten gedrückt wurden, beim Kontakt mit dem kalten Gestein glasartige Formen annahmen, wohingegen sie in der länger heiß gebliebenen Mitte Kristalle bildeten.

Noch einige Zeit später gelang George Watt, dem Sohn des Erfinders der Dampfmaschine, unter Zuhilfenahme eines Ofens die Synthese von Basaltsäulen. An dem feurigen Ursprung des Vulkangesteins bestand kein Zweifel mehr.

Noch während der Streit zwischen Neptunisten und Plutonisten andauerte, wurden im 18. Jh. immer neue Beobachtungen angestellt und Entdeckungen gemacht. Sie schufen der noch jungen modernen Wissenschaft, die wir heute Vulkanologie nennen, ein solides Fundament.

Noch bevor Hutton seine Ideen veröffentlichte, hatte der Plutonismus auf dem Alten Kontinent zahlreiche engagierte Anhänger gefunden. Sie alle waren überzeugt davon, dass man das Gestein vulkanischer Ausbrüche untersuchen müsse, um zur Wahrheit vorzudringen. Einer der berühmtesten Plutonisten war Nicolas Desmaret (1725–1815). Sein Interesse galt der Chaîne des Puys, deren geologische Karte er als Erster erstellte. Er wies nach, dass Basalt und geschmolzene Lava ein und derselbe Stoff sind, und stellte sich damit gegen die gängige Auffassung. Desmaret war zwar überzeugter Plutonist, dennoch enthielt er sich aller Polemik. Stattdessen forderte er seine Gegner lieber auf, sich vor Ort zu begeben und die Dinge dort selbst in Augenschein zu nehmen.

Das 18. Jh. war auch eine Zeit großer Entdeckungsreisen, wodurch das Forschungsfeld der Vulkanologen sich plötzlich ausweitete. Naturforscher durchstreiften die ganze Welt, Cook entdeckte Hawaii, Pallas durchquerte die Kamtschatka-Halbinsel. Oberst Jean-Baptiste Bory de Saint-Vincent (1778–1846) gelangte über die Kanarischen Inseln zur Île Bourbon, die heute Réunion heißt, wo er die Lava-Ströme des Piton de la Fournaise bemerkenswert präzise beschrieb und untersuchte. Den Hauptkratern des aktiven Vulkans verlieh er die Namen berühmter Gelehrter wie Dolomieu oder Haüy, während er dem im Zentrum gelegenen Krater selbstbewusst seinen eigenen Namen ab: Bory-Krater.

■ **Déodat de Gratet de Dolomieu (1750–1801)**

Graf Montlosier (1755–1838) griff Desmarets Thesen auf. Auch sein Interesse galt den Vulkanen der Auvergne, und er bezweifelte als Erster, dass Basaltschmelze auf ein unterirdisches Feuer zurückgeführt werden müsse, ohne jedoch eine andere Erklärung für das Phänomen liefern zu können. Déodat de Gratet de Dolomieu (1750–1801), der bei zahlreichen Ausbrüchen von Ätna, Vesuv und Stromboli zugegen war, vertrat unerschütterlich die Meinung, Laven entstammten flüssigem Magma aus dem Erdmittelpunkt. Im Gegensatz zu allen anderen hielt er nicht geschmolzenen Granit, sondern andersartiges Gestein unter der Erdkruste für den Ursprung der Laven. Seine außerordentlichen wissenschaftlichen Arbeiten machten ihn zu einem der bedeutendsten Väter der modernen Vulkanologie.

Zu denen zählt auch Lord William Hamilton (1730–1803), ein Freund Dolomieus und gleichfalls einer der ersten modernen Vulkanologen. Als englischer Botschafter am Hof des Königs von Neapel begeisterte ihn der Vesuv so sehr, dass böse Zungen behaupteten, er vernachlässige seine charmante Frau, die berühm-

Bei jedem der heftigen Ausbrüche des Vesuvs veranstalten die Neapolitaner eine Prozession mit der Statue des Heiligen Januarius, dem Schutzheiligen der Stadt seit dem großen Ausbruch im Jahr 1631.

te Lady Hamilton, um des Vulkans willen. Ungefähr 60 mal bestieg er ihn (auch während aktiver Phasen), und sein Werk »Campi Phlegraei« erfreute sich in der wissenschaftlichen Gemeinde jener Zeit großer Beliebtheit. Er wies darauf hin, dass Vulkankegel sich aus aufgeschüttetem Niederschlag bilden und Basaltströme nicht immer homogen sind, sondern unterschiedlichen Typen angehören. Er unterschied zwischen dem, was wir heute Stricklava bzw. Pahoehoe-Lava und Aa-Lava nennen. Wie Dolomieu glaubte er, Vulkane würden tief aus dem Inneren gespeist, und war von der Besonderheit des vulkanischen »Feuers« überzeugt, da es bei Unterwassereruptionen trotz Luftmangels brennt. Er entdeckte auch, dass die großen pilzförmigen Rauchsäulen aus dem Kontakt von Magma mit Wasser entstehen. Als einer der Ersten sorgte er sich um das Los der Bevölkerung bei vulkanischen Katastrophen und riet zur Evakuierung des Portici-Palastes angesichts eines drohenden Lava-Stroms. Während Asche auf Neapel niederging, empfahl er die Dächer freizuschaufeln. Erstmals vermochte er auch Eruptionen vorauszusagen, weil er bemerkt hatte, dass sich die Erschütterungen vor einem Ausbruch verstärken. Damit war er der erste Vulkanologe, für den die vulkanische Gefahr im Zentrum des Interesses stand.
Gegen Ende des Jahrhunderts versetzen zwei hoch angesehene Schüler Werners, von Humboldt und von Buch, dem Neptunismus den Todesstoß. Der vermögende Alexander von Humboldt (1769–1859) schiffte sich noch als Neptunist in die Neue Welt ein, auch wenn ihm schon Zweifel an der Richtigkeit der Theorie seines Lehrers gekommen waren. Schließlich ging er jedoch zu den Plutonisten über und fasste Laven als »flüssige Mischungen aus Metallen, Alkali und Erde« auf. Seine Beiträge zum Vulkanismus sind besonders interessant, weil sie sich mit Gebilden der Neuen Welt befassen, von denen bis dahin niemand wusste. Ihm fiel auch auf, dass Vulkane sich entlang großer geologischer Verwerfungen kettenförmig herausgebildet haben, und er unterschied große zerstörerische Beben tektonischen Ursprungs von vulkanischen Beben, eine Unterscheidung, die bis heute gültig ist.
Der bekannteste Geologe zu Beginn des 19. Jh. ist Leopold von Buch (1774–1853). Ihm fiel schon früh auf, dass zahlreiche basaltische Lava-Felder in Regionen liegen, in denen es keine Kohlevorkommen gibt und dass sie folglich nicht mit der Verbrennung von Kohle in Verbindung gebracht werden können. Wiederholt stellte er dies auf seinen Reisen fest, insbesondere am Mont Albains und am Vesuv. Mehr noch als Ätna und Vesuv bezauberte ihn jedoch die Auvergne. Auf seinen unablässigen Streifzügen durch Europa überzeugte er sich schließlich davon, dass die Thesen Werners nicht zur Erklärung der Vulkanbildung herangezogen werden können. Trotzdem widerrief er seinen Neptunismus aus Respekt vor seinem ehemaligen Lehrer, der zugleich das Haupt einer ganzen, wiewohl unterlegenen Schule war, erst nach dessen Tod.

Die Entstehung der modernen Vulkanologie

In den letzten Jahren des 19. Jh. ging der Streit zwischen Neptunisten und Plutonisten seinem Ende entgegen. Aber kaum war diese Auseinandersetzung in Vergessenheit geraten, zeichnete sich schon ein neuer Konflikt in der gerade entstehenden modernen Vulkanologie ab. Formieren Krater sich durch Hebung oder durch Aufschüttung? Von Buch entwickelte eine Theorie über Kraterformation durch Hebung; er veröffentlichte seine Hypothese erstmals in einem Artikel aus dem Jahre 1842 mit dem Titel »Betrachtungen über die Vulkane der Auvergne«. Er behauptete, kraterlose Vulkane (Dome) wie der Sarcoui, der Puy Chopine oder der Puy de Dôme seien durch eine Art »Aufquellen« oder »Blasenbildung« von Granit entstanden, der sich in ein Gestein, das von Buch Domit nannte, verwandelt habe. Eine »innere vulkanische Kraft« sollte Ursache für die Hebung dieser Gebilde sein. Er nahm an, dass Granit sich in Domit verwandele, und geschmolzenes Domit zu Basalt werde. Der Gipfel eines zu stark aufgequollenen Vulkans explodiere und stürze ein, wodurch Krater entstünden. Von Buch unterschied folglich zwei Phasen: eine der Hebung (in der sich die Oberflächengestalt herausbildet) und eine Phase, in der die Gipfelpartie explodiert (was zur Entstehung eines Kraters führt, den man auf den Azoren »Cauldron« und auf den Kanarischen Inseln »Caldera« nennt). Diese Theorie wendete er auf den Vesuv an und erklärte, der Vulkan sei vollständig formiert aus der Erde emporgetaucht, ohne dass es zu einer Reliefbildung durch Aufschüttung gekommen sei. Der leidenschaftliche von Buch fand unter den französischen Naturforschern viele Anhänger, doch auch seine Gegner formierten sich, allen voran der Engländer George Poulett Scrope (1797–1876). Scrope, Politiker, Ökonom und Vulkanforscher aus Passion, schrieb

■ Ferdinand Fouqué (1828–1904)

1825 ein Werk mit dem Titel »Considerations on Volcanoes«, mit dem er die Grundlagen für die moderne Vulkanologie legte. Er beschäftigte sich ausführlich mit der Kegelformation durch Schlackenaufschüttung und wies auf die Bedeutung der Gase, insbesondere des Wasserdampfs, für die Eruptionsmechanismen hin. Förderte ein Vulkan Magmen unterschiedlichen Typs, so geschehe dies, weil sich deren chemische Zusammensetzung in den Kammern der Tiefe langsam verändere. Scrope glaubte auch, dass Eruptionen durch geologische Spalten erfolgten. Von Buchs Theorie der Kraterbildung durch Hebung widerlegte er ebenso wie die von Charles Daubeny (1795–1867) vertretene Auffassung, der Ursprung vulkanischer Hitze sei in der Interaktion von Sickerwasser mit Kalzium- und Natriumsalzen der Tiefe zu suchen. Scrope vermutete einen Zusammenhang zwischen vulkanischer Hitze und der Entstehung der Erde.
Wenig später schloss sich der Schotte Charles Lyell (1797–1875), der Verfasser der ersten modernen geologischen Abhandlung »Principles of Geology«, den Auffassungen Scropes an, nachdem er dessen Werk gelesen und mehrere Vulkane besucht hatte. Besonders auf dem Ätna verbrachte er viel Zeit und leistete dort hervorragende Arbeit. Im Jahr 1831 tauchte im Mittelmeer auf halbem Weg zwischen Sizilien und Tunesien eine Vulkaninsel aus dem Meer. Dieses Ereignis läutete das Ende der von Buchschen Hypothese einer Kraterbildung durch Hebung ein. Constant Prévost (1787–1856) versicherte nach seiner Rückkehr von einer der dorthin entsandten Expeditionen, dass die Insel sich nur durch Aufschüttung bilde und dass es keine Anzeichen für eine Hebung gäbe. Zur Veranschaulichung der Explosivkraft einer Eruption verwendete er erstmals das heute noch gebräuchliche Bild einer Champagnerflasche, die entkorkt wird. Im Jahr 1866 versetzte Ferdinand Fouqué (1828–1904) schließlich der Theorie von Buchs den Todesstoß. Er war nach Santorin aufgebrochen, um die Caldera und den Ausbruch des Nea Kameni, des aktiven Vulkans der Insel, zu studieren. Dabei entdeckte er unter einer etwa 30 m dicken Schicht bimssteinartiger Ablagerungen die Überreste einer Stadt aus der Zeit um 2000 v. Chr., womit er den nicht zu widerlegenden Nachweis erbrachte, dass sich die Caldera durch Einbruch nach einem explosiven Paroxysmus mit gewaltigen Ablagerungen gebildet hatte. Wieder in Frankreich, wo er am Collège de France unterrichtete, trat er dafür ein, die Theorie der Kraterformation durch Hebung endgültig aufzugeben.
Zur Zeit des ausgehenden 19. Jh. erwachte das Interesse an Gasen.

■ Charles Sainte-Claire Deville (1818–1881)

Charles Sainte-Claire Deville (1818–1881) sammelte zum ersten Mal bei einem Vulkanausbruch unter großer Gefahr für sein Leben Gasproben in speziellen Gefäßen. Das Erstaunen war groß, als er zeigen konnte, dass Gase sich nicht, wie allgemein angenommen wurde, von Vulkan zu Vulkan unterscheiden, sondern dass schon bei einem Vulkan ihre jeweilige Zusammensetzung sich ändert, je nachdem aus welcher Eruptionsphase die Probe stammte. Zu Beginn des 20. Jh., im Jahr 1912, wiesen Arthur Day (1869–1960) und Ernest Shepherd (1879–1949) nach, dass Wasserdampf den Hauptbestandteil in Gasen magmatischen Ursprungs bildet, indem sie am Lava-See des Kilauea (Hawaii) mit Hilfe langer Stangen Proben entnahmen.
Erst allmählich begann man, sich des Polarisationsmikroskops und der Chemie bei der Untersuchung von Gesteinen zu bedienen, doch dann revolutionieren diese Hilfsmittel die Erdwissenschaften.
Bedeutsam für die Vulkanologie wurde der Ausbruch des Krakatau am 27. August 1883, der auf seinem Höhepunkt eine Flutwelle auslöste, die 30 000 bis 40 000 Küstenbewohner des Malaiischen Archipels in Niederländisch-Indien – heute Indonesien – das Leben kostete. Daraufhin entsandte die holländische Regierung Rogier Verbeek (1845–1926) in ihre Kolonie, um Ursache und Wirkung des Kataklysmus zu studieren. Die britische Royal Society schloss sich der Unternehmung an und schickte ihre Experten. So entstand die erste, umfassend vorbereitete Studie einer Vulkaneruption. Kurze Zeit später, im Jahr 1902, zerstörte der Mont Pelée die Stadt Saint-Pierre auf Martinique und forderte 28 000 Menschenleben. Die Presse jener Tage berichtete ausführlich und anhand zahlreicher Dokumente über diese Katastrophen. Erstmals wurden vulkanische Phänomene zu großen Medienereignissen; möglicherweise verdankt sogar der eine oder andere Vulkanologe des 20. Jh. diesem Umstand seine Berufung.

Vulkanologen mussten sich schon immer vor der entfesselten Naturgewalt schützen: Entweder wie die »Raketenmenschen« des Doktor Kirner (1933) oder durch einen modernen Aluminiumanzug. Der wirksamste Schutz bleibt aber natürlich, sich immer der Gefahren bewusst zu sein.

Thomas Jaggart (1871–1953) war als einer der ersten Wissenschaftler nach Ausbruch des Mont Pelée zur Stelle und beschloss angesichts dieser Katastrophe, sein Leben der Vulkanologie zu widmen, damit – wie er sagte – »Vulkane nie wieder eine Stadt zerstören«. Im Jahr 1912 errichtete er an den Hängen des Kilauea auf Hawaii ein Observatorium, das noch heute zu den größten und modernsten der Welt gehört.

Alfred Lacroix (1863–1948) war Professor am Nationalmuseum für Naturgeschichte in Paris, als die französische Regierung ihn aufforderte, sich vor Ort zum Ausbruch des Mont Pelée zu begeben. Anschließend veröffentlichte der Mineraloge seine Studien in seinem Werk »La Montagne Pelée et ses Éruptions« und setzte sich damit in Frankreich an die Spitze der Vulkanologen. Im Jahr 1904 wurde er in die Akademie der Wissenschaften gewählt, »durch die nachdrückliche Förderung eines Vulkans«, wie er später gern scherzte. Er schlug ein Klassifikationsschema für Vulkane vor, das seine Schüler übernehmen und vervollständigen sollten; es wurde nach ihm als »Lacroix-Klassifikation« benannt. Seine Fotografien der Glutwolken – »Nuées ardentes« nannte er sie – sowie die Studien, die er über diese Phänomene durchführte, sind bis heute berühmt und in ihrer Präzision immer noch beispielhaft. Im Jahr 1932 setzte er den Bau eines vulkanologischen Observatoriums auf dem Mont Pelée durch.

Die Japaner gründeten 1928 ein erstes vulkanologisches Observatorium auf dem Vulkan Aso San, später ein weiteres auf dem Asama. Zur gleichen Zeit bauten auch die Holländer überall auf dem indonesischen Archipel ähnliche Stationen, desgleichen die Australier in Papua-Neuguinea bei Rabaul. Auf der ganzen Welt sorgten nun Vulkanologen für eine ständige Überwachung der Gefahrenzonen. Der Ätna, einer der schon in frühester Zeit untersuchten Vulkane, wurde erst 1953 auf Betreiben des Schweizer Vulkanologen Alfred Rittmann (1893–1981) entsprechend ausgerüstet.

Die moderne Vulkanologie war auf den Weg gebracht, und die Vulkanologen sind auf der Hut. Eines der großen wissenschaftlichen Abenteuer des 20. Jh. kann beginnen. Die Menschen misstrauen dieser Urgewalt, selbst wenn sie im Erdinneren ruhig zu schlummern scheint, weil »Vulkane nie wieder eine Stadt zerstören« sollen. Trotzdem schreitet die Wissenschaft nur langsam voran, denn sie ist auf Informationen angewiesen, die nur in Zeiten destruktiver Aktivität gesammelt werden können. Und immer noch müssen Wissenschaftler bisweilen für ihren Forschungsdrang mit dem Leben bezahlen. ■

■ **Alfred Lacroix (1863–1948)**
Seine Studien über die Eruption des Mont Pelée im Jahr 1902 machten ihn so berühmt, dass er 1904 in die Akademie der Wissenschaften aufgenommen wurde – »durch die nachdrückliche Förderung eines Vulkans«, wie er gern sagte.

DIE PLATTENTEKTONIK

Diese Theorie aus den 70er-Jahren machte es möglich, alle geologischen Wissenschaften in einer Synthese zusammenzufassen und die Vulkanologie als eigenständige Disziplin zu integrieren. Mit ihrer Hilfe können wir zu Beginn des 21. Jh. die Mechanismen unseres Planeten auch 30 Jahre nach ihrer Entstehung immer noch am besten verstehen und deuten.

DIE ERD-STRUKTUR

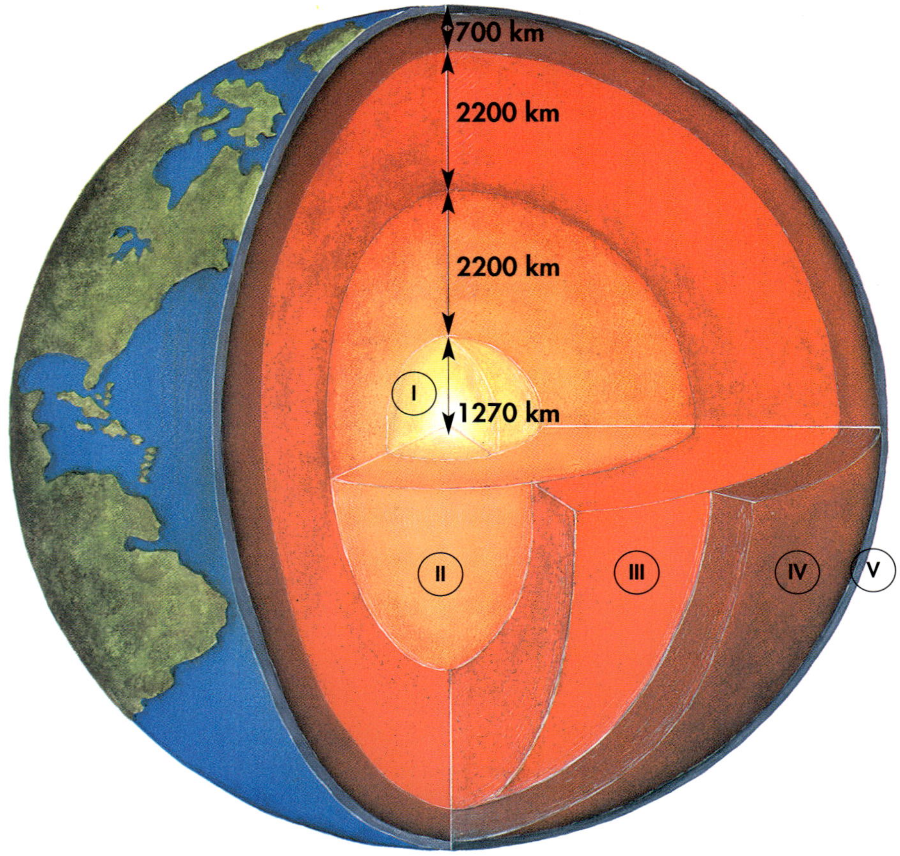

Heute findet sich ein Modell der inneren Erdstruktur in jedem Handbuch, und den meisten Menschen erscheint dies ganz selbstverständlich. Direkte Anschauung ist auf diesem Gebiet jedoch ausgeschlossen. Mehr als ein Jahrhundert lang mussten daher seismische Daten unter Zuhilfenahme der neusten physikalischen Modellvorstellungen gesammelt werden, um das scheinbar Selbstverständliche verstehbar zu machen.
Der Erdball setzt sich aus drei ineinander verschachtelten »Kugeln« zusammen: dem Kern (ca. 16 % des Erdvolumens), dem Mantel (82 %) und der kontinentalen sowie ozeanischen Lithosphäre (insgesamt 2 %).
Diese unterschiedlichen Zonen des Erdkörpers ergeben sich sehr wahrscheinlich aus Fusionsvorgängen, wie sie in einfachen Himmelskörpern vorkommen, die hinsichtlich ihrer durchschnittlichen chemischen Zusammensetzung Chondriten, d. h. einer spezifischen Art von Meteoriten, gleichen. Jede dieser Kugeln besitzt ihre Besonderheiten, wodurch weitere Unterteilungen erforderlich sind.

Der Kern

Der innere Kern im Zentrum des Planeten ist fest und sehr heiß (ca. 5000 °C). Seine Masse besteht im Wesentlichen aus reinem Eisen und enthält zudem etwa 4 % Nickel. Der äußere Kern ist flüssig. Seine Zusammensetzung ähnelt der des inneren, ist jedoch mit Schwefel und Sauerstoff angereichert. Astrophysiker vermuten, dass der Erdmagnetismus mit dieser flüssigen Zone im Herzen der Erde verknüpft ist.

Der Mantel

In dieser Schicht entstehen die Magmen. Sie bildet die Hauptmasse des Planeten und wird in zwei Zonen eingeteilt:
– den unteren Mantel, der aus kompaktem kristallinem Material, genannt Perovskit (Eisen- und Magnesiumsilikat), ge-

Nr.	Strukturen	Zustand	Temperatur	Zusammensetzung
I	Innerer Kern	fest	5000 °C	Eisen und Nickel
II	Äußerer Kern	flüssig	± 3500 bis ± 2800 °C	Eisen, Silizium und Nickel (an der Mantelgrenze)
III	Unterer Mantel	fest	± 2800 bis ± 1700 °C	Eisen- und Magnesiumsilikat (Perovskit) und Eisen- und Magnesiumoxide
IV	Oberer Mantel	fest	± 1300 bis ± 1700 °C	Eisen- und Magnesiumsilikat (Olivin, Pyroxen); die Übergangszone zwischen dem unteren und dem oberen Mantel besteht aus Spinell und Granat
V	Lithosphäre – ozeanisch – kontinental	fest fest	{ 1300 °C an der Basis, kalt an der Oberfläche	Basalt, Granit, Granodiorit (Kruste), Basalt (oberer Mantel)

SCHEMA DER BEIDEN GEGENWÄRTIGEN HYPOTHESEN ÜBER KONVEKTIONSSTRÖME IM ERDMANTEL

A: Modell mit einer Ebene, das den ganzen Mantel in das Konvektionssystem einbezieht
B: Modell mit zwei Ebenen, die über einander liegen und von einander unabhängig sind
Es existieren zwei Systeme: eines im unteren Mantel, das andere im oberen Mantel. Beide sind in 700 km Tiefe durch eine Diskontinuität getrennt.

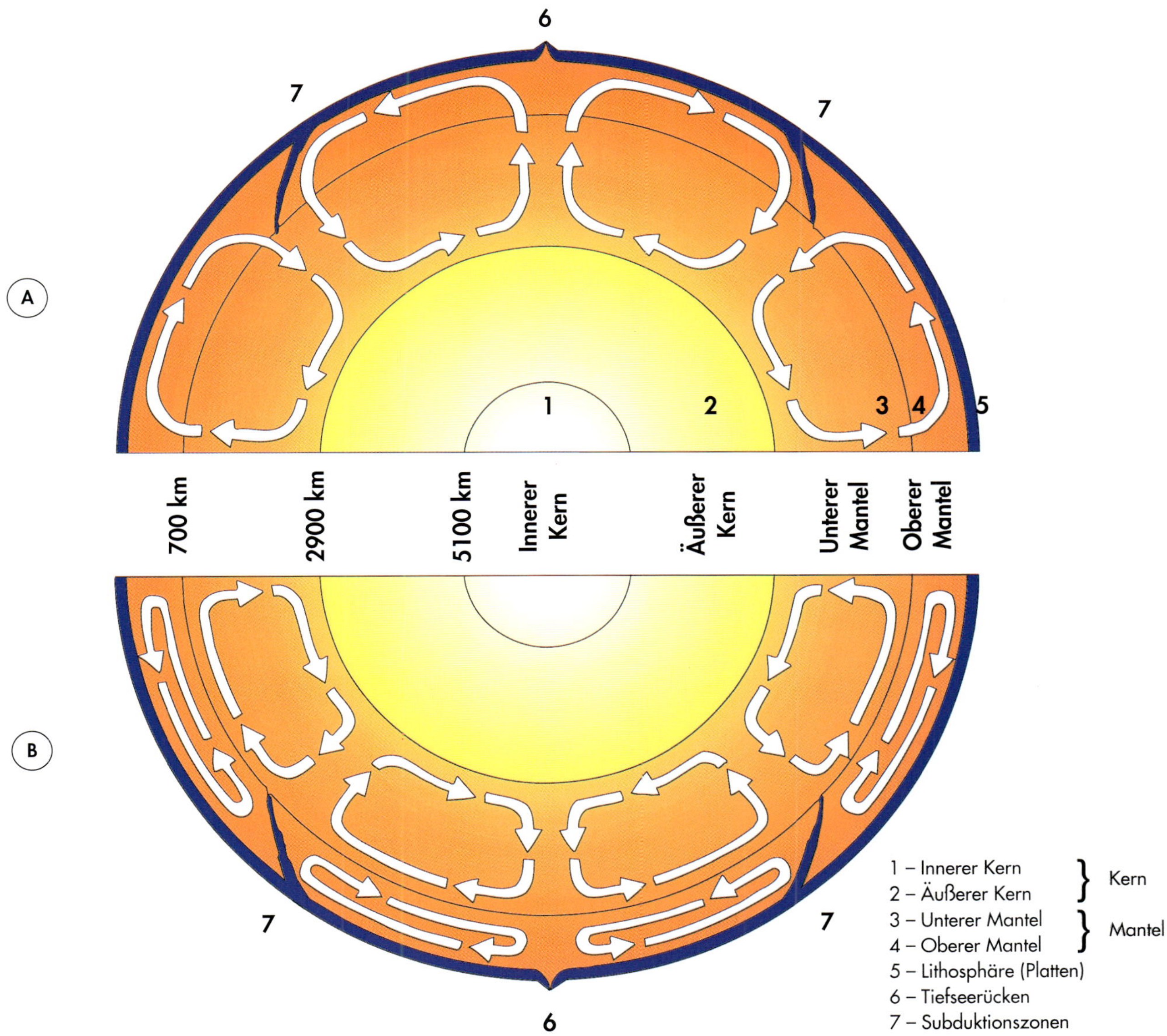

paart mit Eisenmagnesiumoxiden, besteht;

- den oberen Mantel, der gleichfalls aus Eisen- und Magnesiumsilikaten, die hier mit Aluminiumoxiden durchsetzt sind, besteht.

Die Mantelbasis ist durch den Kontakt mit dem Kern, in dem viel höhere Temperaturen herrschen, stark erhitzt. Es bilden sich große Konvektionssysteme aus, die möglicherweise die Bewegungen der lithosphärischen Platten auslösen. Heute schwankt man zwischen zwei Konvektionsmodellen für den Mantel, die sich jedoch beide leicht mit der Hypothese der Plattentektonik vereinbaren lassen (s. S. 72–73).

Die Lithosphäre

Die im Durchschnitt 100 km dicke und starre Lithosphäre ist entweder ozeanisch oder kontinental. Sie umfasst einen Teil des oberen Mantels bis in eine Tiefe von 70 km.
Im ozeanischen Bereich liegt ihr eine etwa 10 km dicke Basaltkruste auf. Im kontinentalen Bereich ist die Kruste 30–40 km dick und besteht aus Granit. ■

VON DER KONTINENTALVERSCHIEBUNG ZUR PLATTENTEKTONIK

Zu Beginn des 20. Jh. legte Alfred Wegener (1880–1930) die Grundlagen für die Theorie der Kontinentaldrift. Seine geniale Idee kam zu diesem Zeitpunkt eigentlich zu früh, aber nach zahlreichen Rückschlägen wurde sie zum Königsweg, auf dem die Hypothese der Plattentektonik Eingang in die Erdwissenschaften fand. Die aus den 70er-Jahren stammende Theorie der Plattentektonik besitzt den großen Vorzug, alle Bereiche der Geologie zusammenzuführen. In ihr spielt die Vulkanologie eine wichtige Rolle, und mit ihrer Hilfe lässt sich die Verteilung der Vulkane auf der Erdkugel endlich verstehen.

Die Kontinentalverschiebung

Dem Meteorologen und Geophysiker Alfred Wegener kam ein erster Einfall zu seiner Theorie der Kontinentalverschiebung, als er Eisberge beobachtete, die sich vom Packeis lösten. Er stellte sich die im Wesentlichen aus Aluminiumsilikaten (damals Sial genannt) bestehenden Kontinente wie Flöße vor, die auf einer dichteren ozeanischen Materie aus Magnesiumsilikaten (damals Sima genannt) schwimmen. Die Argumente, mit denen er 1911 seine Theorie darlegte, waren v. a. morphologischer und struktureller Natur. Er stellte fest, dass die Küstenlinien Nordamerikas und Europas sowie die der Küsten Südamerikas und Afrikas ziemlich genau ineinander greifen – eine Tatsache, die schon anderen Geografen vor ihm, etwa dem Holländer A. Ortellius im Jahr 1596, aufgefallen war, und dass die Gebirgsketten und großen Granitschilde diesseits und jenseits der Trennungslinie einander entsprechen. Andere Geologen erweiterten Wegeners Argumentation um paläontologische und stratigraphische Argumente. Mehr als 20 Jahre lang verteidigten einzig Geologen hartnäckig Wegeners Hypothese. Seltsamerweise lehnten v. a. Geophysiker den Gedanken umfassender Verschiebungen der Erdkruste ab; sie erwiesen sich zu Beginn des 20. Jh. als die entschiedensten Gegner der wegenerschen Theorie. Weil Wegener zu seiner Zeit noch keine Erklärung für die treibende Kraft hinter den Verschiebungen finden konnte, gab er seine Theorie auf. Erst in den 50er-Jahren wurde sie mit neuen Argumenten wiederbelebt. Überraschenderweise waren nun Geophysiker diejenigen, die Wegeners Theorie mittels paläomagnetischer Untersuchungen zum Durchbruch verhalfen. In jener Zeit bemerkte man, dass auf das Magnetfeld der Erde reagierende Magnetitkristalle ihre Ausrichtung auf den magnetischen Pol beibehalten, wenn die Lava, in der sie vorkommen, sich abkühlt. Die Geophysiker entdeckten, dass die Position des magnetischen Pols sich im Laufe der Zeit, bezogen auf die Kontinente, jeweils verändert. Bezogen auf die Rotationsachse der Erde schwankt die Position des magnetischen Pols. Da eine Verschiebung der Achse jedoch nicht vorstellbar ist, ohne dass die Erdrotation empfindlich gestört würde, müssen sich also die Kontinente verschoben haben.

Dies führt die Wissenschaftler zu der Frage, ob die Kontinente sich auch in unserer Zeit noch verschieben – und wenn dies so sein sollte, welche Kraft diese Bewegungen auslöst.

Die Ausdehnung des Meeresbodens

Im Jahr 1962 stellte Hess eine Hypothese auf, die auch heute noch zur Erklärung der Kontinentalverschiebung herangezogen wird. Er nahm an, eine aufsteigende Mantelströmung liefere die nötige neue Materie, die bis in die Höhe der mittelozeanischen Rücken vordringe, um dort die Fläche des Meeresbodens zu verbreitern. Die Lithosphäre, diesseits und jenseits der Spalte vom Mantel mitgezogen, bewege sich mit derselben Geschwindigkeit wie dieser und ziehe

Der Erta Ale (Äthiopien) bildet an der Oberfläche seiner Lava-Seen feste Schichten wie diese aus, die aufgrund der inneren Konvektion zu einem verkleinerten Modell der Plattentektonik werden.

die ozeanischen Böden sowie die ihnen verbundenen Kontinente mit sich. Diese Ausdehnung der ozeanischen Böden bewirke eine Vergrößerung der Erdoberfläche, die andererseits im Bereich der Tiefseegräben der pazifischen Inselbogen wieder ausgeglichen werde. Mit Hilfe dieser Hypothese lassen sich zahlreiche wissenschaftliche Fakten deuten, und sie bestimmte in den folgenden Jahrzehnten die Forschungsrichtung auf diesem Gebiet.
In den gut datierbaren Lava-Aufschichtungen der jüngsten Zeit wies das Magnetit in Richtung des gegenwärtigen Pols. Aber rasch traten Anomalien auf. Während kürzerer oder längerer Zeiträume kehrte sich das normalerweise nach Norden ausgerichtete magnetische Feld vollständig um und wies nach Süden, was als negative magnetische Anomalie betrachtet wurde.
Vine und Matthews nahmen an, dass der Wechsel zwischen positiven magnetischen Anomalien (magnetischer Pol im Norden) und negativen Anomalien in den Lava-Schichtungen zu den Zeiträumen, in denen der magnetische Pol sich umgekehrt hat, in Beziehung gesetzt werden kann. So hielten sie es für möglich, geologische Zeiträume und magnetische Anomalien zu einander in Beziehung zu setzen. Die beiden Wissenschaftler übertrugen den vertikalen Maßstab auf das horizontale Profil des Meeresbodens diesseits und jenseits der mittelozeanischen Spalte und stellten fest, dass die Anomalien beider Seiten zu einander symmetrisch sind. Das Alter des Basalts der Meeresböden nimmt zu, je weiter man sich von der Spalte entfernt. Dass die Verbreiterung der ozeanischen Böden tatsächlich stattfindet, bestätigten Ergebnisse internationaler Tiefenbohrungsprogramme (IPOD, International Program Ocean Drilling). Die Zeiträume ließen sich präzise genug bestimmen, um eine Vorstellung von der Ausdehnungsgeschwindigkeit zu vermitteln (im Atlantik 1–2,5 cm pro Jahr). Weil die Expansionsgeschwindigkeit lokal variiert, lässt sich keine einheitliche Angabe für den gesamten Ozean machen. Einige Meeresböden verschieben sich schneller als andere; die Theorie musste erweitert werden. Nun wurden senkrecht zur Spalte verlaufende Brüche postuliert, an denen die sich mit unterschiedlicher Geschwindigkeit verschiebenden Blöcke entlang gleiten. Wenige Jahre später belegte eine detaillierte seismische Studie die Existenz solcher Brüche.

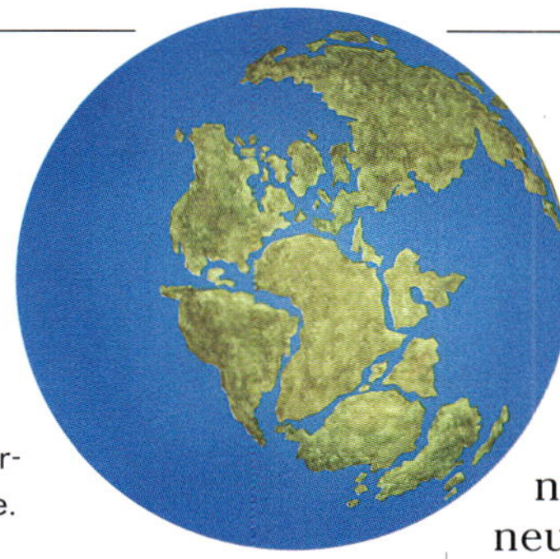

Im **Jura**, vor ungefähr 200 Mio. Jahren, bildeten die heutigen Kontinente noch einen einheitlichen Block. Es erschien jedoch schon eine von Norden nach Süden verlaufende Trennungslinie.

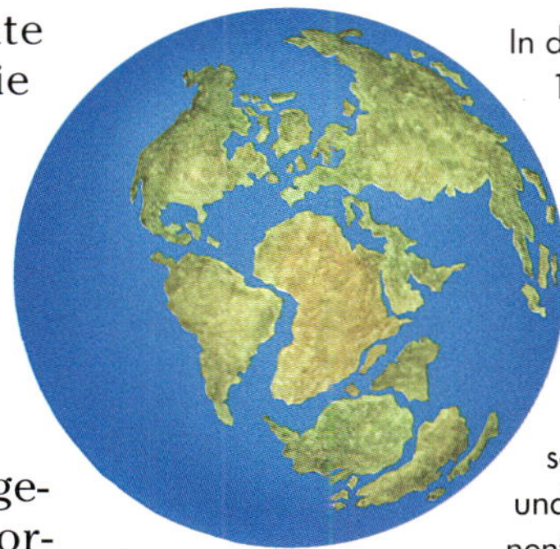

In der **Kreidezeit**, vor etwa 140 Mio. Jahren, waren die Kontinente schon in Bewegung. Thetys hatte seine größte Ausdehnung erlangt. Der Atlantik begann sich zu öffnen und trennte den amerikanischen vom afrikanischen und europäischen Kontinent.

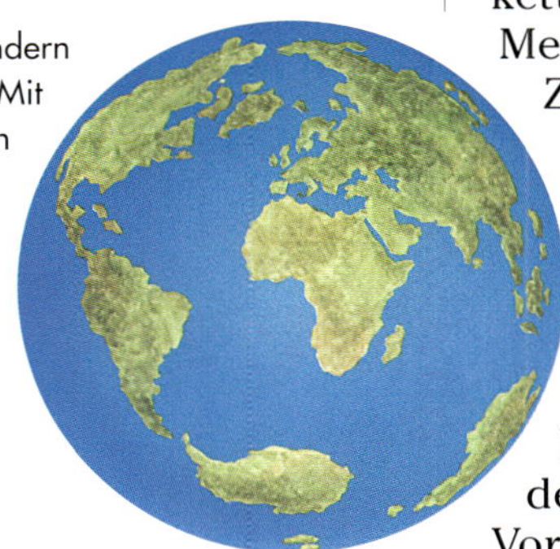

In der **Gegenwart** wandern die Kontinente weiter. Mit einer durchschnittlichen Geschwindigkeit von 3 cm jährlich entfernt sich Amerika von Europa.

Die Kontinentalverschiebung

Die Theorie der Plattentektonik

Seit einigen Jahren können verschiedene Tatsachen als gesichert gelten. So ist unstrittig, dass im Bereich der großen ozeanischen Rückensysteme – nicht nur im Atlantik, sondern auch im Pazifik – die Expansion der Meeresböden die Erdoberfläche vergrößert.

Astronomen kam zuerst der Gedanke, die Erde müsse sich ausdehnen (Vergrößerung des Erdvolumens), doch dafür wächst der Meeresboden zu schnell. Also musste eine Kompensationszone angenommen werden, in der ein der neugebildeten Lithosphäre entsprechend großer Teil wieder verschluckt oder umgeformt wird. Ein solcher Mechanismus, durch den Lithosphäre absorbiert wird, ist im Bereich der Inselbogen (Japan, Philippinen, Indonesien etc.) und der großen kontinentalen Gebirgsketten (die Anden, die Rocky Mountains etc.) wirksam, wo die Lithosphäre in den Mantel eintaucht. Aber auch in der großen Narbe, die neu gebildete Gebirgsketten hinterlassen, findet sich für Meeresböden typisches Gestein. Zusammengepresst und deformiert, lässt es von den Alpen bis zum Himalaja die zermalmten Spuren eines ehemaligen Meeres erkennen: Tethys. Ende der 60er-Jahre machten MacKenzie, Le Pichon und Isaaks angesichts der seismischen Weltdaten den Vorschlag, sich die Grundstruktur des Erdballs als aus Platten zusammengesetzt vorzustellen. Jede Platte sollte von ihrer Nachbarplatte durch einen von drei möglichen Grenztypen getrennt sein: Zonen, in denen Lithosphäre austritt (Riftzonen); Zonen, in denen Lithosphäre absorbiert wird (Subduktionszonen); Zonen, in denen zwei Platten aneinander entlang gleiten (Transformstörungen). Den Verlauf der Plattenbegrenzungen erschließt man aus der Anordnung der seismischen Herde. Le Pichon ging 1968 von nur sechs Hauptplatten aus. Andere Forscher kamen in demselben Jahr auf eine Anzahl von 48 meist kleinen Platten. Wenn auch der Grundgedanke akzeptiert wird, bleibt die Anzahl der Platten doch umstritten, und die Spezialisten diskutieren seit mehr als 20 Jahren über Makro- und Mikroplatten. ■

KARTE DES VULKANISMUS UND

Wenn man die Standorte aktiver Vulkane auf eine Erdkarte überträgt, bemerkt man, dass sie an bestimmten Plattenrändern liegen. Über dem Meeresspiegel tritt der aktive Vulkanismus im Wesentlichen in Subduktionszonen in Erscheinung. Viele Vulkanbauten sind auf Inselbogen (so in Japan oder Indonesien) oder in Gebirgsketten (im Kaskadengebirge der USA oder in den Anden Südamerikas) aktiv. Hot Spots und Tiefseerücken fallen weniger ins Auge, weil sie fast ausschließlich submarin vorkommen. Das ostafrikanische Riftsystem ist die einzige auf einem Kontinent bekannte aktive Spalte. Die ozeanischen Rückensysteme liegen, mit Ausnahme Islands, alle unter Wasser. Island verdankt seine Lage über dem Wasser der Anwesenheit eines Hot Spot, der die vulkanische Tätigkeit des mittelozeanischen Rückensystems verstärkt. Hot Spots finden sich im kontinentalen Bereich kaum. Sie sind auch nicht an Plattenränder gebunden, und im Meeresbereich treten ihnen zugehörige Vulkane nur selten an die Oberfläche, wie etwa auf Hawaii und der Insel La Réunion, die meist als Beispiele angeführt werden.

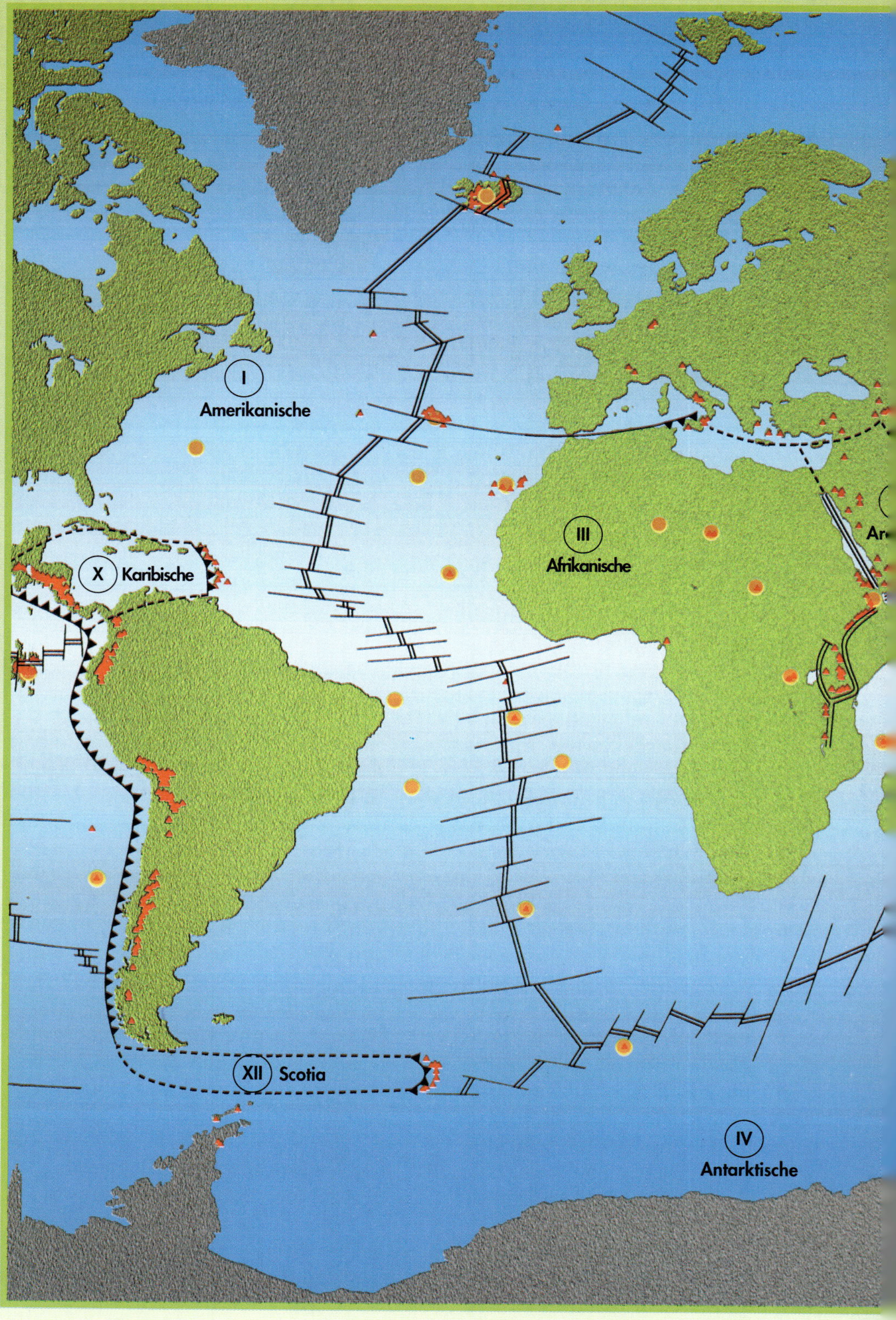

Aktive Vulkane

Ozeanische oder kontinentale Rückensysteme (Ausbreitungszonen)

Transformstörungen

Subduktionszonen (Kompressionszonen)

Hot Spots

I – XIII Hauptplatten

Andere Plattenränder (Gebirgsketten) oder wenig erforschte Ränder

SEINER BEZIEHUNG ZUR PLATTENTEKTONIK

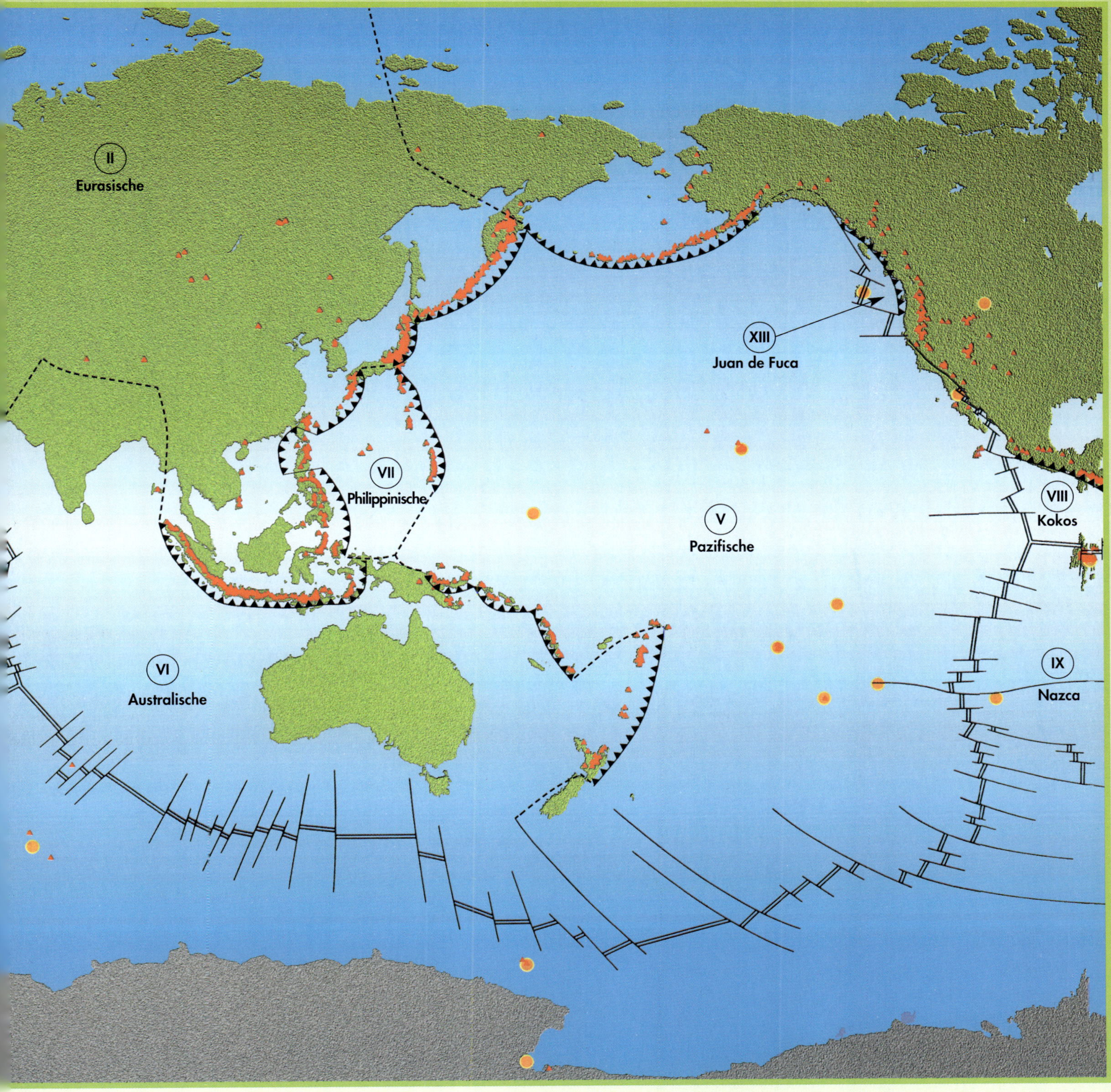

VULKANISMUS UND PLATTENTEKTONIK

Lange Zeit haben die Geologen das Phänomen des Vulkanismus vernachlässigt und es lediglich als eine Art »Hautkrankheit« der Erde betrachtet. Mit der Veröffentlichung der Theorie der Plattentektonik in den 70er-Jahren änderte sich dies allerdings grundlegend. Jetzt lässt sich der Vulkanismus fast problemlos in das Globalmodell integrieren. Gebirgsketten und perlschnurartige Anordnungen vulkanischer Gebilde finden nun ihre Erklärung. Die Platten – und insbesondere ihre Ränder – bestimmen dabei den Sitz der Vulkane, und auch die Magmenbildung scheint so zu funktionieren, wie die Theorie es fordert.

Der Vulkanismus an konvergierenden Plattenrändern

Die Mittelozeanischen Rücken stellen die längste Vulkankette der Erde dar (etwa 60 000 km). Sie liegen an den Rändern von Platten, die wohl unter dem Einfluss der Konvektion im Erdmantel (s. S. 71) auseinander driften. Zwischen zwei Platten, die sich voneinander ent-

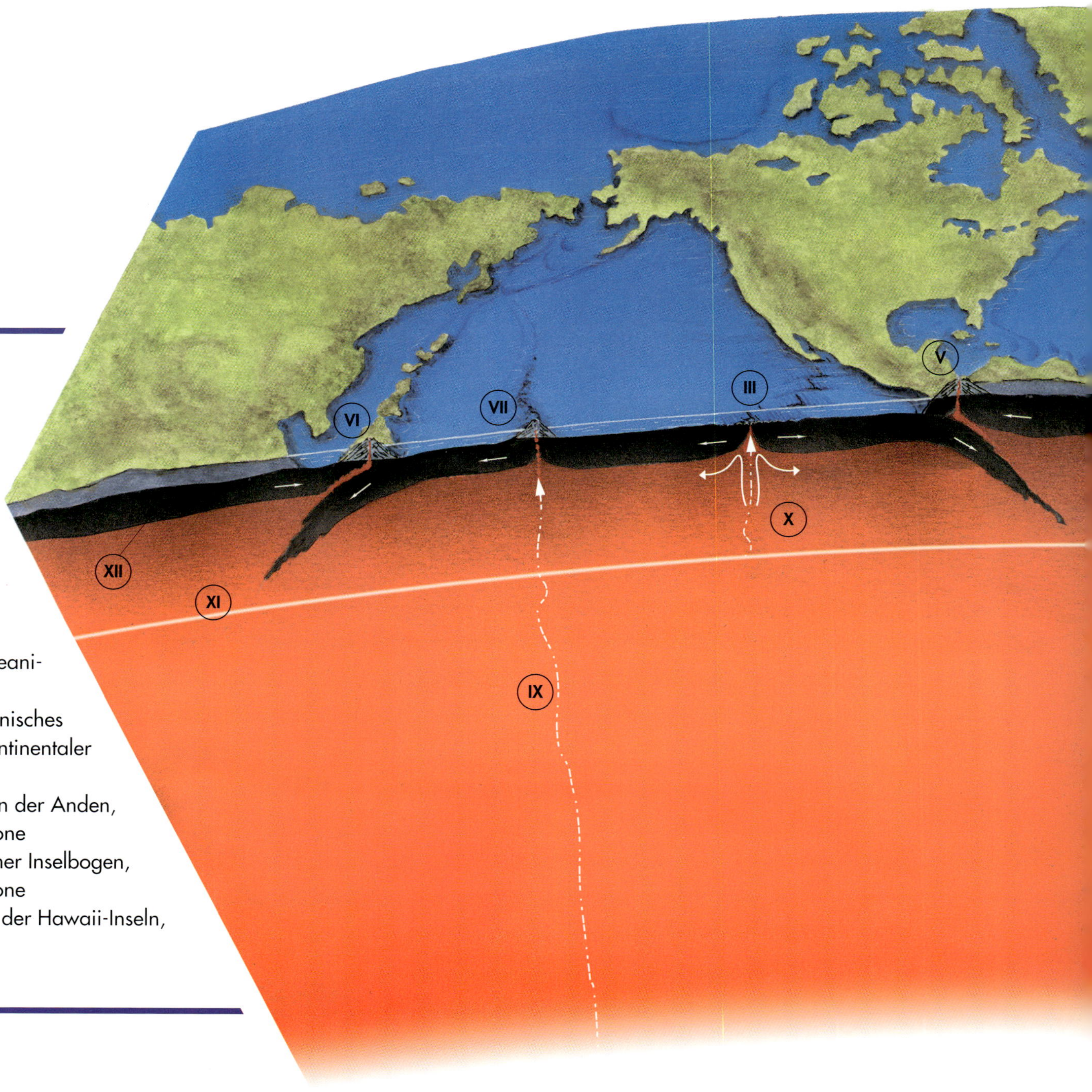

I – Mittelatlantischer Rücken
II und III – Ozeanische Rücken
IV – Ostafrikanisches Riftsystem, Kontinentaler Rücken
V – Kordilleren der Anden, Subduktionszone
VI – Japanischer Inselbogen, Subduktionszone
VII – Archipel der Hawaii-Inseln, Hot Spot

fernen, kann neuer Meeresboden entstehen. Der Mittelatlantische Rücken (I), der recht genau in der Mitte zwischen Amerika, Europa und Afrika liegt, ist das bekannteste dieser Systeme. Der Vulkanismus hat hier meist submarinen Charakter (II und III), doch auch auf dem Festland kann sich eine Grenzlinie zwischen zwei divergierenden Platten herausbilden, wie etwa beim ostafrikanischen Riftsystem (IV).

Der Vulkanismus an konvergierenden Plattenrändern

Treffen zwei Platten aufeinander, ergeben sich drei Möglichkeiten:

- Sie stoßen in einer Kollision frontal aufeinander, und es entwickelt sich eine Gebirgskette. Soll es jedoch zum Vulkanismus kommen, muss eine der Platten nachgeben. Dies geschieht bei der Subduktion.
- Das erzwungene Abtauchen einer ozeanischen Platte unter eine Festlandplatte bewirkt die Entstehung vulkanischer Kordilleren, z. B. der Anden (V).
- Vollzieht sich die Subduktion spontan, dann bildet sich ein Inselbogen, wie z. B. in Japan (VI).

Der Vulkanismus inmitten der Platten (Intraplatten-Vulkanismus)

Man nimmt an, dass Vulkane, die im Platteninneren liegen, ihr Material tief aus dem Kern-Mantel-Grenzbereich fördern.
Hot Spots bewirken die Kettenformation großer Vulkane, wie es etwa im Archipel der Hawaii-Inseln (VII) der Fall ist.
Der Mittelatlantische Rücken tritt auf der Höhe Islands (VIII) aus dem Wasser, weil hier ein Hot Spot den Vulkanismus der divergierenden Plattenränder verstärkt. ■

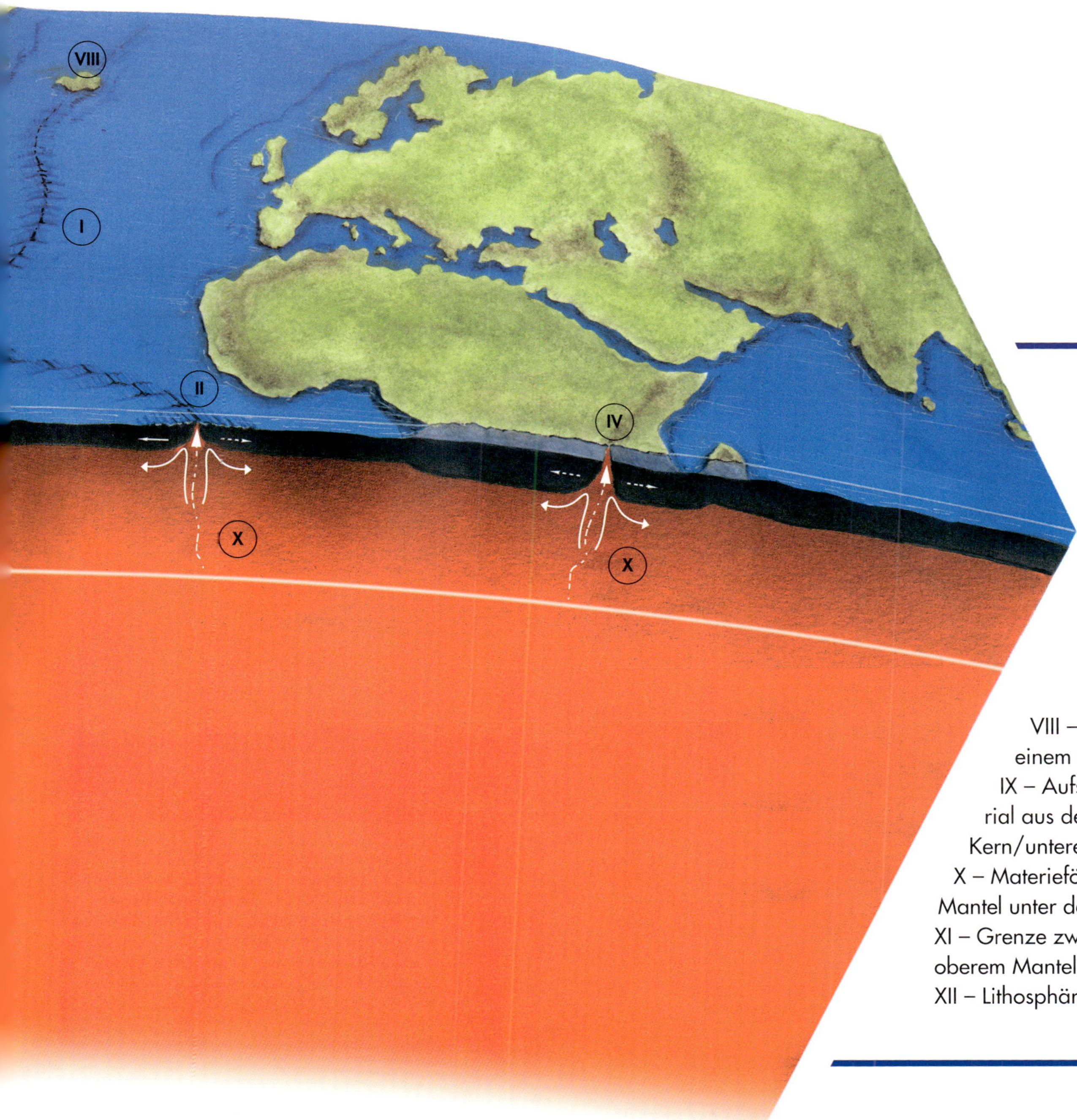

VIII – Island, Hot Spot auf einem ozeanischen Rücken
IX – Aufstieg von Tiefenmaterial aus dem Grenzbereich Kern/unterer Mantel (Hot Spot)
X – Materieförderung im oberen Mantel unter den Rücken
XI – Grenze zwischen unterem und oberem Mantel
XII – Lithosphäre

DER VULKANISMUS DER SUBDUKTIONSZONEN

Krakatau (Indonesien, 1883), Santa Maria (Guatemala, 1902), Novarupta (Alaska, 1912), Cerro Azul (Chile, 1932), Agung (Indonesien, 1963), Mount Saint Helens (USA, 1980), El Chichón (Mexiko, 1982), Pinatubo (Philippinen, 1991) und Rabaul (Neu-Guinea, 1994) – diese Daten haben vieles gemeinsam. Alle neun Vulkane sind Schauplätze der gewaltigsten Eruptionen seit dem Ende des 19. Jh. Das dabei ausgestoßene Magmenvolumen bemisst sich nach Kubikkilometern. Den Rekord hält hier der Novarupta, der zwischen 10 und 16 km^3 Material in die Atmosphäre entließ. Die gewaltigen Mengen an Staub- und Gasaerosolen können bis in eine Höhe von mehr als 30 km empor geschleudert werden und die Stratosphäre erreichen, wo starke Luftströmungen (*jetstreams*) sie weitertragen und über eine Fläche von mehreren zehntausend Quadratkilometern verteilen. Jeden dieser explosiven Ausbrüche verursachte ein in einer Subduktionszone gelegener Vulkan.
Man kennt zwei Formen der Subduktion, und bei beiden hängt der Vulkanismus mit einer Absenkung der Meereskruste zusammen. Die unter hohem Druck stehenden stark erhitzten Stoffe der Lithosphäre geben Fluide frei und ermöglichen so in einer Tiefe von ungefähr 100–150 km die Magmenbildung. Die Magmen treten an der Oberfläche als Andesite zu Tage (70 % der Laven), wie in den Kordilleren der Anden – daher der Name »Andesit« – oder in den Inselbogen Japans und Indonesiens. Die hoch explosiven andesitischen Vulkane sind die aktivsten an der Erdoberfläche, sofern man von dem nicht sichtbaren submarinen Vulkanismus einmal absieht.

Die Inselbogen

Inselbogen bilden sich in Subduktionszonen, die von manchen Autoren auch als spontane Subduktionszonen bezeichnet werden. In den 150–200 Mio. Jahren, die seit der Entstehung der Lithosphäre vergangen sind, hatte diese genügend Zeit, um sich abzukühlen und somit dichter und schwerer zu werden als die heiße Asthenosphäre, auf der sie treibt. Daher taucht sie aus eigenem Antrieb in die Tiefe der Erde ab. Die abtauchende Lithosphäre entstammt immer dem ozeanischen Bereich; die sich ihr entgegensetzende Platte kann ebenfalls ozeanischen Ursprungs oder von einer kontinentalen Kruste bedeckt sein. Taucht eine ozeanische Platte unter eine andere, bildet sich beim Abtauchen der älteren unter die jüngere ein Tiefseegraben, der mehr als 10 km tief sein kann, wie beispielsweise der Marianen-Graben im westlichen Pazifischen

Der Vulkan Augustine in Alaska (oben) und der Stromboli in Sizilien (links) sind, trotz ihrer individuellen Besonderheiten, typische Beispiele für den insularen Vulkanismus. Das Besondere am Stromboli ist seine nun schon 4000 Jahre währende Aktivität.

Unter den Küstengebirgsvulkanen sind die der Anden sicher die berühmtesten. Gewaltige Riesengebilde wie der Cotopaxi in Ecuador (links) und die Vulkanmassive in Guatemala (oben) ragen in einsame Höhen, in die nur der Kondor zuweilen aufsteigt.

Ozean. Solche Gräben füllen sich mit von Wasser durchtränkten Sedimenten, die mitbewegt und zum Teil von der Subduktion erfasst werden. In etwa 150 km Tiefe setzen diese Sedimente und die obere ozeanische Meereskruste Fluide frei, sodass der obere Mantel schmilzt und andesitische Magmen entstehen. Lotrecht über solchen magmatischen Herden tauchen die vulkanischen Inselbogen empor. Diese Vulkaninseln liegen perlschnurartig in einem für sie typischen eleganten Bogen aufgereiht am Plattenrand.
Viele dieser Bogen liegen im westlichen Atlantischen Ozean (Bogen der Kleinen Antillen) oder im westlichen bzw. nördlichen Pazifischen Ozean (Bogen der Marianen, der Kurilen, der Aleuten etc.), doch es gibt auch andere Arten von vulkanischen Inselbogen, die entstehen, wenn Meer und Festland wie in Südost-Asien aufeinander stoßen. Der Indonesische Archipel ist dafür ein Beispiel. Er liegt in einem besonders komplexen Bereich, in dem die ozeanische Kruste und die Festlandkruste ein Mosaik aus Mikroplatten bilden, von denen manche durch mehr oder weniger hybride vulkanische Bogen begrenzt sind (Bogen der Sunda-Inseln, der Sangi-Inseln, der Molukken, der Banda-See etc.).

Der Vulkanismus der Kordilleren

Es gibt nicht viele große Gebirgsketten, auf deren Gipfeln sich eindrucksvolle Kegel andesitischer Stratovulkane erheben. Das Schulbeispiel sind natürlich die Kordilleren der Anden, die den Westen des südamerikanischen Kontinents begrenzen, aber auch das quer zur amerikanisch-kanadischen Grenze verlaufende Kaskaden-Gebirge kann als Beispiel dienen. Beide liegen am äußersten östlichen Rand des Pazifischen Ozeans. In solchen Subduktionszonen stoßen immer zwei Platten unterschiedlichen Charakters aufeinander. Die ozeanische Lithosphäre hat sich von ihrer 30–40 Mio. Jahre alten Ursprungsspalte noch nicht weit genug entfernen können; sie ist noch viel zu jung und folglich zu heiß und ohne die nötige Dichte, um spontan abzutauchen. Allein eine dickere, leichtere Kontinentalplatte, die sich zudem in die entgegengesetzte Richtung bewegt, kann den Meeresboden zum Nachgeben zwingen, sodass sich eine Subduktionszone bildet. Wo beide Platten aufeinander stoßen, bilden sich Auffaltungen, Stauchungen und Überschiebungen, aus denen eine Gebirgskette mit vulkanischen Gebilden erwächst. Wie im Fall der Inselbogen gelangt auch hier das Magma aus einer Tiefe von 100–150 km nach oben; die andesitischen Magmen der Kordilleren entstehen mithin aus dem Zusammentreffen von kontinentaler Kruste und Lithosphäre. Ein Teil dieses Materials kontinentalen Ursprungs vermischt sich mit aufsteigendem Magma, und so können Gesteinskundler sie von Andesiten der Inselbogen unterscheiden.
Erst nach mehreren Zehn Millionen Jahren ist die Lithosphäre vollständig abgetaucht. Bei diesem Prozess reiben sich die Platten aneinander und lösen Beben bis in 700 km Tiefe aus. Hier unten vermischt sich schließlich die gesamte abtauchende Lithosphäre mit dem Mantel, und der Subduktionsvulkanismus an der Oberfläche kommt zum Erliegen. ■

DER VULKANISMUS DER MITTELOZEANISCHEN RÜCKENSYSTEME

Nicht ohne Grund nennen wir die Erde den »blauen Planeten«, denn 70 % ihrer Oberfläche bedeckt das Meer. So verwundert es nicht, dass die mit über 60 000 km ausgedehntesten Ketten aktiver Vulkane lange Zeit unbemerkt blieben und als Letzte erforscht wurden, denn sie liegen ja unter der Wasseroberfläche.
Das Rückensystem gleicht einer großen Narbe, die sich verzweigt und um den ganzen Erdball windet. Auf den ersten Blick scheint das System ziemlich homogen zu sein. Allerdings begann die Erforschung der Tiefsee erst sehr spät (1973 mit dem Projekt FAMOUS, French American Mid-Ocean Undersea Survey), und präzise Kenntnisse über diesen Bereich sind erst seit relativ kurzer Zeit verfügbar. Wir verdanken sie v. a. den hochauflösenden Kartografieprojekten, die in den vergangenen zehn Jahren von den Vereinigten Staaten, der Europäischen Gemeinschaft und Japan durchgeführt wurden.
Die Rücken erheben sich im Durchschnitt 2500–3000 m über die Tiefsee-Ebene, doch ihre »Gipfel« liegen trotzdem durchschnittlich noch 2500 m unter dem Meeresspiegel. Ihre Reliefs ziehen sich ungefähr 1000–3000 km diesseits und jenseits der Rückenachse hin und machen fast ein Drittel der Meeresbodenfläche aus. Die fast ununterbrochene Magmenförderung an der Rückenlinie fügt jährlich etwa 21 km³ Meereskruste hinzu. Auf der ganzen Erde ist dies die umfangreichste vulkanische Aktivität. Eruptionen ereignen sich in einem Rift nicht überall gleichzeitig, denn der Eruptionsmechanismus, bei dem mehrere Faktoren eine Rolle spielen, hängt aufs Engste entweder mit der Expansion des Meeresbodens oder mit seiner Formation zusammen.

Dank modernster Spitzentechnologie konnte das kleine Tauchboot »Cyana« gebaut werden, mit dem die ozeanischen Rücken erforscht werden.

Die Ausdehnung des Meeresbodens geht von der Rückenachse aus, einer Zone, die man als einen tiefen Bruch in der Erdkruste ansehen kann und die an den Rändern zweier divergierender Platten auftritt. Dabei schaffen die sich voneinander entfernenden Platten Raum für den aus dem oberen Mantel teilweise durch Schmelze hervorgegangenen Basalt.

Morphologie der Rücken

Die seit etwa zehn Jahren verfügbaren topografischen Daten ermöglichen es den Wissenschaftlern, drei morphologische Typen der Rückenbildung zu unterscheiden. Diese Typen scheinen wiederum auf unterschiedliche Ausdehnungsgeschwindigkeiten des Meeresbodens zurückzugehen:

- »Langsame« Rücken, die 1–5 cm Meeresboden jährlich hervorbringen. Ihr Kennzeichen ist ein etwa 30 km breites und 1–2 km tiefes Tal, das dem Achsverlauf folgt und auch als Rift bezeichnet wird. Auf beiden Seiten des Tals erheben sich Berghänge, die Riftgebirge genannt werden.
- »Intermediäre« Rücken. Sie weisen eine Drift von 5–9 cm jährlich und im zentralen Bereich ein leicht erhabenes Plateau auf.
- »Schnelle« Rücken. Bei diesem Typ entfernen sich die Platten am schnellsten von einander: 9–18 cm jährlich. Ihre Achse ist nicht durch einen Einbruch, sondern durch einen Wulst (oder Dom) gekennzeichnet.

Es scheint allerdings ratsam, sich nicht auf diese drei Typen als einzig mögliche Formen der Rückenbildung zu versteifen. Wie bei allen Klassifizierungsversuchen natürlicher Phänomene, müssen auch hier zahlreiche Ausnahmen in Kauf genommen werden. So ändert sich ihre Morphologie häufig mit der Nähe zu einem Hot Spot oder aufgrund anderer (bekannter und unbekannter) Ursachen.

Die wenigen Forschungsvorhaben und Beobachtungsreihen der jüngsten Zeit sind angesichts der gesamten Rückenachsenlänge von etwa 60 000 km unzureichend.
Im Jahr 1973 begann das Forschungsprojekt FAMOUS. Mit Hilfe des Bathyscaphs »Archimède« – und später der Tauchboote »Cyana« und »Alvin« – wurden direkte Beobachtungen möglich, und erstmalig ließ sich die Existenz eines Rückensystems mitten im Atlantik, nahe den Azoren, nachweisen.
Fünf Jahre später, im Jahr 1978, erkundete man mit dem Tauchboot »Cyana«, das bis in 3000 m Tiefe vordringen kann, im Rahmen des Cyamex-Projekts (Cyana Mexiko) den ostpazifischen Rücken vor dem Golf von Kalifornien.
Beobachtungen, die während dieser beiden Expeditionen gemacht wurden, haben den Vulkanologen wertvolle Daten hinsichtlich der Dynamik in submarinen Tiefen geliefert, über die sie bisher nur rein theoretische Kenntnisse besaßen.

Eruptionen »20 000 Meilen unter dem Meer«

Auf den Rücken lastet der gewaltige Druck von durchschnittlich 2500 m³ Wasser auf 1 m² Boden. Dieser Druck verhindert, dass im Magma gebundene Gase entweichen und Eruptionen auslösen können, wie sie es in den Oberflächenvulkanen tun. Folglich haben die Austritte effusiven (d. h. ruhig fließenden) Charakter. Ausführliche Untersuchungen, die in den letzten Jahren an Rückensegmenten durchgeführt wurden, haben ergeben, dass Material in den Achsenbereichen der Rücken hauptsächlich in drei verschiedenen Formen austritt: als Lava-Seen, als leichtflüssiger Lava-Strom oder als Kissenlava. Die sogenannten *pillow lavas* oder Kissenlaven auf ozeanischen Rücken beobachteten Teilnehmer der FAMOUS-Expedition erstmals 1973; ihr Vorkommen über dem Wasser war jedoch schon seit langem bekannt. Bereits zu Beginn des 20. Jh. haben diese eigenarti-

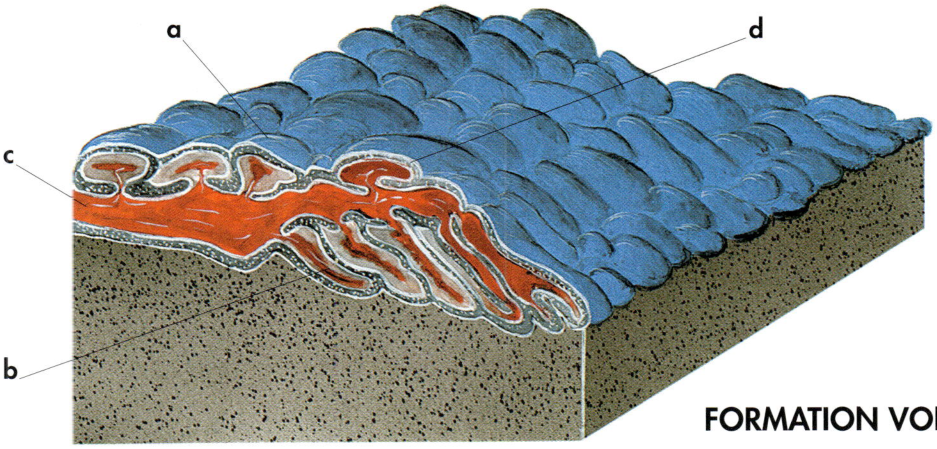

FORMATION VON KISSENLAVEN

Kissenlaven oder *pillow lavas* entstehen, wenn die Lavenströme »Wülste« (a) oder fingerartige Fließröhren (b) hervorbringen. Dabei muss neue Materie nachfließen (c) und der innere Druck groß genug sein, um die äußere Kruste, die sich durch Abkühlung beim Kontakt mit dem Meerwasser gebildet hat, bersten zu lassen (d).

Bei Expeditionen mit dem Tauchboot wurden in ozeanischen Spalten und auf submarinen »Sea Mounts« häufig derartige Gestaltbildungen beobachtet, hier z. B. auf dem Teahitia.

gen brotlaibförmigen Laven die Neugier der Geologen geweckt. Erstmals wurden sie in sehr alten Formationen Cornwalls angetroffen, später fand man sie auch bei schwachen basaltischen Eruptionen in geringer Wassertiefe, beispielsweise in Seen. Sie treten jedoch auch bei Eruptionen unter dem Gletschereis in Island oder in für den Tiefseebereich typischen Ophiolitfolgen auf.
Diese submarinen Lava-Ströme entwickeln sich stets auf dieselbe Weise. Wenn ein nur mäßig starker Lava-Strom mit Wasser in Berührung kommt, kühlt sich seine Oberfläche schlagartig ab und bildet einen glasigen Panzer.
Eine 1–2 cm dicke Schicht aus festem glasigem Gestein verhindert dann eine weitere Ausbreitung des Stroms, der nun in fingerartigen Röhren weiterfließt. Die so in den Röhren gefangene Lava steht unter Druck, wodurch Risse in der Ummantelung entstehen, durch die Schmelzmaterie entweicht und Lava-Ballen oder neue Röhren bildet, die bei ihrer Entstehung sofort eine glasartige Struktur annehmen. Solange der Strom nicht versiegt, fließt er gleichförmig weiter und bildet neue Lava-Kissen oder Röhren aus, die dem Phänomen seinen Namen verleihen.
Ereignen sich solche Austritte im Rückenbereich, formt sich die an den Bruchstellen austretende Lava zu Gebilden mit steil abfallenden Hängen, deren Neigungswinkel 60° betragen kann.
Solche Anhäufungen sind parallel zur Rückenachse angeordnet und erreichen eine Höhe von 50–80 m bei einer Breite von einigen Hundert Metern. Auf »langsamen« Rücken können diese Vulkane bis zu 300 m hoch werden, vielleicht weil die vulkanische Materie, die dieser Rückentyp produziert, zu 80 % aus Kissenlava besteht.
Lava-Seen dagegen bilden sich vorwiegend auf »schnellen« Rücken mit starker Lava-Förderung. Ihre Struktur konnte erstmals 1977 auf dem Galapagos-Rücken mit Hilfe von über den Meeresboden gezogenen Kameras direkt beob-

BILDUNG VON LAVA-SEEN AUF SCHNELLEN OZEANISCHEN RÜCKEN

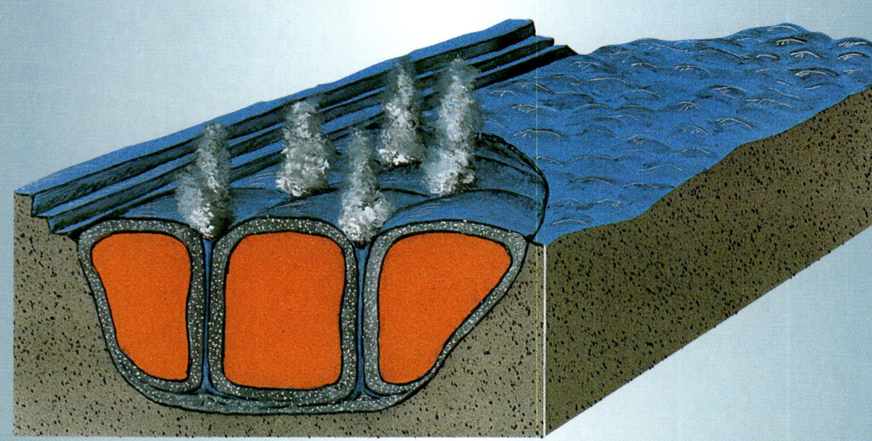

Bildet sich ein Lava-See auf einem ozeanischen Rücken heraus, entsteht ein Zirkulationssystem überhitzten Wassers, das beim Abkühlen mehr oder weniger zylinderförmige Röhren inmitten des Sees formt.

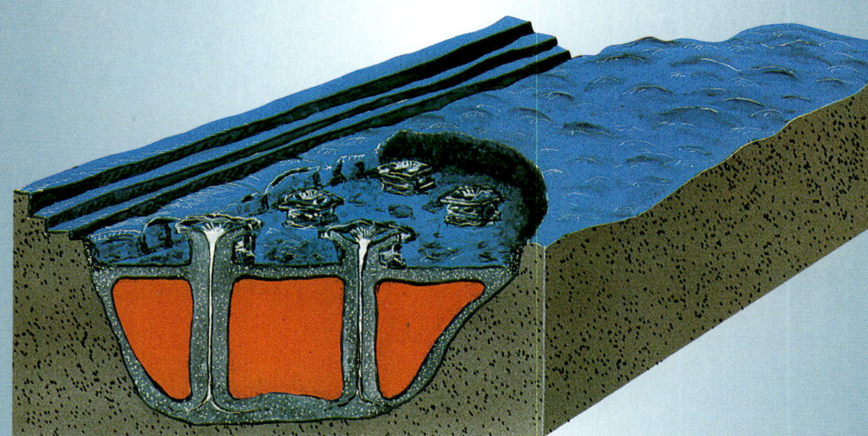

Beginnt sich der See zu entleeren, zerbricht der Wasserdruck die Kruste, und beim Kontakt mit dem Wasser bildet die Lava durch Verglasung eine neue feste Schicht aus. Mit fortschreitender Entleerung wiederholt sich das Phänomen, sodass sich in wachsendem Maße Säulen ausformen.

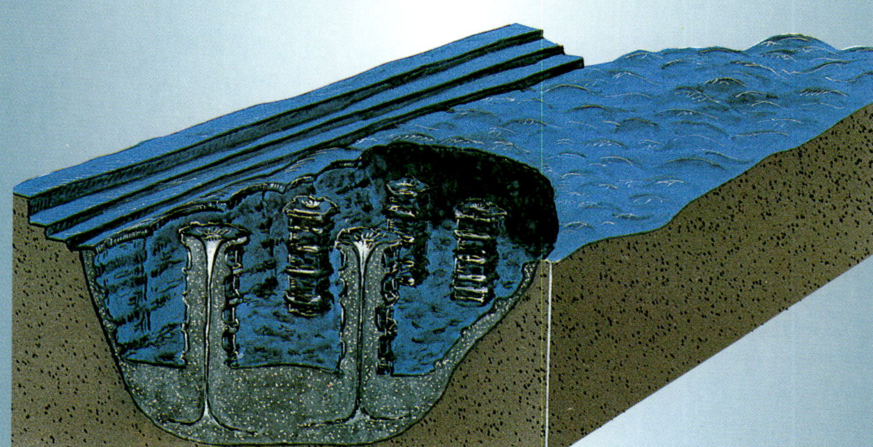

Ist der See völlig entleert, bleibt eine ruinenartige Landschaft zurück. Jedes Absinken der Oberfläche des Lava-Sees hat an den Rändern und den Säulen »Wülste« hinterlassen: die Spuren einer sukzessiven Verglasung, wie sie auch die auf dem Boden abgelagerten Reste bezeugen.

achtet werden. Im Jahr 1978 stieß die Besatzung der »Cyana« in der Rita-Zone des ostpazifischen Rückens auf dasselbe Phänomen. Diese riesigen Lava-Mengen, die mit großer Ergiebigkeit aus langen Spalten austreten, können sich nicht schnell abkühlen und breiten sich über viele Quadratkilometer aus, wobei sie jede topografische Vertiefung ausfüllen und riesige submarine Lava-Seen formen. Häufig entleert sich der See, bevor er sich ganz und gar verfestigt. Dann bricht unter dem Wasserdruck die erstarrte Oberfläche ein. In der Mitte bleibt ein Wald von Säulen stehen, der wie die Ruinen eines untergegangenen Atlantis wirkt, das nie ein Mensch zu Gesicht bekam. Was hier wie ein natürlicher Tempel des Gottes Neptun aussieht, hat man ganz prosaisch auf die Existenz von Wasserströmen inmitten des Lava-Sees zurückgeführt. Jedes Säulengebilde wäre demnach die Heißwasser-Leitung eines »Geysirs« gewesen. Obgleich die Wassertemperatur 400 °C überstieg, soll sich um den Wasserstrom ein Lava-Mantel gebildet haben, der bestehen blieb, während sich der See allmählich leerte.

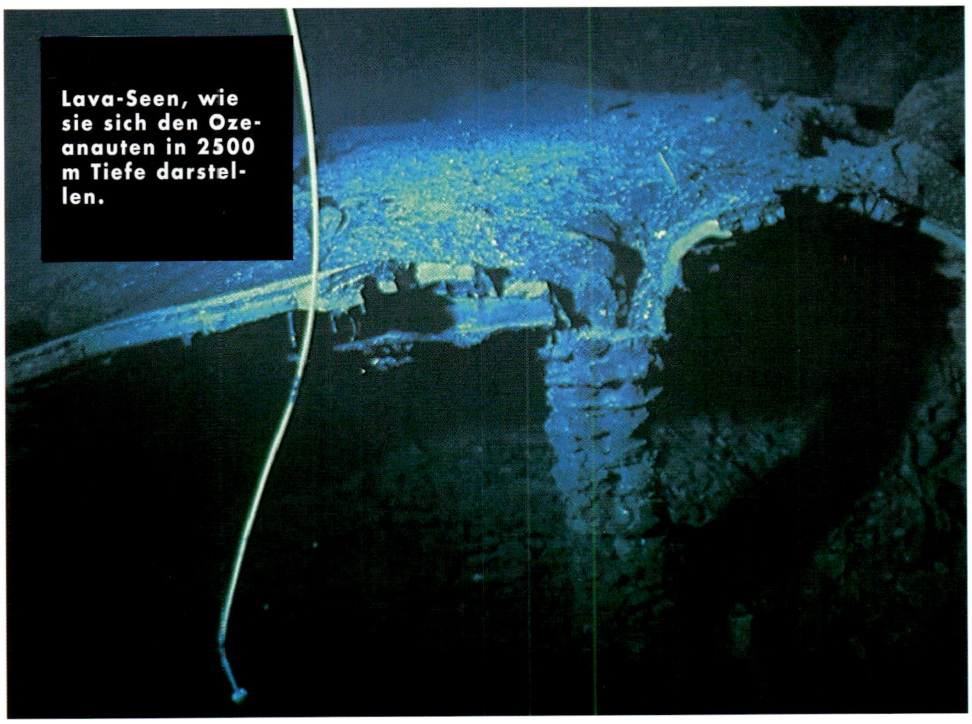

Lava-Seen, wie sie sich den Ozeanauten in 2500 m Tiefe darstellen.

Leichtflüssige Lava-Ströme treten auf, wenn Volumen und Ergiebigkeit der geförderten Lava-Menge im mittleren Bereich zwischen denen der Kissenlava und denen der Lava-Seen angesiedelt sind. Auch wenn sie manchmal prismenförmig gebaut sind, erinnern diese Ströme in den meisten Fällen an die wellenartig gerunzelte Lava des Pahoehoe-Typs über Wasser (Stricklava).

Der vulkanisch-tektonische Zyklus der Rücken

Ozeanische Rücken entstehen, wenn zwei unterschiedliche Kräfte zusammenwirken. Die Tektonik mit ihrer spezifischen Gesetzmäßigkeit bewirkt eine Verlängerung der Rückenachse. Der Vulkanismus dagegen fördert neue Materie im Wesentlichen an einem festen Ort. Beide Kräfte lassen sich nicht voneinander trennen, doch man muss sich die Ausdehnung des Meeresbodens als einen kontinuierlich ablaufenden Prozess vorstellen, wohingegen sich der Vulkanismus auf der Achse großer Tiefseespalten punktuell äußert.

So wechseln im Leben eines Rückens zwei Phasen einander ab: eine Phase, in der die tektonische Aktivität dominiert, und eine, in der die vulkanische Aktivität überwiegt. Daraus lässt sich ein vulkanisch-tektonischer Zyklus konstruieren:

- Während der so genannten vulkanischen Phase sammelt sich flüssige Materie im Achsenbereich an und kompensiert damit den Effekt der Ausdehnung. Dabei bildet sich über dem tiefen Bruch im Rücken eine Art Höcker, der im Querschnitt betrachtet einem Dom ähnelt. Dieser »Dom« wächst, solange die eruptive Phase andauert.
- Von einer tektonischen Phase spricht man dagegen, wenn die Rückenvulkane »zur Ruhe« kommen. Dann entfernen sich die beiden Ränder des Rifts voneinander, ohne dass austretendes Gestein diese Ausdehnung kompensiert. Der Raum zwischen den beiden Platten neigt nun dazu, aufzureißen und einen Graben zu bilden (Grabenbruch), bis eine neuerliche vulkanische Phase ihn wieder mit Materie füllt.

Der Kreis hat sich geschlossen. Erlischt die Aktivität des Rückens, ist der Zyklus beendet.

Diese noch nicht sehr alte Hypothese erklärt recht gut die unterschiedlichen morphologischen Strukturen der Rücken. Es scheint zudem, dass die einzelnen Rückensegmente, die sich durch ihre Expansionsgeschwindigkeit unterscheiden und von großen Querbrüchen (Transformstörungen) begrenzt sind, einen eigenen vulkanisch-tektonischen Zyklus ausbilden. Ein derartiger Zyklus wiederholt sich auf dem Mittelatlantischen Rücken nach einem Zeitraum von 700 000 bis 1 Mio. Jahren. Der Ostpazifische Rücken folgt dagegen mit 50 000–70 000 Jahren einem kürzeren Zyklus. Die noch nicht ausreichenden Beobachtungsdaten scheinen anzudeuten, dass die Entwicklung der einzelnen Rückensegmente nicht synchron zu der ihrer Nachbarsegmente verläuft. ■

DIE VULKANE DER HOT SPOTS

Dass Vulkane an Plattenrändern auftreten, steht im Einklang mit der Globaltheorie. Rifts und Subduktionszonen finden in diesem nun schon 30 Jahre alten Modell auf logische Weise ihren Platz. Intraplattenvulkane lassen sich hingegen weniger leicht erklären. Da sie nicht in Magma produzierenden Zonen angesiedelt sind, prägte man den Begriff des Hot Spot.

Der Hot Spot

Die Wissenschaftler kamen sehr schnell auf den Gedanken, die Existenz von Intraplattenvulkane mit einem Temperaturanstieg im Mantelinnern zu erklären. Diese »Hitzeschwaden« oder Hitzesäulen wirken auf die Platten so, als hielte man einen Schneidbrenner unter ein Blech. Der Plattenboden schmilzt, und der Durchbruch wandert hinauf an die Oberfläche, wo sich ein Vulkan bildet. Die Existenz solcher Hot Spots wird im Grunde nicht infrage gestellt; man ist sich jedoch uneins darüber, aus welcher Tiefe sie kommen. Gegenwärtig ist man der Auffassung, die Quelle eines Hot Spot liege in etwa 2900 km Tiefe, auf dem Boden des unteren Mantels. Wahrscheinlich bilden sich in dieser Übergangszone vom Kern zum Mantel aus dem tieferen Erdmantel aufsteigende heiße Materiewolken, die – weil sie leichter sind – wie fantastische Fesselballons langsam vom Grund abheben und zur Oberfläche aufsteigen. Unter der Lithosphäre bleiben sie buchstäblich hängen, breiten sich aus und beginnen, sie zu durchdringen.

Aus submarinen Entgasungen bei Ausbreitung dünnflüssiger Laven entstehen Hot-Spot-Schildvulkane, die sich über mehrere Tausend Meter auf dem Meeresboden ausbreiten.

DIE FLUCHT DER GÖTTIN PELE

Der Ursprung eines Hot Spot liegt sehr wahrscheinlich in mehr als 2900 km Tiefe. Er erzeugt Vulkane, die der Lithosphäre (a) aufsitzen; diese bewegt sich (b). Die Vulkane beginnen, sich lotrecht über dem Hot Spot zu bilden, entfernen sich jedoch schon während ihrer Formierung von ihm, bis sie schließlich von der Magmenkammer in der Tiefe (c) abgeschnitten sind.

Die Aktivität des sich vom Hot Spot entfernenden Vulkans erlischt, während sein Nachfolger schon im Aufbau begriffen ist. Die Bewegungsrichtung der Platte bestimmt die Anordnung der Vulkanreihe (I, II, III), wie z. B. im Archipel der Hawaii-Inseln, wo das Alter der Vulkane immer mehr abnimmt, je näher man dem Hot Spot kommt. Die Bewegungsrichtung der Platten verändert sich jedoch im Laufe der Zeit (b′). Daher sind die Vulkane der Hawaii-Inseln nicht geradlinig angeordnet, sondern folgen in ihrem Verlauf dem Richtungswechsel der Platte (III, IV, V, VI).

Die Eingeborenen erklärten sich diese Anordnung auf andere Weise. Die Vulkangöttin Madame Pele musste vor ihrer Schwester von Tahiti auf die heutige große Hawaii-Insel fliehen und hinterließ auf der Flucht eine Perlenschnur rauchender Vulkane und Krater. Sonderbarerweise verjüngen sich die Vulkane tatsächlich in dem Maße, wie der Fluchtweg der Göttin an sein Ziel gelangt. So nehmen Wissenschaft und Mythos zuweilen denselben Weg.

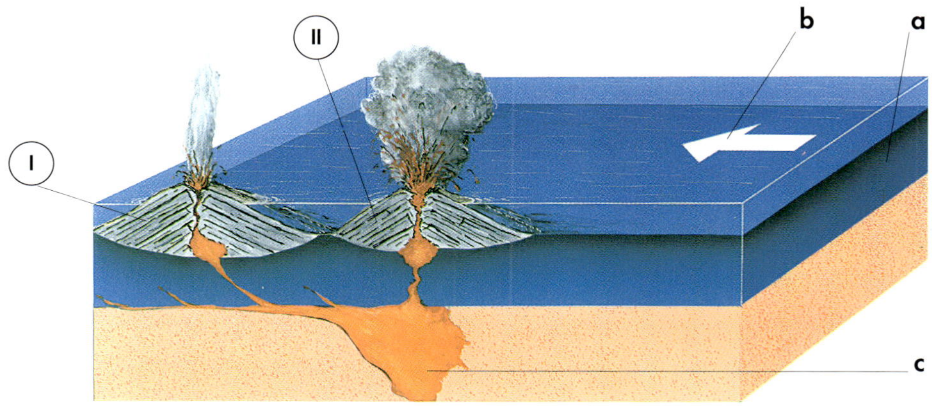

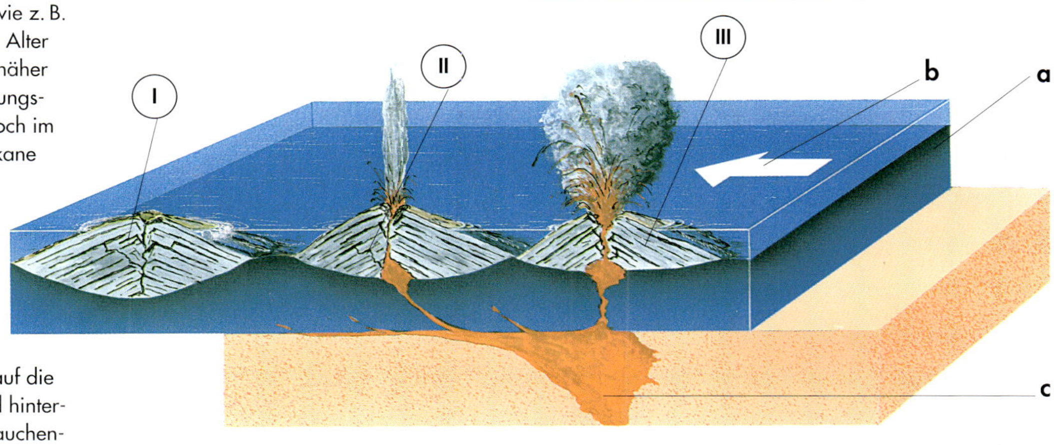

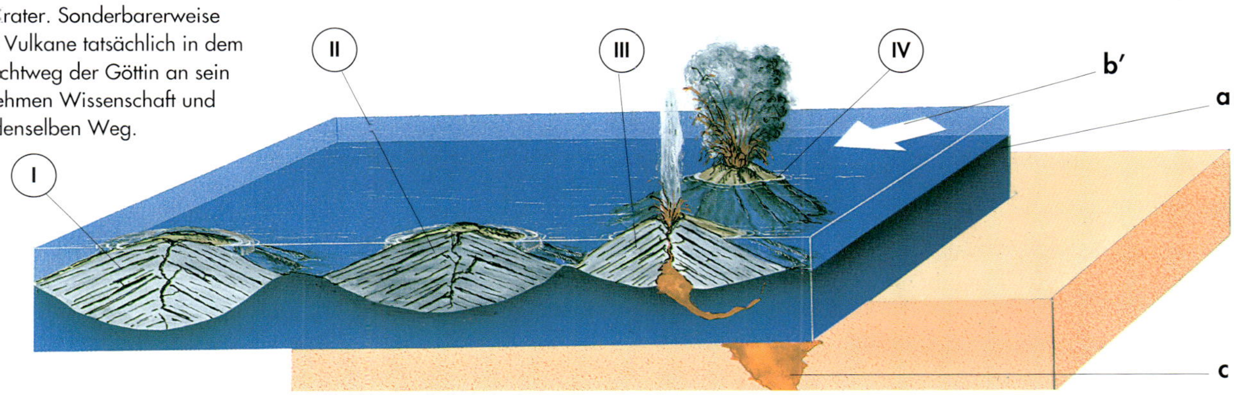

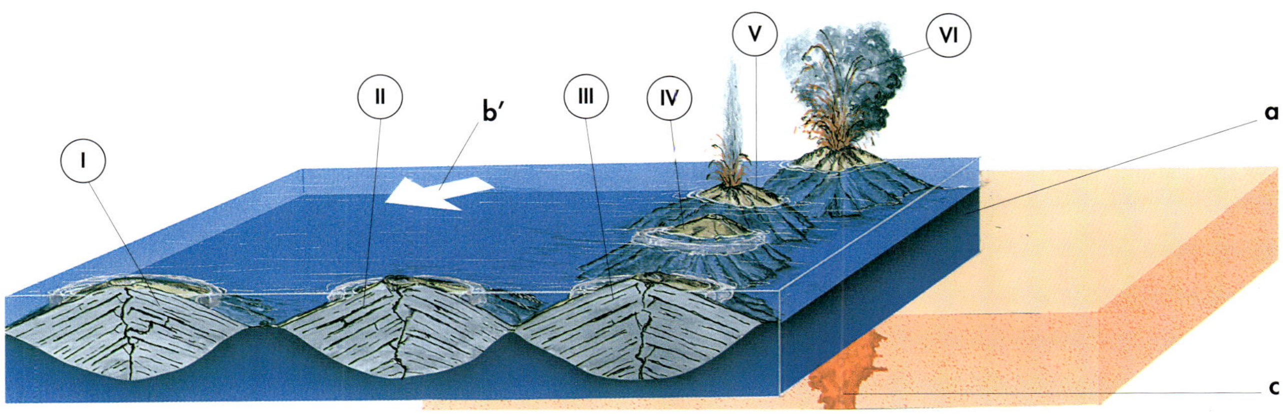

Zwei Arten von Hot-Spot-Vulkanen
Fast alle Geologen stimmen darin überein, dass Hot Spots stationären Charakter haben und sowohl in der ozeanischen wie in der kontinentalen Lithosphäre auftreten. Auf dem Festland finden sich Schildvulkane über einem Hot Spot relativ selten, obgleich es auch dafür eindrucksvolle Beispiele wie den Kamerunberg gibt. Sie sind hier so selten, weil die Festlandkruste mit durchschnittlich 30 km sehr viel dicker ist als die im Durchschnitt 10 km starken Meeresböden. Der Hitzestrom braucht sehr viel länger, um die durch gewaltige Granitmassen verdichtete Lithosphäre zu durchdringen, als wenn er nur die dünne Basaltschicht der ozeanischen Lithosphäre zu überwinden hat.
Ein Kontinent muss daher lange Zeit – wahrscheinlich mehrere Millionen Jahre – senkrecht über einem Hot Spot stehen, damit das Magma an die Oberfläche vordringen kann. Aufgrund der Kontinentalbewegung gibt es jedoch nur sehr wenige unbewegliche Zonen an der Erdoberfläche. Große kontinentale Schildvulkane bilden sich somit nur in stabilen Regionen, die keine Drift aufweisen (Afrika), oder doch nur eine sehr schwache (Yellowstone, USA). Von ihren »Verwandten« auf dem Meeresboden unterscheiden sie sich durch ihr Rhyolith-Gestein, dessen Laven in chemischer Hinsicht Graniten entsprechen und vermutlich aus einer Schmelze der unter ihnen liegenden kontinentalen Kruste stammen.
Ihre ganze Wirkung entfalten Hot Spots v. a. unter ozeanischen Platten. Hier bringen sie die gewaltigsten Mineralaufschüttungen der Erde hervor. Der Mauna Loa ist, vom Meeresboden aus gerechnet, mehr als 9000 m hoch und damit der größte aktive Vulkan der Erde; zugleich ist er auch ihr höchster Berg, obwohl sein Gipfel nur eine Höhe von 4171 m erreicht. Riesengebilde dieser Art entstehen vollkommen unbemerkt, weil sie aus der Tiefsee emporwachsen. Im Jahr 1982 registrierten die Wissenschaftler, dass der 40 km vor Tahiti gelegene submarine Vulkan Teahitia von Erschütterungen, Vibrationen und seismischen Stößen erfasst wird, wie sie für aufsteigendes Magma typisch sind. Bis zu diesem Zeitpunkt hatten die Vulkanologen den Vulkan nicht für aktiv gehalten, weil sie glaubten, der Hot Spot sei erloschen. Die Unterwassererkundung des Vulkans, dessen Gipfel in 1500 m Tiefe liegt, bestätigte das Vorhandensein frischer Kissenlaven sowie eine starke hydrothermale Aktivität. Wie sooft im Falle submariner Vulkane, war den Wissenschaftlern entgangen, dass der Teahitia seine Aktivität wieder aufgenommen hatte. Die Aktivität des MacDonald Seamount, der noch näher an der Wasseroberfläche des Pazifischen Ozeans liegt, erkannte man erst 1967.
Ein Forschungstauchboot, die »Melville«, erhielt 1987 den Auftrag, den MacDonald Seamount zu erforschen. Vor Ort nahmen die Vulkanologen an, der Gipfel des Kegels befinde sich in 50 m Tiefe. Direkt über dem Vulkan zog eine eigenartige Verfärbung des Wassers ihre Aufmerksamkeit auf sich: Der Vulkan wurde genau in diesem Moment aktiv. Der Eruptionsherd lag in Wirklichkeit 150 m tief.
Große Vulkane dieses Typs sitzen auf einem driftenden Meeresboden und entfernen sich von ihrem Hot Spot. Sehr schnell werden sie vom Magmen-Nachschub aus der Tiefe abgeschnitten. Ein neues Plattenstück nimmt den Platz des alten ein, und es bildet sich ein neuer Vulkan. Dieser Wechsel wiederholt sich, solange der Hot Spot existiert; an der Oberfläche des Meeres reihen sich die Vulkane zu einer Inselkette.
Hawaii stellt die größte vulkanische Reihung dieser Art dar. Fast 65 Mio. Jahre mussten vergehen, um diesen etwa 15 Inseln umfassenden Archipel entstehen zu lassen, der sich über mehr als 2500 km hinzieht. In den ersten 22,5 Mio. Jahren richteten sich die Vulkane mehr oder weniger in nord-südlicher Richtung aus, was für diese Zeit auf eine Plattenbewegung in Richtung Norden schließen lässt. Vor 42,5 Mio. Jahren veränderten sich die auf die Ränder der Pazifikplatte einwirkenden Kräfte. Seitdem verteilen sich die Inseln längs einer südöstlichen/nordwestlichen Linie. Hier gibt es auch in jüngster Zeit noch sehr aktiven Vulkanismus, wie der Kilauea und der Mauna Loa im Südosten beweisen. Beide Vulkane liegen bisher in der Nähe des Hot Spot, doch sie entfernen sich schon von ihm. Dabei folgen sie ihren Vorgängern in Richtung Nordwesten.
Der MacDonald Seamount, ebenfalls auf der Pazifikplatte gelegen, gehört zu einer Reihe, die parallel zu den neuen Hawaii-Inseln verläuft.
Der Piton de la Fournaise hat sich der Theorie zufolge schon mehr als 400 km in nordöstliche Richtung von seinem Hot Spot entfernt. Er wird noch von hochliegenden Magmenkammern gespeist, die er auf seiner Wanderung mitgeschleift hat. Haben sie sich einmal geleert, endet die vulkanische Aktivität – in einigen Tausend oder Millionen Jahren.
La Réunion war nicht der erste Vulkan, der sich über diesem Hot Spot bildete. Auch die Insel Mauritius, das Plateau der Maskarenen und sogar der Dekkan-Trapp in Indien verdanken ihre Existenz dem Hinweggleiten über diesen natürlichen Schweißbrenner. Der Dekkan liegt auf der kontinentalen Lithosphäre, die Maskarenen (Mauritius und La Réunion) auf ozeanischem Gebiet; das bedeutet, dass Hot Spots in ihrem langen Leben ozeanische und kontinentale Bereiche der Platten durchdringen, je nachdem, welchen Weg die Platten gerade nehmen. Seltener ist der Fall Islands, wo ein Hot Spot sich unter einem Plattenrand befindet, nämlich in diesem Fall unter der mittelatlantischen Spalte. Hier wirken die vulkanischen Kräfte des Hot Spot und die Kräfte der Extension so zusammen, dass sich der Meeresboden über den Meeresspiegel erhebt. ■

ENTSTEHUNG DES MAGMAS

Vom Pyriphlegeton Platons zu modernen Theorien der Magmengenese war es ein langer und irrtumsreicher Weg. Doch ließen die merkwürdigen Schmelzmassen, die so tief aus dem Erdinnern kommen, die Wissenschaftler nicht ruhen.

VOM MAGMA ZUR LAVA: EINE REISE ZUM MITTELPUNKT DER ERDE

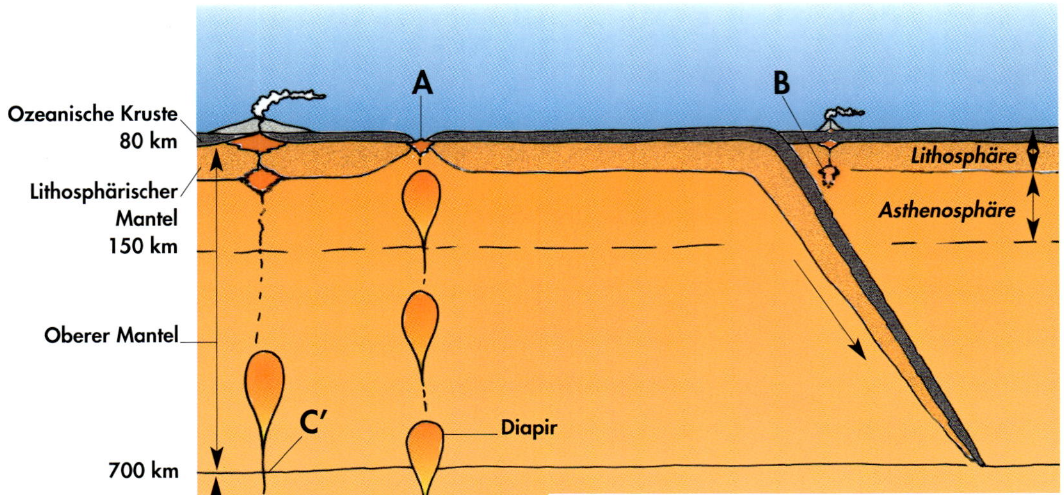

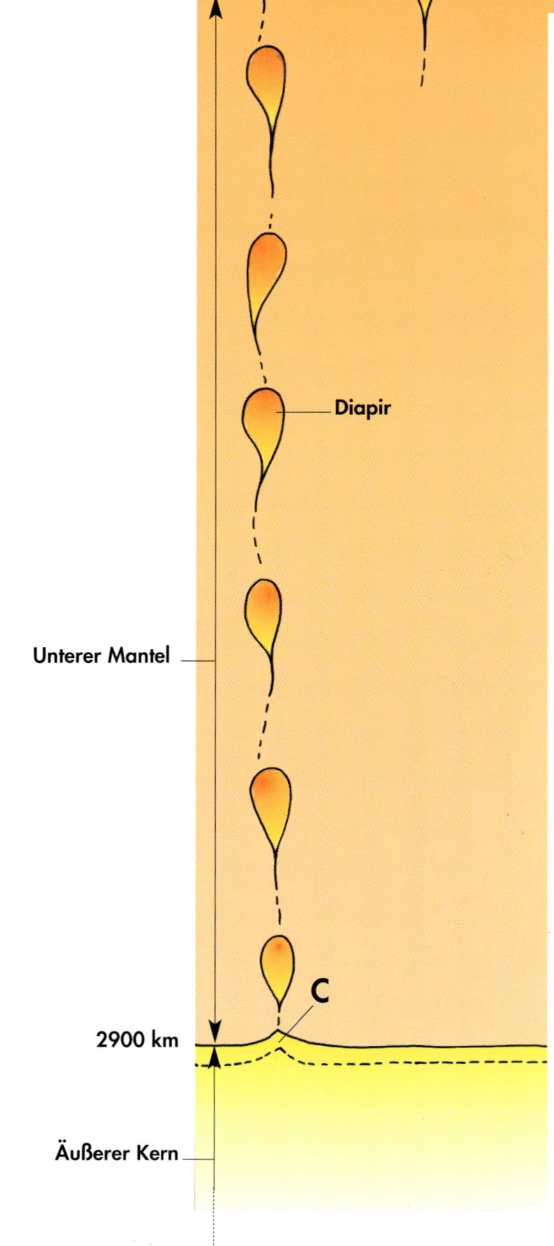

A – Bereich der Entstehung tholeiitischer Magmen: Tiefe +/- 80 km (ozeanische Rücken)
B – Bereich der Entstehung andesitischer Magmen: Tiefe 100–150 km (Subduktion)
C – Bereich der Entstehung alkaliner Magmen: Tiefe 2900 km (Hot Spot und kontinentales Rift)
C' – Vermuteter zweiter Bereich alkaliner Magmen: +/- 700 km

Seit langem schon vermutet der Mensch, im Inneren der Erde brenne ein »Feuer«. Selbst heute noch glaubt die Mehrzahl, der Erdball besitze einen geschmolzenen Kern, in dem hohe Temperaturen herrschten. Diese – falsche – Vorstellung wurde lange Zeit auch von der Wissenschaft geteilt. Heute geht man davon aus, dass einzig der äußere Kern in einer Tiefe zwischen 2900 und 5100 km aus einem Material besteht, das sich gegenüber transversalen seismischen Wellen so verhält wie ein fast flüssiger Körper. Kern und Mantel dagegen sind aus festem Material.

Magmen und magmatische Serien

Das Wort »Magma« kommt aus dem Griechischen und bedeutet »knetbare Masse«. Die Vulkanologen gliedern die Magmen in drei Gruppen:

- die Gruppe der dünnflüssigen Schmelzen, in den meisten Fällen eine Mischung (oder »Bad«), die im Wesentlichen aus Silikatverbindungen besteht;
- die Gruppe der gasführenden Schmelzen, in denen das Gas unter den in der Tiefe herrschenden hohen Drücken in flüssigem Silikat gelöst ist und – bei nachlassendem Druck – an die Oberfläche steigt und dort Blasen bildet;
- die Gruppe der festen Schmelzen, die aus suspendierten Kristallen besteht.

Tritt entgastes Magma an die Oberfläche, geht es in Lava über. Nicht selten finden sich in ein und demselben Vulkanmassiv kieselsäurearme Laven (Basalte) und solche, die reich an Kieselsäure sind (Rhyolithe), oft noch begleitet von intermediärem Gestein. Sehr leicht kann man zeigen, dass alle diese Laven aus einem primären Magma entstehen. So lassen sich Gruppen unterschiedlicher Laven definieren, von Petrografen und Geochemikern »magmatische Serien« genannt. Im globalen Maßstab gesehen, treten diese Gruppen in Abhängigkeit von geodynamischen Gegebenheiten auf. Es lassen sich drei magmatische Serien unterscheiden, die aus drei Magmentypen abzuleiten sind:

- aus tholeiitischen Magmen, die in divergierenden Zonen, Riftzonen oder ozeanischen Rücken auftreten;
- aus andesitischen Magmen, die sich in Subduktionszonen, Inselbogen oder den Kordilleren herausbilden;
- aus alkalinen Magmen, die für den Intraplattenvulkanismus der Hot Spots und kontinentalen Riftzonen bezeichnend sind.

Jede dieser Folgen setzt sich – unabhängig von ihrer jeweiligen spezifischen Charakteristik – aus Laven mit variierendem Kieselsäureanteil zusammen. Das an Kieselsäure arme Ende des Spektrums nennt man »basisch« oder »wenig differenziert«;

den an Kieselsäure reichen Bereich hingegen bezeichnet man als »sauer« oder »differenziert«. Immer handelt es sich dabei um primäres Magma, das bei seinem Aufstieg an die Oberfläche in verschiedenen chemo-physischen Prozessen umgewandelt wird. Alle diese Prozesse fasst man unter dem Begriff »magmatische Differentiation« zusammen.

Vom Magma zum Vulkangestein

Das an der Oberfläche sichtbare vulkanische Gebilde kann man mit der aus dem Wasser ragenden Spitze eines Eisbergs vergleichen. Eruptionen sind das Ende einer Jahrtausende oder gar Jahrmillionen währenden langen Reise, auf der das Magma sich seinen Weg durch die Erdkruste gebahnt hat. Nicht alle Magmen erreichen die Oberfläche. Bei zu starker Viskosität bilden sich gewaltige blasenförmige Bereiche heraus (so genannte Plutone) und verfestigen sich langsam in der Tiefe, was zu einer Blockierung führt. Beim langsamen Erkalten dieser gewaltigen Magmenmassen bilden sich große Kristalle heraus, und körniges Gestein entsteht, dessen Prototyp zweifellos der Granit ist. Auch wenn man vulkanisches Gestein und plutonisches Gestein unter demselben Begriff des »Glutgesteins« zusammenfasst (nach dem lateinischen Wort für Feuer »ignis«), steigt doch nur vulkanisches Gestein bis an die Oberfläche und bildet dort Laven.

Der Werdegang des Magmas

Die Bildung von Magma geschieht in vier großen Etappen:

- Die Genese, die von den globalen tektonischen Bedingungen abhängt. Spalte, Subduktion oder Hot Spot entscheiden über die Magmenbildung und darüber, in welchen Zonen die Magmen an die Oberfläche treten. Die primäre Materie, die aus den Tiefen des Mantels oder der Erdkruste gefördert wird, verändert sich mit den Zonen, durch die sie aufsteigt.
- Die Fördermaterie ist flüssig. Erreicht sie die Lithosphäre, wird sie tektonischen Drücken, die aus der Erdbewegung resultieren, ausgesetzt. Von diesen tellurischen Kräften getrieben, beginnt das Magma aufgrund seiner Viskosität eine träge Wanderung.
- Die »Haltestationen« oder Lagerung. Die Magmen stagnieren in großen Aushöhlungen, den so genannten »Magmenkammern«, in denen sich ihre Umwandlung hauptsächlich vollzieht.
- Die Eruption, die von den chemischen Bestandteilen und Gasen im Magma abhängt und aus der Differentiation resultiert, die das primäre Magma während der Förderung und Lagerung erfuhr.

So ist die Eruption der Abschluss eines langwierigen und bewegten Prozesses, von dem wir nur die Endphase an der Oberfläche zu Gesicht bekommen. Doch Untersuchungen der vulkanischen Eruptionsprodukte gestatten es uns, den Weg dieser Reise aus dem Mittelpunkt der Erde zu rekonstruieren.

Die Magmen – Wo und wie kommen sie vor?

Die Geologen stimmen inzwischen darin überein, dass Magma entsteht, wenn ein ursprünglich fester Körper teilweise oder ganz in einen flüssigen Zustand übergeht. Der Ursprung des Magmas gleicht mithin einer partiellen Schmelze festen Materials. Basisches Magma mit niedrigem Kieselsäuregehalt entsteht aus einer partiellen Schmelze. Es geht direkt aus der Schmelze hervor und heißt daher »primäres« oder »ursprüngliches Magma«. Während der Förderung und Speicherung verwandelt sich die Flüssigkeit in einem Prozess magmatischer Differentiation, bei dem sie sich mit Kieselsäure anreichert, in ein Magma, das man als »differenziert« bezeichnet.
Divergierende Zonen (ozeanische Spalten) und Subduktionszonen an den Plattenrändern sind die Hauptquellen der Magmenproduktion. Im ersten Fall zerreißen Mantelströmungen die Lithosphäre und stellen so einen Kontakt zwischen der ozeanischen Kruste und einer hauptsächlich aus Silikaten bestehenden Mischung aus Flüssigkeit und Kristallen her. Ursprünglich besteht die aufsteigende Strömung vollständig aus Kristallen. Weil beim Aufstieg der Druck abnimmt, kann sich Flüssigkeit bilden und sich auf Kosten der festen Materie ausdehnen. In den Magmenkammern unter den ozeanischen Rücken trifft man nur auf diesen flüssigen Anteil aus der partiellen Schmelze des Mantels, weil die festen Bestandteile in der oberen Mantelpartie zurückgelassen werden.
Bei der Subduktion liegen die Dinge ganz anders. Die Lithosphäre und ihre mit wassergesättigten Sedimenten bedeckte Meereskruste wird in die Asthenosphäre hinabgezogen, wo sie Drücken und Temperaturen ausgesetzt ist, die ihre partielle Schmelze bewirken. Magma bildet sich, das leichter als der Mantel ist und daher an die Oberfläche steigt. Dabei durchquert es einen Bereich des Mantels (den Eckmantel), der seinerseits teilweise schmilzt und sich der primären Flüssigkeit beimischt. Dieses neue Magma steigt weiter auf und reichert sich dabei noch mit neuen Flüssigkeiten aus der schmelzenden ozeanischen oder auch kontinentalen Kruste an, bevor es auf der Oberfläche austritt.
Diese beiden Formierungsvorgänge sind sehr unterschiedlich. Das Material ist in beiden Fällen nicht dasselbe, doch es besteht eine Ähnlichkeit, weil beide Magmen aus dem oberen Mantelbereich hervorgehen.
Innerhalb der Platten sind vollkommen andere Mechanismen wirksam. Die Magmen der Hot Spots sollen aus dem unteren Mantelbereich stammen, wo sie aus dem Zusammenwirken gewaltiger globaler Bewegungskräfte entstehen. Damit Intraplattenmagmen dieser Art sich herausbilden können, müssen gewaltige Mengen heißer Materie vom Rand des äußeren Kerns aufsteigen. ■

OZEANISCHE BASALTE (DIE THOLEIITISCHE FOLGE)

Vor der Zeit der großen submarinen Forschungsexpeditionen der 60er-Jahre glaubte man, die Meeresböden bestünden aus Alkalibasalten wie die der mitten im Ozean gelegenen großen Vulkaninseln (Hawaii). Ein Vergleich von Proben, die den Tiefseerücken überall auf der Welt entnommen wurden, lässt sofort eine tholeiitische Zusammensetzung erkennen. Wegen dieser Gleichartigkeit tauften die Wissenschaftler sie auf den Namen »mittelozeanische Basalte« oder MORB (*mid-ocean ridge basalts*). Etwa 20 km unter den Meeresrücken, an den Rändern aufsteigender Konvektionszellen und unter dem Einfluss eines starken Druckabfalls, kommt es zu einer Schmelze des oberen Mantelgesteins Peridotit. Dabei schmilzt nur ein geringer Teil, der dann die Magmenkammern unter den Rücken mit einer tholeiitischen primären Silikatflüssigkeit versorgt. Peridotit besteht im Wesentlichen aus dem tiefgrün leuchtenden Mineral Olivin, dessen Rückstände sich zuweilen in manchen Basalten finden. Peridotitknollen, die in den Flüssigkeiten eingeschlossen sind und mit an die Oberfläche geschleppt werden, geben den Wissenschaftlern Auskunft über die Zusammensetzung des oberen Mantels. Die Zusammensetzung dieser Knollen ähnelt zwar tatsächlich sehr der des oberen Mantels, doch gehen auf dem Weg nach oben einige Bestandteile verloren. Auch wenn man sich heute eine ziemlich genaue Vorstellung vom oberen Mantel machen kann, bleibt seine exakte Zusammensetzung weiterhin unbekannt. Dagegen kennt man die primäre tholeiitische Flüssigkeit sehr gut. Sie ist arm an Kieselsäure (50 %) und besitzt einen geringen Kaliumgehalt. Zu differenzierteren Flüssigkeiten kann sie sich weiterentwickeln, wenn sie lange genug in einer – oder mehreren – großen Magmenkammer verbleibt.

Der Wechsel der Gesteinsschichten in den Meeresspalten ist sehr aufschlussreich. Die hier 6–8 km dicke Meereskruste ist – von oben nach unten betrachtet – eine Abfolge aus:

- ozeanischem Basalt. Diese obere Schicht ist etwa 2 km dick und besteht aus Kissenlaven, die sich in der Tiefe zu Gangsystemen verzweigen, aus denen sich der Oberflächenvulkanismus speist.
- Gabbro. Diese 4 km dicke Schicht ist, chemisch betrach-

Die Schwarzen Raucher gehören zu den spektakulärsten Entdeckungen der Ozeanauten. Die kleinen Schlote von nur wenigen Zentimetern Durchmesser scheiden überhitztes Wasser (ca. 350 °C) ab, das reich an Metallsulfid ist. Ihre Rauchsäulen steigen bis zu einer Höhe von etwa 150 m über den Öffnungen auf, aus denen die Lösungen mit einem Ausstoß von etwa 10 l pro Sekunde hervorschießen.

FORMATION OZEANISCHER BASALTE AUF SCHNELLEN RÜCKEN

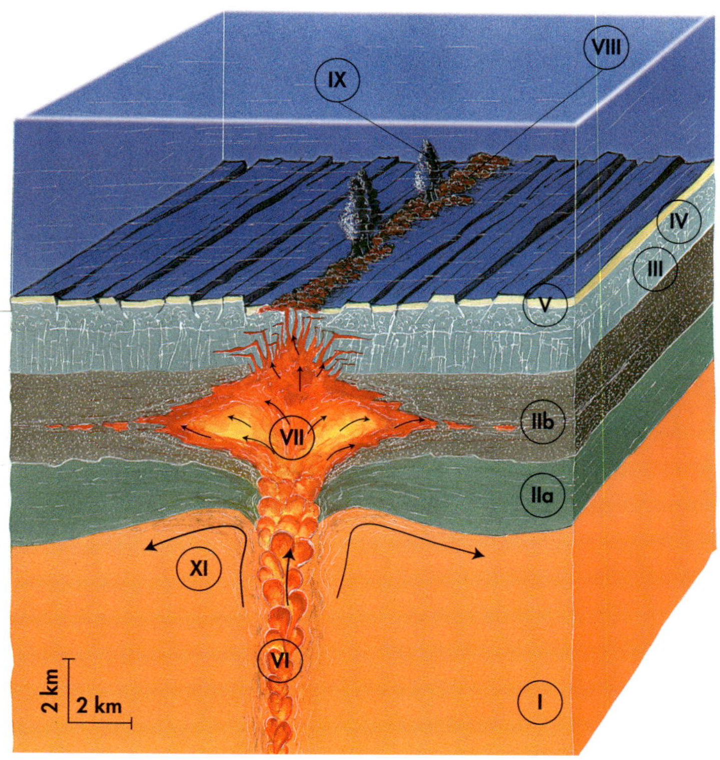

I – Oberer Mantel
II – Gabbro- und Peridotit-Mélange
IIa – Gabbro- und Peridotit-Schichtungen
IIb – massive Gabbro-Schicht
III – Komplex aus Basaltadern
IV – Kissenlava-Basalte
V – Sedimente
VI – Aufsteigende Diapire versorgen die Kammern mit Materie
VII – Lang gezogene Magmenkammer

tet, ein Basalt-Äquivalent. Das körnige Gestein kühlte allerdings langsamer ab, sodass sich die großen Mineralkristalle, aus denen es besteht, herausbilden können.

– Peridotite. Sie sind teilweise von den hohen Drücken und Temperaturen verformtes und umgeformtes Gestein, das aus Mineralen zusammengesetzt ist und an die schuppige Haut der Schlangen oder anderer Reptilien erinnert. Darüber haben sich oft Sedimente abgelagert, und die ältesten Folgen dieses Typs auf dem Meeresgrund sind ungefähr 170 Mio. Jahre alt. Überraschenderweise findet man die Erklärung für die Prozesse, in denen sich der Meeresboden herausbildet, nicht unter, sondern über der Wasseroberfläche. Denn die eigentlich für Meeresböden typische ophiolitische Gesteinsfolge (von griechisch »ophis«, »Schlange«; bezeichnet Serpentinite) kommt häufig in Gebirgsketten wie z. B. den Alpen vor. Die Ophiolithen sind Reste einer fossilen ozeanischen Kruste, die beim Zusammenstoß zweier Platten von der Tektonik verformt und eingeschuppt wurde. Viele Jahrmillionen später (60–180 Mio. Jahre im Fall des alpinen Zyklus) kann der Geologe an ihnen die Beschaffenheit des Meeresbodens studieren, und zwar auf trockenem Boden.

Man unterscheidet drei Entwicklungstypen bei den ozeanischen Spalten: eine langsame Entwicklung mit geringer ozeanischer Ausdehnung, eine schnelle Entwicklung mit entsprechend starker Ausdehnung sowie einen dritten, intermediären Typ.

In allen drei Fällen entsteht Schmelze aus dem Dehnungsprozess, der in diesen Bereichen auftritt. Wahrscheinlich ist, dass nur 5–20 % der Mantelmasse, die in diese Zone vordringt, zur Schmelze gelangen. Die so entstandene Flüssigkeit findet Gänge, um sich auf dem Meeresboden ausbreiten zu können. Unterdessen sammeln sich in den etwa 5 km tief gelegenen Magmenkammern große Kristalle: zuerst Olivine (die zu – natürlich von denen des Mantels verschiedenen – Peridotiten werden); dann gesellen sich andere Minerale (Pyroxen und Plagioklas) dazu und ergeben, wenn sie sich abgekühlt haben, Gabbrogestein (durch fraktionelle Kristallisation, s. S. 94).

Die auf den Rücken an der Oberfläche austretenden Ströme sind oft ganz unterschiedlich beschaffen. Außerdem weisen die seismischen Daten nicht auf große flüssige Massen unter der Spalte hin. Daher kann man auf die Existenz vieler kleiner Magmenkammern unter den Rücken schließen, die unabhängig voneinander mit der Oberfläche verbunden sind und abwechselnd aktiv werden. ■

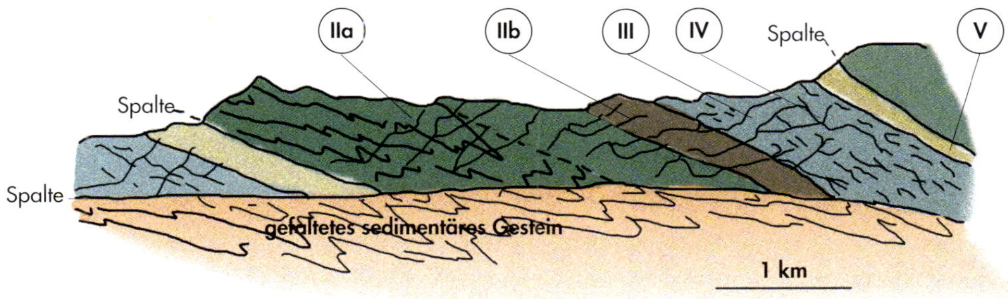

Die römischen Ziffern beziehen sich auf die Legenden zu den beiden Grafiken auf den Seiten 90–91

Schematische Darstellung eingeschuppter Ophiolithen

In Gebirgsketten (z. B. den Alpen) fanden Geologen zwischen Spalten eingelagertes Gestein, das dem der ozeanischen Rücken glich. Es handelte sich um den Boden eines ehemaligen Ozeans, der bei der Kollision zweier Platten zusammengeschoben worden war.

FORMATION OZEANISCHER BASALTE AUF LANGSAMEN RÜCKEN

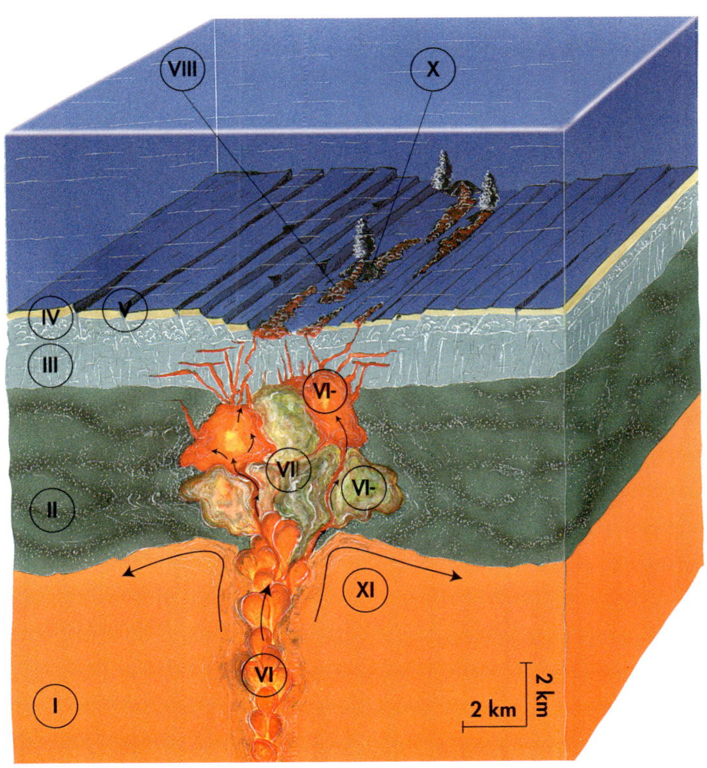

VIIa – Inaktive Magmenkammer
VIIb – – Aktive Magmenkammer
VIII – Lava-Strom (Kissenlava)
IX – Schwarzer Raucher (stark vergrößert)
X – Vulkan, aus übereinander geschichteten Lava-Strömen gebildet
XI – Mantelbewegung, die das »Mitziehen« des lithosphärischen Mantels, der unter den ozeanischen Rücken fehlt, anzeigt

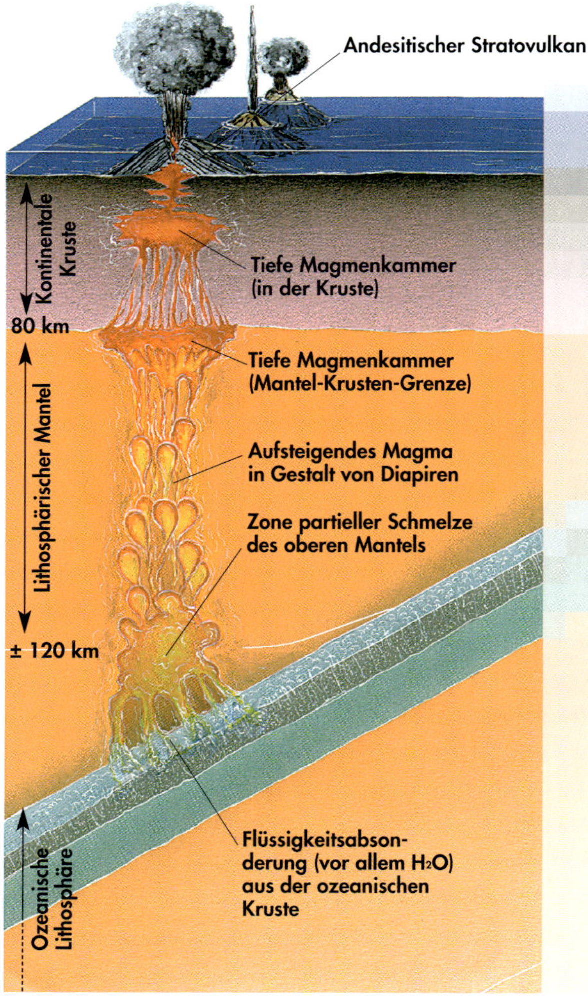

ANDESITISCHE BASALTE (SUBDUKTIONSZONE)

Das Eintauchen der ozeanischen Kruste, die von der Lithosphäre in die Subduktion gezogen wird, trägt zur Magmenbildung in diesen Zonen bei, aber bis heute ist man sich nicht einig, wie die Formationsprozesse primärer andesitischer Magmen im Detail ablaufen.
Die Laven insularer oder kontinentaler (Kordilleren) vulkanischer Bogen sind meist mit Kieselsäure gesättigt oder übersättigt. Sie bestehen hauptsächlich aus Andesiten mit einem Kieselsäuregehalt zwischen 53 und 62%. Nicht selten weisen Bogenvulkane aber auch Differentiate wie Dazite und Rhyolite auf. Andesitische Basalte finden sich häufiger auf den Inselbogen im ozeanischen Bereich.
Je nach Art der beteiligten Platten variieren die wichtigsten Anteile der primären Magmen. Spezialisten unterscheiden vier Gruppen, oder eigentlich Unterfolgen, je nachdem, wie hoch der Kieselsäure- und Kaliumgehalt des primären Magmas ist. Möglicherweise können auf einem Inselbogen verschiedene Varianten gleichzeitig vorkommen. Jedenfalls gleicht sich der Entstehungsprozess dieser Magmen in vieler Hinsicht, was Fakten bestätigen, die von der Mehrzahl der Wissenschaftler akzeptiert werden.
Diese Flüssigkeiten beginnen sich in etwa 120 km Tiefe zu bilden, wo mindestens ein Druck von

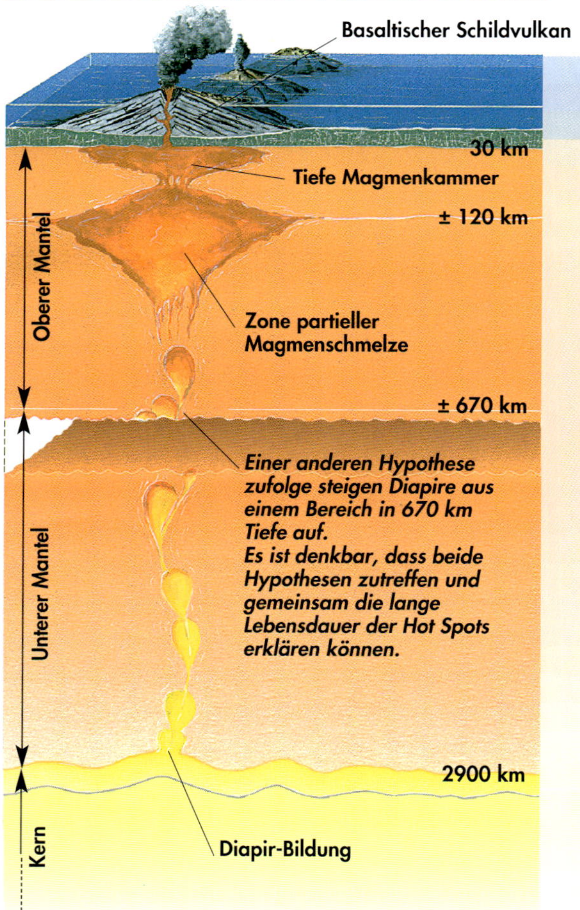

INTRAPLATTENBASALTE (ALKALINE FOLGE)

Die Hypothese der Hot Spots wird gegen Ende der 60er-Jahre entwickelt. Sie postuliert eine thermische Anomalie tief im Mantel. Die Wissenschaftler stimmten schnell darin überein, dass diese Hot Spots eine sehr lange Lebensdauer haben (die sich nach Jahrzehnmillionen bemisst) und ihre Positionen zueinander während ihrer Aktivität unverändert beibehalten müssen.
Im ozeanischen Bereich haben Basalte der Hot Spots – die auch Basalte der ozeanischen Inseln bzw. OIB (*ocean islands basalts*) genannt werden – eine deutlich andere chemische Zusammensetzung als die Basalte der ozeanischen Böden (MORB; s. S. 90). Diesen Unterschied erklärt die Hypothese damit, dass Hot Spots ihren Ursprung in etwa 2900 km Tiefe an der Grenze von Kern und Unterem Mantel haben. Im Experiment lässt sich zeigen, dass die Grenze zweier flüssiger Körper mit unterschiedlicher Viskosität und Dichte dazu neigt, Auswüchse zu bilden, die man »mantel plume« oder »Feder« genannt hat. Zweifellos leitet sich von einem solchen Phänomen an der äußeren Grenze des Äußeren Kerns der Aufstieg heißer Massen durch den Mantel ab. Steigt die Hitze dieser Feder oder »plume« bis zum oberen Mantel auf, leitet sie dort eine partielle Schmelze der Peridotite ein. Die Flüssigkeiten der Feder vermischen sich mit dem flüssigen Mantel und bilden ein für

etwa 30 Kilobar herrscht. Das zur Schmelze gelangende Material stammt aus dem oberen Mantel der Lithosphäre und der aufliegenden ozeanischen Kruste. Deren Basalte und Gabbrogestein werden durch die hohen Drücke und Temperaturen in dieser Tiefe umgewandelt. Die Peridotite des Mantels können bei Drücken um 30 Kilobar jedoch nicht einmal teilweise schmelzen, solange die Temperatur 1000 °C kaum überschreitet. Flüssigkeit, insbesondere Wasser aus der oberen Lithosphäre (der Ozeankruste) muss hinzutreten, damit eine partielle Schmelze des Materials unter diesen physikalischen Bedingungen eintreten kann. Besitzt man Angaben über Tiefe (und damit Druck), Temperaturen, Schmelzmaterie und notwendigen Wassergehalt, kann man Modelle für andesitische Magmenbildung entwickeln. Dem folgenden, in drei große Abschnitte gegliederten Prozessverlauf scheinen die meisten Geowissenschaftler zuzustimmen:

- Die abtauchende Ozeankruste verwandelt sich unter dem Einfluss von hohen Drücken und Temperaturen im Hinblick auf ihre chemo-physikalischen Eigenschaften und gelangt in ca. 100 km Tiefe an einen Punkt, wo Wasser und andere Flüssigkeiten austreten. Diese Flüssigkeiten entweichen unter hohem Druck und sind wahrscheinlich mit Kieselsäure und vielen anderen Bestandteilen gesättigt.
- Die Flüssigkeit tritt aus der Kruste in den direkt darüber liegenden Mantel ein. Im Peridotit des Mantels bewirkt sie eine partielle Schmelze, wodurch ein flüssiger Körper in einer festen Umgebung entsteht. Diese Magmablase steigt senkrecht über der Schmelzzone durch den Mantel in die Lithosphäre auf und durchquert die Kruste.
- Beim Durchgang durch die Kruste verändern sich die magmatischen Flüssigkeiten. Zwischen dem Magma und einem Teil der Kruste findet ein Flüssigkeitsaustausch statt. Zudem wird Krustenmaterie vom Magma assimiliert, besonders wenn es sich um kontinentale Kruste handelt. Wird diese Mischung längere Zeit in Magmenkammern gelagert, kann primäres Magma der andesitischen Folge Differentiationen bilden.

Differenzierte Magmen, die in hochgelegenen Magmenkammern lagern, dringen schließlich durch Spalten an die Oberfläche. Erwähnt werden muss auch, dass viele Wissenschaftler der Ansicht sind, durch Subduktion in die Tiefe gelangte Sedimente seien an der Entstehung andesitischer Magmen beteiligt. Hierüber wird weiterhin diskutiert. ■

die ozeanischen Inseln typisches primäres Magma aus. Der Aufstieg geht weiter, und gewaltige Blasen oder Diapire breiten sich unter der Lithosphäre aus. Dort bilden sie riesige pilzförmige Gebilde, die wie ein Schweißbrenner die Lithosphäre schmaler werden lassen. Spalten sowie andere Bruchstrukturen ermöglichen es den primären Magmen, unter der Oberfläche liegende Magmenkammern zu füllen und bis an die Oberfläche aufzusteigen. Dies ist die Zone, in der magmatische Differentiate gebildet werden. Man muss jedoch festhalten, dass sich die Natur der primären Magmen ändert, wenn der Vulkan senkrecht über der Feder steht. Die ursprünglichen Magmen sind tholeiitisch, und bei seiner Entstehung beginnt der submarine Vulkan, tholeiitische Basalte auszustoßen. Sobald die Plattendrift den Vulkan außer Reichweite des Hot Spot zieht, werden die primären Magmen alkalin und bilden Laven der entsprechenden Folge. Diesen Übergang von der tholeiitischen zur alkalinen Folge kennt man nur bei den Vulkanen Hawaiis. Bis jetzt weist kein anderer bekannter Hot-Spot-Vulkan Laven der tholeiitischen Folge auf. Die Abweichung geht vermutlich auf eine nachlassende Zufuhr von Tiefenmaterial in die Feder zurück. Dieses Modell erklärt den Ursprung der Magmen im Archipel der Hawaii-Inseln auf zufriedenstellende Weise, aber nicht alle Fälle von Intraplattenvulkanismus. Die Hypothese erscheint einleuchtend, doch es müssen drei Prinzipien gewahrt bleiben:

- Die Vulkane müssen in Richtung der Plattenbewegung angeordnet sein.
- Das Alter der Vulkanbauten muss in dem Maße zunehmen, wie man sich in einer Vulkankette von den aktiven Vulkanen entfernt.
- Die Chemie der Laven muss anders sein als die der Meeresböden.

Zwar treten vulkanische Ketten auf Platten häufig auf, doch nicht immer altern die Vulkane von einem Ende der Kette zum anderen in der geforderten Reihenfolge (z. B. die Austral- und die Cook-Inseln); die Hypothese, dass der Hot Spot in historischer Zeit fest und unbeweglich verharre, trifft somit nicht zu.

Es gibt andere Modelle, um problematische chronologische Reihenfolgen wie bei den Cook- und den Austral-Inseln in Französisch-Polynesien zu erklären. Eines dieser Modelle postuliert zirkulierende kleine Konvektionsströme direkt unter der Lithosphäre, die im rechten Winkel auf die Rückenachsen ausgerichtet sind. Diese Hypothese gilt nicht als gesichert, aber sie bezeugt, wie fruchtbar die Debatte um den Intraplattenvulkanismus ist und welcher Erklärungsbedarf weiterhin besteht. ■

FÖRDERUNG UND LAGERUNG DER MAGMEN

Das Magma durchläuft vom Zeitpunkt seiner Bildung bis zur Eruption eine langsame Entwicklung. Seine Wanderung an die Oberfläche (d. h. seine Förderung) ist unproblematisch, solange die beteiligten Massen sich im Mantel der Asthenosphäre befinden. Stößt es jedoch auf die feste Lithosphäre, verändern sich die Bedingungen. Die gewaltigen Materieblasen, bzw. Diapire, werden von einer »Decke« festgehalten und können nicht weiter aufsteigen, sodass dem Magma einzig der Weg durch Spalten offen steht. Vor allem in diesen instabilen, brüchigen Zonen wird primäres Magma transformiert.

Magmenförderung in der Lithosphäre

Magmatische Fluide können in der Kruste wie im Mantel aufsteigen, weil sie eine andere Dichte besitzen. Sie sind leichter als die Peridotite des Mantels und besitzen zu Beginn auch eine geringere Dichte als das Krustengestein. Daher drängt die Wirkung des Auftriebs (Archimedisches Prinzip) diese Magmen zur Oberfläche. Im festen, aber dehnbaren Mantelbereich ist die Wirkung des Auftriebs unproblematisch; in der starren Lithosphäre hingegen ist der Auftrieb nicht mehr die einzige Kraft, die die Förderung der Fluide bewirkt. Hier müssen die magmatischen Fluide in den Brüchen, die sich in diesem Bereich herausgebildet haben, aufsteigen, und natürlich müssen diese Spalten offen stehen.
Auf welchem Weg das Magma an die Oberfläche gelangt, hängt mithin vom Vorhandensein kleiner oder größerer Spalten ab. Dabei sind für die Art der Öffnung hauptsächlich zwei Faktoren ausschlaggebend: die örtliche Tektonik und der lithostatische Druck. Die Geschwindigkeit, mit der große und kleine Brüche sich auftun oder schließen, wird von den lokalen tektonischen Bedingungen vorgegeben. Das Magma nutzt diese Öffnungen und füllt sie aus. Da die meisten Vulkane in Zonen aktiver Tektonik liegen, ist der Schluss naheliegend, dass das Magma den Weg nach oben wie durch ein Labyrinth nimmt, dessen Gänge ständig in Bewegung sind, weil sich die Mauern verschieben und so den Weg entweder verschließen oder freigeben. Einmal ist jedoch der Punkt erreicht, an dem das Magma nur noch von Gestein mit ähnlicher Dichte wie der eigenen umgeben ist. Dadurch vermindert sich der Auftrieb und kommt schließlich zum Stillstand. Noch nicht alle kleinen Risse (Brüche, Blasen und Bläschen etc.), die natürlicherweise in einem Oberflächengestein vorhanden sind, haben sich in dieser Tiefe unter dem lithostatischen Druck geschlossen. Bei gleichgebliebener Masse nimmt das Gestein nun einen viel größeren Raum ein und seine Dichte – sein Massevolumen – nimmt ab. Ein Gleichgewicht stellt sich bei basaltischen Magmen, wie man sie von den großen ozeanischen Schildvulkanen mit ihrer mittleren Dichte von 2,6 bis 2,7 kennt, in einer Tiefe zwischen 2 und 7 km her. Hier sollen nach der allgemeinen Vorstellung auch die Magmenkammern unter den Schildvulkanen Hawaiis – z. B. des Kilauea – oder des Piton de la Fournaise liegen.

Die Magmenkammern

Für die diversen Ausformungen des Vulkanismus auf der Erdoberfläche haben diese großen Kammern zentrale Bedeutung. Sie bilden den Schmelztiegel, in dem primäres Magma sich in eine Vielzahl magmatischer Flüssigkeiten ausdifferenziert.
Geologen unterscheiden als Ursache für die Differentiation drei Haupttypen von Ereignissen:

- Fraktionelle Kristallisation gründet auf der Tatsache, dass bei verschiedenen Temperaturen sich unterschiedliche Kristalle herausbilden. Abkühlungsexperimente mit synthetischem Magma im Autoklaven – der seine Existenz der Entwicklung spezieller Stahlsorten im Zweiten Weltkrieg verdankt – haben gezeigt, dass die in vulkanischem Gestein auffindbaren Kristalle nicht zur selben Zeit entstehen.
  Bei den höchsten Temperaturen kristallisieren Olivine und Pyroxene, dann folgen Hornblende (Amphibole) und Glimmer (Mika), die so eine sehr eisen- und magnesiumhaltige Mineralserie der Silikatfamilie bilden, ferromagnetische Minerale genannt.
- Eine Kristallisation ganz anderer Art ergibt sich für Silikate, die reich an Kalzium und Natron sind: Kalknatronfeldspäte (Plagioklase). Der an Kalzium reichste Plagioklas, der sogenannte Anorthit (Kalkfeldspat), tritt bei hohen Temperaturen auf; sein natronhaltiges Gegenstück Albit (Natronfeldspat) bildet sich dagegen bei tieferen Temperaturen.
  So sind Olivine (oder Perodite), Pyroxene und Anorthit die ersten Kristalle, die bei den hohen Temperaturen in den Magmenkammern entstehen.
  Die Kristalle, die meist schwerer sind als die Flüssigkeit, trennen sich von ihr und sinken auf den Grund der Magmenkammer. Dort häufen sie sich und formen eine Art Kristallhügel – in diesem Fall aus

SCHEMATISCHE DARSTELLUNG EINER MAGMENKAMMER

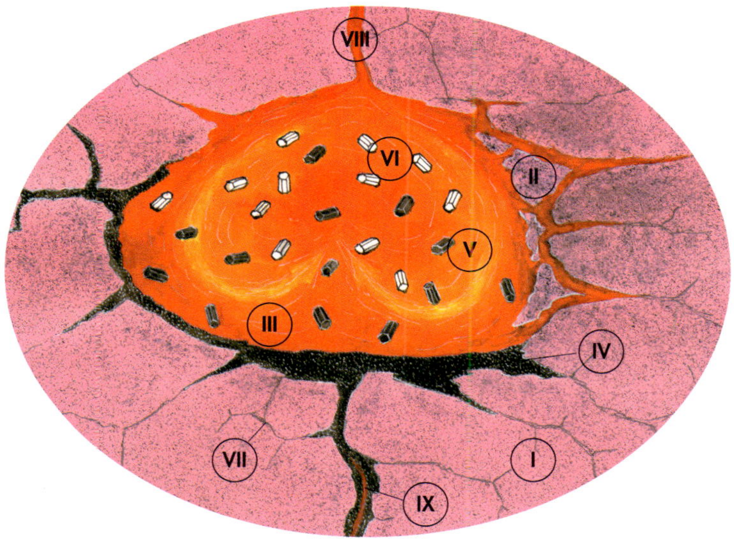

I – »Ummantelung« Gestein, in dem sich die Magmenkammer gebildet hat.
II – Fragment des umgebenden Gesteins. Es kann eine »Kontamination« des Magmas bewirken und dadurch dessen Zusammensetzung verändern. So kann z. B. ein an Kieselsäure reicher Granit das Magma saurer werden lassen.
III – Im Magma erfolgt eine thermische Umwälzung und Konvektionszellen (dargestellt als Pfeile) bilden sich im Innern der Kammer.
IV – Eine Ansammlung der schwersten Kristalle (schwarz, V) lagert sich auf dem Kammerboden oder an den Kammerwänden ab. Diese Anhäufung verfestigt sich beim Kontakt mit dem kälteren Gestein. Leichtere Kristalle (weiß, VI) steigen auf und bilden oben einen Film.
VII – Brüche im Gestein der »Ummantelung«.
VIII – Ableitung, durch die sich die Magmenkammer entleert (Vulkanschlot).
IX – Förderröhre, durch die das Magma in die Kammer gelangt. Weitere Magmenzufuhr ist noch möglich, sodass sich das Eruptionspotential des vulkanischen Gebildes erneuern kann.

Olivinen, Pyroxenen und Anorthiten – in dem Eisen, Magnesium und Kalzium konzentriert sind. Bei diesem Trennungsprozess vermittels teilweiser Kristallisation hat sich die Flüssigkeit stärker differenziert, und man bezeichnet den Vorgang als »fraktionelle Kristallisation«.

- In einigen Fällen ist die Dichte der Plagioklase nicht so groß wie die der Flüssigkeit, in der sie entstehen; in diesem Fall trennen sie sich von den schwereren Kristallen der ferromagnetischen Silikate und bilden eine gleichsam unter der Decke der Magmenkammer »schwimmende« Ansammlung.

Magmenvermischung
Wenn in höher gelegene Magmenkammern schon differenziertes Magma einfließt, lässt sich auf eine tief (im Übergang von der Kruste zum Mantel) gelegene Kammer schließen, doch können höher gelegene Kammern auch primäres Magma zugeführt bekommen. In beiden Fällen tragen die Magmenmischungen meist zu einer Homogenisierung der Geochemie in der neu gebildeten Flüssigkeit bei und entwickeln nur selten einen höheren Kieselsäuregehalt.

Kontamination der Kruste
Kontamination meint den direkten Kontakt des Magmas mit den Wänden der Magmenkammern. Diese sind nicht immer stabil, denn durch die Fluide magmatischen Ursprungs werden sie sehr hohen Drücken und Temperaturen ausgesetzt. Daher geschieht es nicht selten, dass sich ganze Seitenflächen aus dem Kammergestein lösen und vom Magma assimiliert werden.
Diese manchmal gewaltigen Massen reichern das in der Kammer vorhandene Magma mit ihren chemischen Elementen an. Wenn sich primäres basaltisches Magma einen Granitblock einverleibt, der 70 % Kieselsäure (SiO_2) enthält, wird es mit Kieselsäure »kontaminiert« und bildet eine differenziertere Zusammensetzung.
In Wirklichkeit sind die chemophysischen Vorgänge in den Kammern natürlich noch weitaus komplexer.
Aus dieser Stratifikation – bzw. geschichteten Anhäufung der Magmen in der Kammer gemäß ihrer Dichte – erklären sich der Ausstoß unterschiedlicher Magmentypen sowie die jeweils variierende eruptive Dynamik. Kurz vor einer Eruption, der letzten Phase der Magmenförderung, kann sich unter dem Druck der Gase, d. h. der flüchtigen, in Silikatflüssigkeit gelösten Bestandteile, das Volumen der oberen Kammer ausdehnen. Dieser Druck bewirkt an der Erdoberfläche messbare Verformungen, die es gestatten, den Eruptionszeitpunkt mehr oder weniger präzise vorauszusagen. Diese Warnsignale kann man bei basaltischen Schildvulkanen, deren schwache Magmen-Differentiation nur wenig Einfluß auf die eruptive Dynamik hat, relativ gut deuten. Dies gilt dagegen nicht für andesitische Stratovulkane, denn deren Magmen sind stärker differenziert, und ihre selteneren, aber heftigeren Ausbrüche erschweren Beobachtungen und Rückschlüsse auf die Magmenkammern. ■

DIE KARBONATITE DES OLDOINYO L'ENGAI

Das ostafrikanische Rift ist für seinen alkalinen Vulkanismus bekannt. Vulkane wie der Nyiragongo, der Nyamuragira, der Erta Ale und viele andere sind für oft eindrucksvolle Eruptionen berühmt, die aus ihren besonders leichtflüssigen basischen Magmen resultieren. Der Oldoinyo L'Engai in ihrer Nachbarschaft stellt allerdings eine eigentümliche Ausnahme dar: Er produziert als einziger karbonatische Magmen.

Der Kieselsäuregehalt der Magmen ist für den Oberflächenvulkanismus von entscheidender Bedeutung, denn selten bestehen die Magmen aus weniger als 49 % Kieselsäure. Wie sooft, gibt es jedoch auch hier Ausnahmen von der Regel. An der Erdoberfläche trifft man relativ selten auf karbonatische Magmen. Sie enthalten nicht mehr als 3 % Kieselsäure und bestehen hauptsächlich aus Kalzium (etwa 30–45 % Ca), das sich mit Kohlendioxid (CO_2) zu Kalziumkarbonaten (Kalzit oder Dolomit) verbindet, die den Karbonatit-Laven ihren Namen gegeben haben.
Diese magmatischen Flüssigkeiten gehören immer der alkalinen Folge an (s. S. 88–89), ihr Ursprung ist jedoch noch sehr umstritten. Man zieht drei Möglichkeiten in Betracht: eine partielle Schmelze im oberen Mantel (s. S. 88–89), eine Differentiation durch fraktionierte Kristallisation (s. S. 94–95) oder ein Ausbleiben der Vermischung zum Zeitpunkt der Magmenvermengung (s. S. 94–95). Fest steht jedenfalls, dass Karbonatite nur selten und sporadisch auftreten, v. a. in Kanada und Südamerika bei derzeit ruhenden Vulkanen.
Heute produziert ein einziger aktiver Vulkan diesen Lava-Typ: der Oldoinyo L'Engai. Er liegt im ostafrikanischen Rift in Tansania. Seine Karbonatite sind sehr dünnflüssig, trotz ihrer niedrigen Temperatur (ca. 300 °C). Sie glühen kaum und erscheinen beim Austritt schwarz. Kühlen sie sich ab, werden sie weiß wie Kalziumkarbonate sedimentären Ursprungs. ■

Lava-Seen, Lava-Ströme und Lava-Fontänen (hier auf dem Nyamuragira, Republik Kongo) sind typische Erscheinungen vulkanischer Aktivität im ostafrikanischen Rift. Magmen werden aus alkalinen Silikaten produziert.

Auf dem Gipfel des Oldoinyo L'Engai treten Karbonatite schwarz wie Rohöl aus. Sie sind äußerst leichtflüssig und bringen Formen hervor, die an die Ströme von Pahoehoe-Lava erinnern. Innerhalb einiger Tage oder Wochen kühlt die dunkle Masse ab und färbt sich weiß.

VULKANERUPTIONEN UND ERUPTIONSMECHANISMEN

Die Lebensäußerungen eines aktiven Vulkans reichen vom leisen Fauchen der Fumarolen bis zum Donnergrollen großer Eruptionen. Wie einen Kranken horcht man ihn ab, um seinen Krisen vorzubeugen.

ERUPTIONS-MECHANISMEN

Vulkanologen fassen unter dem Begriff »vulkanische Eruption« zwei sehr unterschiedliche Phänomene zusammen:
- ein explosives Phänomen und
- ein effusives Phänomen.

Eine Eruption ereignet sich, wenn Magma bis an die Erdoberfläche aufsteigt. Dieses Magma besteht aus einem Bad geschmolzener Silikate (einem Brei aus Gestein), in dem Gase gelöst sind. Beide Komponenten sind wesentlich für das Verständnis der eruptiven Mechanismen.

Die Rolle der Gase

Solange sich das Magma in einer tiefgelegenen Kammer (s. S. 94–95) befindet, ist es dem großen Druck der Wände ausgesetzt. Man nennt diesen Druck, der aus dem Gewicht des Gesteins resultiert, lithostatischen Druck. Natürlich nimmt er in den Aufstiegskanälen in dem Maße ab, wie sich das Magma der Oberfläche nähert. Schon in verhältnismäßig geringer Tiefe (ca. 500 m im Falle der Pinatubo-Eruption von 1991) beginnt das im Magma eingeschlossene Gas Blasen zu bilden, die auf dem Weg nach oben immer größer und zahlreicher werden.
Zugleich wächst der Innendruck, bis er in Kraternähe groß genug wird, um die Lava zu dissoziieren und sie brockenweise in einer Explosion auszuwerfen.
Vulkanologen ist mithin wohlbekannt, dass Gase die explosive Dynamik auslösen. Allerdings zeigen Untersuchungen von Eruptionen vor Ort eine große Vielfalt an Explosionstypen. Aus den Gasen allein lässt sich der Unterschied etwa zwischen den rötlichen Lava-Fontänen Hawaiis und den großen plinianischen

**Typische Rauchsäule eines aktiven Vulkans, wie hier nach der Eruption des Kelut am 10. Februar 1990 im Zentrum Javas, Indonesien (oben).
Sie besteht hauptsächlich aus Wasser (60 bis 90 %). Zwei weitere wichtige Bestandteile sind, nach der Häufigkeit ihres Vorkommens: Kohlendioxid (CO_2) und Schwefeldioxid (SO_2), abgesehen von noch etwa 20 selteneren chemischen Verbindungen. Die Gasemissionen über dem Gipfel des Merapi auf Java, Indonesien (links), belaufen sich jährlich auf 8,7 Mio. t flüchtiger Materie. Die Entgasung erweist sich damit als die bedeutsamste vulkanische Aktivität. Der Ätna (Sizilien, Italien) stößt pro Jahr bis zu 70 Mio. t aus.**

Vulkanausbrüche setzen oft mit einer explosiven Phase ein, auf die nach Entgasung der Magmen ein Austritt von Lava-Strömen folgen kann, wie hier an den Hängen des Ätna bei seiner Eruption 1991–1992 (rechts). Manche sehr dünnflüssige Basaltströme können sich mehrere Dutzend Kilometer vom Ort ihres 100Austritts entfernen und Fließgeschwindigkeiten von mehr als 80 km/h erreichen. Immer jedoch kühlt der Lava-Strom schließlich aus (unten).

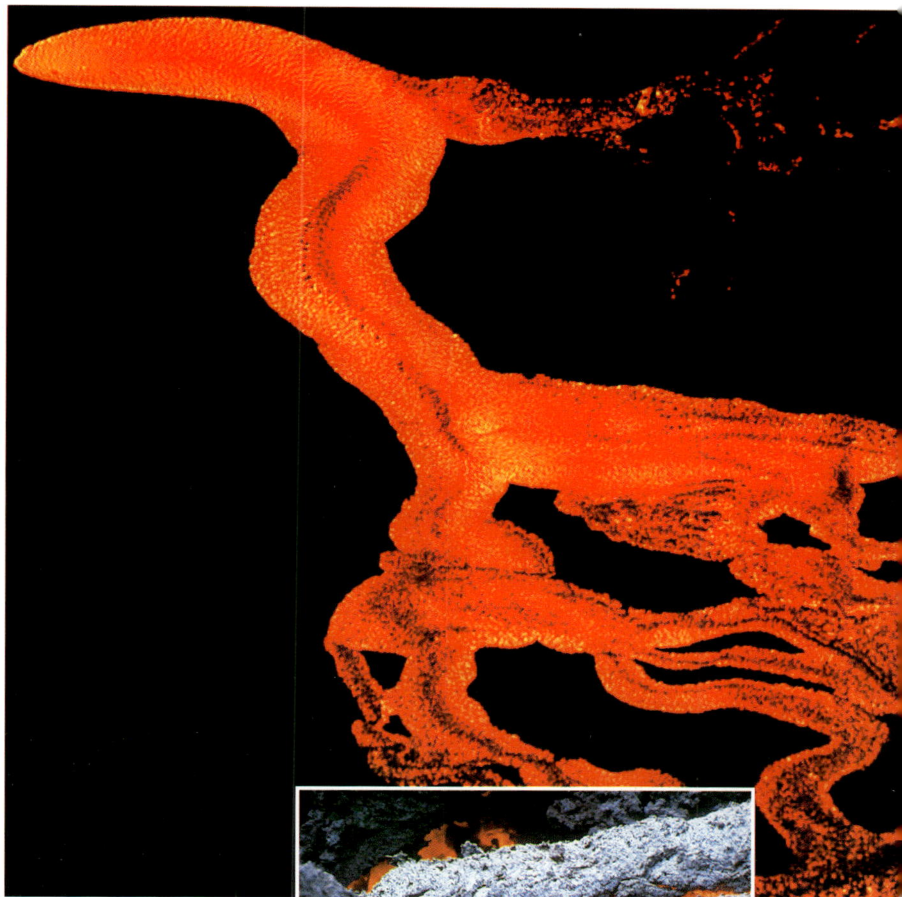

Rauchsäulen, die manchmal bis in eine Höhe von mehr als 40 km über dem Krater aufsteigen, nicht erklären. Zum besseren Verständnis ihrer Bedeutung kann man sich ein einfaches Experiment mit einer Champagnerflasche vorstellen. Erhitzt oder schüttelt man eine Flasche mit einem kohlensäurehaltigen Getränk, so schießt der Korken explosionsartig in die Luft, und ein Teil des Inhalts tritt aus. Zwar gleicht der »Eruptionsmechanismus« einer Champagnerflasche dem einer vulkanischen Eruption, doch endet hier auch der Vergleich, denn die Dünnflüssigkeit des Champagners unterscheidet sich deutlich von der starken Viskosität der Magmen. Hier entscheidet die Dünnflüssigkeit der Silikat-Bäder, in die die Gase eingeschlossen sind, darüber, wie schnell die Gase austreten können.

Die Bedeutung des Silikat-Bads

Das Silikat-Bad wird nach seiner Entgasung zu dem, was wir schließlich »Lava« nennen. Es besteht im Wesentlichen aus Kieselsäure, deren Anteil weitgehend seine Leichtflüssigkeit bestimmt. Dieser Zusammenhang lässt sich mit Sirup vergleichen, in dem Zucker die Rolle der Kieselsäure übernimmt. Erhöht man den Zuckeranteil im Sirup, wird er dicker und zähflüssiger. Ebenso werden Laven umso zähflüssiger, je mehr Kieselsäure sie enthalten, denn diese erhöht die Viskosität. Daher sind basaltische Magmen vergleichsweise dünnflüssig, weil sie nur einen niedrigen Kieselsäureanteil (etwa 50%) besitzen und ihre Austrittstemperatur hoch ist (ca. 1000 °C). Ganz anders dagegen die rhyolitischen Magmen: Sie sind reich an Kieselsäure (bis über 70%) und »kühler« (etwa 700 °C), somit zähflüssiger und kaum in der Lage, Lava-Ströme zu bilden. In kieselsäurereichen Magmen bleiben Gase gebunden. Blasen, die sich bilden, können nicht wie in einem perlenden Champagnerglas an die Oberfläche steigen. Nur wenn sich der innere Druck stark erhöht, können die Gase freigesetzt werden. Dabei wird die Lava buchstäblich pulverisiert und steigt als eindrucksvolle Rauchsäule mehrere Kilometer über dem Vulkan in die Höhe.

Ist das Magma hingegen arm an Kieselsäure, erhöht sich seine Dünnflüssigkeit, und die Blasen können an die Oberfläche aufsteigen, wo sie zerplatzen und glühendheiße Lava in die Umgebung des Vulkans ausstoßen oder in extremen Fällen als mehrere Hundert Meter hohe Lava-Fontänen austreten. Zwischen äußerst dünnflüssigen und extrem zähflüssigen Magmen gibt es zahllose Zwischenstufen, denen jeweils eine immer größer werdende Explosivität korreliert. Mit der vollständigen Entgasung des Magmas endet auch seine Explosivität. Das Magma wird effusiv. Aber auch in diesem Fall kann sich nur dann ein Lava-Strom bilden, wenn die Materie entsprechend dünnflüssig ist. Ist sie es nicht, entsteht in der Förderröhre oder im Vulkankrater ein Pfropf aus dichter Lava, der sich zu einer domartigen Staukuppe oder einer Felsnadel ausbildet.

Zwischen den beiden Extremen einer äußerst dünnflüssigen und einer viskosen Lava gibt es eine Vielzahl von Übergängen, die aus der Viskosität der primären Magmen resultieren. ■

ERUPTIVE DYNAMIK

An Wasser gebunden

Bei Eruptionen unter der Wasseroberfläche wie der auf der Insel Surtsey (1963) wird die überragende Rolle von Wasser bei Kontakt mit Magma deutlich. Das überhitzte Wasser verdampft, und die dabei erzeugte Energie erhöht das explosive Potential des Ausbruchs. Das Wasser kann dabei aus dem Meer stammen, phreatisch sein oder einfach zum Inhalt eines Sees oder eines Fließgewässers gehören. Die Gesamtheit aller deutlich explosiven Mechanismen, die beim Zusammentreffen von Wasser und Magma in Gang gesetzt werden, bezeichnet man als Hydrovulkanismus.

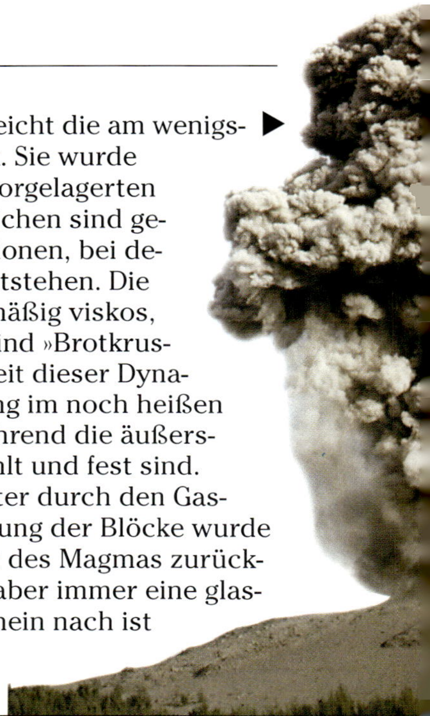

Die Vulcano-Dynamik ist vielleicht die am wenigsten exakt definierte Dynamik. Sie wurde nach dem der Insel Sizilien vorgelagerten Vulcano bezeichnet. Kennzeichen sind gewaltige, rhythmische Explosionen, bei denen geschlossene Schlote entstehen. Die freigesetzten Magmen sind mäßig viskos, typische Auswurfprodukte sind »Brotkrustenbomben«. Die Besonderheit dieser Dynamik liegt an der Blasenbildung im noch heißen und plastischen Inneren, während die äußersten Bereiche bereits abgekühlt und fest sind. Diese »Schale« zerbricht später durch den Gasdruck. Die partielle Verfestigung der Blöcke wurde lange auf die hohe Viskosität des Magmas zurückgeführt, die Krusten weisen aber immer eine glasartige Härte auf. Allem Anschein nach ist für die Erklärung dieser Dynamik die Anwesenheit von Wasser erforderlich. ▶

◀ **Die Surtsey-Dynamik** beschreibt untermeerische Eruptionen, die sich wenige Meter unter der Wasseroberfläche ereignen. Sie führt zu Explosionen, die durch Rauchwolken in Zypressenform charakterisiert sind, einen hohen Wasserdampfgehalt und Bruchstücke von Lava aufweisen, die beim Kontakt mit Wasser erstarrt sind. Die Dynamik wurde nach der 1963 erfolgten Eruption auf der Insel Surtsey bezeichnet, wo das Phänomen zuerst studiert wurde. Typische Formen sind Tuffkegel, die schließlich das Magma von der Wasserquelle isolieren und zu einer Dynamik überleiten, die nur auf magmatischen Eigenschaften beruht.

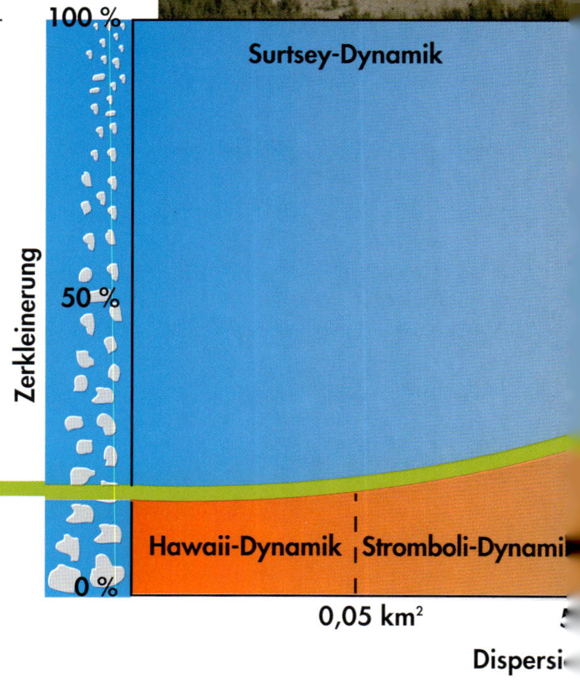

An Gase gebunden

Die Begriffe Hawaii-, Stromboli-, Vulcano-, Plinius- und Pelée-Dynamik sind mittlerweile in den allgemeinen Sprachgebrauch übergegangen. Sie wurden erstmals zu Beginn des 20. Jh. in der Klassifikation von Lacroix genannt, dem französischen Vulkanologen, der zusammen mit anderen Wissenschaftlern eine bemerkenswerte Arbeit über den 1902 erfolgten Ausbruch des Mont Pelée (Martinique) veröffentlichte. Die genannten Begriffe beschreiben Typen von Vulkanen, deren Aktivität von der Hawaii- bis zur Plinius-Dynamik zunimmt. Diese Begriffe sind geblieben, bezeichnen aber seither eher eruptive Mechanismen, die je nach Grad der Zerkleinerung des Magmas und Verteilung der Tephra (vulkanische Auswurfprodukte) definiert werden. Beide Parameter ermöglichen eine Berücksichtigung des Einflusses der Gase, der Gestalt der Lava und der freigesetzten Energie.

Die Hawaii-Dynamik wird durch kontinuierliche Emissionen von Laven und Gasen charakterisiert, die als Lava-Fontänen erscheinen. Die Zerkleinerung und die räumliche Verteilung der Auswurfprodukte sind gering, und die Fetzen von noch heißer Lava fallen um die Austrittsstellen herab und bilden Schweißschlackenkegel. Die damit verbundenen effusiven Erscheinungen sind ausgedehnte Fließströme von Lava, wie die Pahoehoe-Laven an den Hängen des Kilauea am Mauna Loa in Hawaii. Die Lava kann aber auch in den Kratern zurückgehalten werden, wo sie dann eindrucksvolle, aber sehr selten auftretende Lava-Seen bildet.

▶

Die phreatomagmatische Dynamik, ▶ wie sie etwa bei den Puys im französischen Zentralmassiv auftritt, basiert auf dem Vorhandensein von Wasser, das phreatisch ist oder an der Oberfläche vorkommt. Die Explosionen sind gewaltig, da der Kontakt zwischen Wasser und dem Magma in einer Tiefe von mehreren Hundert oder Tausend Metern erfolgt. Die Dynamik erzeugt große, trichterförmige Schlote; sie durchschneiden die umgebenden Gesteine wie eine Lochzange und setzen sich an der Oberfläche in einem ausgedehnten Krater fort, der von einem kreis- oder halbkreisförmigen Wall aus Tuff umrahmt wird – diese Formen werden Maare genannt.

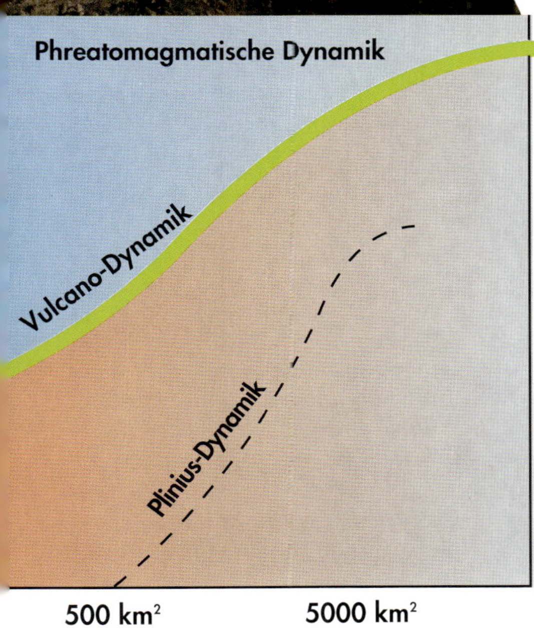

Die Stromboli-Dynamik verdankt ihren Namen dem Stromboli, einem markanten Vulkan vor Sizilien. Typisches Kennzeichen sind rhythmische Explosionen. Die Stromboli-Dynamik kommt auf der Erde am häufigsten vor; dementsprechend weit sind die Schlackenkegel verbreitet, wie etwa im französischen Zentralmassiv. Diese Kegel bilden sich durch die Ablagerung von Bruchstücken fließfähiger Lava, die während ihrer Bewegung aushärten. Gelegentlich treten sie aber auch im Verbund mit Fließströmen von zähflüssiger Aa-Lava auf.

▶

Die Plinius-Dynamik umfasst eine Gesamtheit von Erscheinungen katastrophalen Ausmaßes. Sie wurde nach Plinius dem Jüngeren benannt, der den 79 n. Chr. erfolgten Ausbruch des Vesuvs beschrieb. Die Dynamik basiert auf silizium- und gasreichen Magmen. Die Explosionen führen zur Bildung von kolossalen Rauchwolken, die als Plinius-Säulen bezeichnet werden; sie breiten sich durch Streuung der leichtesten Bestandteile bis in Höhen von mehreren Kilometern aus. Ihre typische Form erinnert an Pinien, wie bei dem Ausbruch des Mount Saint Helens (USA, 1980), des Pinatubo (Philippinen, 1991) oder des Rabaul (Neuguinea, 1994).

Die Pelée-Dynamik kommt durch viskoses Magma in Gang, das die Erdoberfläche erreicht, dort abgelagert wird und an den Austrittsstellen Lava-Dome oder Pfropfen bildet. Die Zerstörung kann das Phänomen der Glutwolken hervorrufen. Diese Glutwolken und das Auftürmen von gewaltigen Rauchsäulen bilden eine Form sehr schnell ablaufender Auswürfe, die Geschwindigkeiten von 75 bis 300 km/h erreichen und unter dem Namen pyroklastische Ströme (»pyro« – durch Feuer entstanden; »klastisch« – zerbrochen) zusammengefasst werden; sie haben ein hohes Zerstörungspotential. Diese Phänomene entstehen aus einer Mischung von Gasen, festen Partikeln, Asche und mehr oder weniger bläschenartigen Stücken. Die Ströme verhalten sich dabei wie gigantische Aerosole, die auf ihrem Weg die Atmosphäre reinigen. ▼

DIE AUSWURF-PRODUKTE

Die Vielfalt vulkanischer Auswurfprodukte ergibt sich aus dem Grad der Viskosität der Laven und dem Gasgehalt der Magmen. Die nicht überprägten Vulkane, die bei einem einzigen Wirken eruptiver Dynamik entstanden sind, besitzen charakteristische Formen, was auch auf ihre Auswurfprodukte zutrifft. Somit ist es schwierig, alle Ausprägungen vorzustellen, zumal die Abgrenzungen z. B. zwischen zwei Kegeltypen nicht immer klar sind. Im Allgemeinen basiert das Prinzip jedoch auf dem Siliziumgehalt – mit zwei Ausnahmen: dem Hydrovulkanismus und dem submarinen Vulkanismus.

Explosiv

Stark fließfähig

Schweißschlackenkegel (Hawaii-Dynamik)

Fetzen heißer, fließfähiger Lava verbinden sich und werden um die Austrittsstellen abgelagert, wo sie einen Schweißschlackenkegel (a) bilden. Die Gestalt der Auswurfprodukte ergibt sich aus der extremen Fließfähigkeit. Bei einem kurzen Weg durch die Luft ist die Zerkleinerung nicht sehr stark; das auf den Boden gelangte »Lava-Paket« wird flächig abgelagert (»Fladenbomben«). Bei längeren Wegen bilden die fest gewordenen Lava-Fetzen »Streifenbomben« (b). Bei mächtigen Lava-Fontänen des Hawaii-Typs werden glutflüssige Partikel bis zu mehrere Hundert Meter hoch ausgeworfen und ziehen eine Kette glasiger Basaltschmelze nach sich. Die Auswurfprodukte erstarren in Form von Tropfen oder Nadeln (wie beim Pélée).

Mäßig fließfähig

Schlackenkegel (Stromboli-Dynamik)

Schlackenkegel (a) sind Ansammlungen von Blöcken, Schlacke, Bomben und kieselgroßen Lapilli um einen Krater. Diese Ausprägung kommt auf der ganzen Welt am häufigsten vor; sie tritt oft bei komplexen Vulkanen auf, z. B. den sogenannten parasitischen Kegeln. Die Formen werden auch als Stromboli-Kegel bezeichnet. Gelegentlich rotieren die Auswurfprodukte schnell um ihre Achse und verändern dabei ihre Gestalt: Dies führt zur Entstehung der sogenannten »Spindelbomben«.

Effusiv

Pahoehoe-Lava

Der aus dem Hawaiianischen stammende Begriff »pahoehoe« bezeichnet ausgedehnte Lava-Ströme mit glatter Oberfläche. Ihr Fließverhalten ist vergleichbar mit dem von Karamel. Sie können sich in Form fester Decken ablagern, die in manchen Fällen zerknittert sind und dann Streifenlaven bilden. Mit zunehmender Entwicklung entstehen durch Verzweigungen und Verästelungen weitere charakteristische Typen wie fladen- und wulstförmige Laven.

Aa-Lava

Der Zusatz »Aa« wird zur Charakterisierung von Laven mit brüchiger Oberfläche verwendet. Sie bildet schlackige Ablagerungen, die mehrere Meter dick sein können. Die Bewegung dieser Laven entspricht der von Gleitketten eines Kampfpanzers. Aa-Laven treten oft gemeinsam mit Pahoehoe-Laven auf und können nach Eruptionen die Kennzeichen des jeweils anderen Typs annehmen.

Das Zusammentreffen | **Mäßig fließfähig**

Mäßig viskos

Explosionskrater (Vulcano-Dynamik)

a

Aufgrund der Viskosität dieser zusammen mit Wasser auftretenden Magmen entstehen relativ intensive explosive Erscheinungen. So werden z. B. ausgedehnte, schalenförmige Krater gebildet, die wesentlich breiter als tief sind.

Die Auswurfprodukte solcher sogenannter Vulcano-Eruptionen sind Bomben mit glasiger Oberfläche und breiartigem Innerem. Dem Aufprall einer solchen Bombe folgt die Ausdehnung der enthaltenen Gase, und die Oberfläche platzt unter dem inneren Druck. Deshalb werden diese Produkte auch als »Brotkrustenbomben« bezeichnet.

Stark viskos

Variable Vulkane (Pelée- oder Plinius-Dynamik)

a

b

Hier sind die Magmen immer an Stratovulkane, das sind extrem beständige Formen, gebunden. Sie setzen mächtige Plinius-Säulen frei, die nach ihrem Niedergang als Asche (a) Flächen von mehreren Hundert Quadratkilometern bedecken können. Als Auswurfprodukte entstehen Bimssteine.

Ist der Krater durch einen Pfropfen verstopft, erfolgt die Eruption gelenkt und betrifft nur einen Teil des Vulkans (b).

Hydrovulkanismus

(Phreatomagmatische und Surtsey-Dynamik)

b

a

Das Zusammentreffen von Wasser und Magma führt zu gewaltigen Explosionen. Beim Kontakt in größerer Tiefe entstehen als typische Formen Maare (a), die von einer ausgedehnten, kreisförmigen Rinne ausgehen. Bei höher anstehendem Wasser und entsprechend höher stattfindender Explosion entstehen hyaloklastische Tuffkegel.

In beiden Fällen weichen die Magmen beim Kontakt mit dem Wasser auf und nehmen gewellte Formen an, die als »Blumenkohlbomben« (b) bezeichnet werden.

Blocklava

Die Kennzeichen dieser Laven ähneln denen der Aa-Laven. Die Ablagerungen sind jedoch nicht schlackig, sondern eckig und haben oft glasigen Charakter. Vor allem Obsidiane bilden diesen Lava-Typ.

Mäßig viskos

Dome und Nadeln

Bei den sogenannten extrusiven Erscheinungen ist die Beweglichkeit stark eingeschränkt. Je nach Fließfähigkeit gibt es drei Arten von Extrusionen. Lava-Dome haben eine kuchenartige Form; Pelée-Dome sind viskoser und breiten sich nicht aus; am spektakulärsten sind zweifellos Nadeln, wie die des 1902 ausgebrochenen Pelée (links).

Stark viskos

Kissenlava

Der Lava-Austritt unter Wasser führt zur Entstehung von Kissenlava – benannt nach der Form, die sich aus der Bewegung ergibt (s. S. 80–83). Die Kissen bilden sich durch Erkalten des äußeren Teils bei Kontakt der Lava mit Wasser. Mit zunehmendem Druck erhält das Kissen Schwundrisse, wobei eine andere Schicht der ursprünglichen »Zwiebelstruktur« erscheint. Diese umfasst noch andere Kissen, und die Lava entwickelt sich durch weitere Anlagerung von Schichten.

Submariner Vulkanismus

ENTWICKLUNG EINES ANDESITISCHEN STRATOVULKANS

Die Gestalt der Oberfläche eines Vulkans ist das Ergebnis einer langen physio-chemischen Entwicklung des Magmas in der Tiefe. Die Mechanismen, die zur Entstehung einer vulkanischen Form führen, spiegeln die langsame Entwicklung wider, die der Bildung des Vulkans vorausgeht und während eines großen Teils seiner aktiven Periode weitergeführt wird. Im Gegensatz zu den äußerst kurzlebigen Vulkanen (mit einer Lebensdauer von einigen Stunden bis zu wenigen Jahren), die nur durch eine einzige spezifische Dynamik entstehen, sind Stratovulkane beständige Formen (mit der Lebensdauer von einigen Zehntausend bis mehreren Millionen Jahren); die ihre Entwicklung steuernde Dynamik wechselt in Abhängigkeit von den an die Oberfläche gelangenden Magmen. »Zusammengesetzte« Vulkane können bis in Höhen von mehreren Tausend Metern emporragen, und ihre Formen sind komplexer, als die einfacher Kegel. Sie breiten sich über Flächen von mehreren Hundert oder Tausend Quadratkilometern aus. Diese Vulkane kommen auf der ganzen Erde am häufigsten vor. Man kann sie weltweit in zwei Typen gliedern:
- basaltische Schildvulkane;
- andesitische Stratovulkane.

Andesitische Stratovulkane entstehen im Bereich von Subduktionszonen. Die Entwicklung eines periodisch mit Magma aufgefüllten Stratovulkans kann anhand eines Modells in fünf Phasen schematisch wiedergegeben werden.

1. Frühstadium eines Vulkans: *Die Entstehung des Kegels ist an den Wechsel zwischen effusiver und explosiver Dynamik (Erguss- und Auswurfmaterial) gebunden.*

3. Postcalderische Aktivität; Entstehung von Domen: *Der Wechsel zwischen effusiver und explosiver Dynamik endet mit der Bildung von Domen und/oder viskosen Laven (Lava-Blöcken).*

Diese andesitischen Stratovulkane weisen typische Formen auf. Es handelt sich um drei der 28 aktiven Vulkane auf der indonesischen Insel Java, einer der Großen Sundainseln. Die Kegel der Vulkane (von links nach rechts) Sumbing, Sundoro und Dieng ragen in den Himmel.

2. Entstehung einer Caldera: *Bei explosionsartiger Entladung einer oberflächennahen Magmakammer entsteht ein annähernd kreisförmiger Kraterkessel mit einem Durchmesser von mehr als 1 km: die Caldera.*

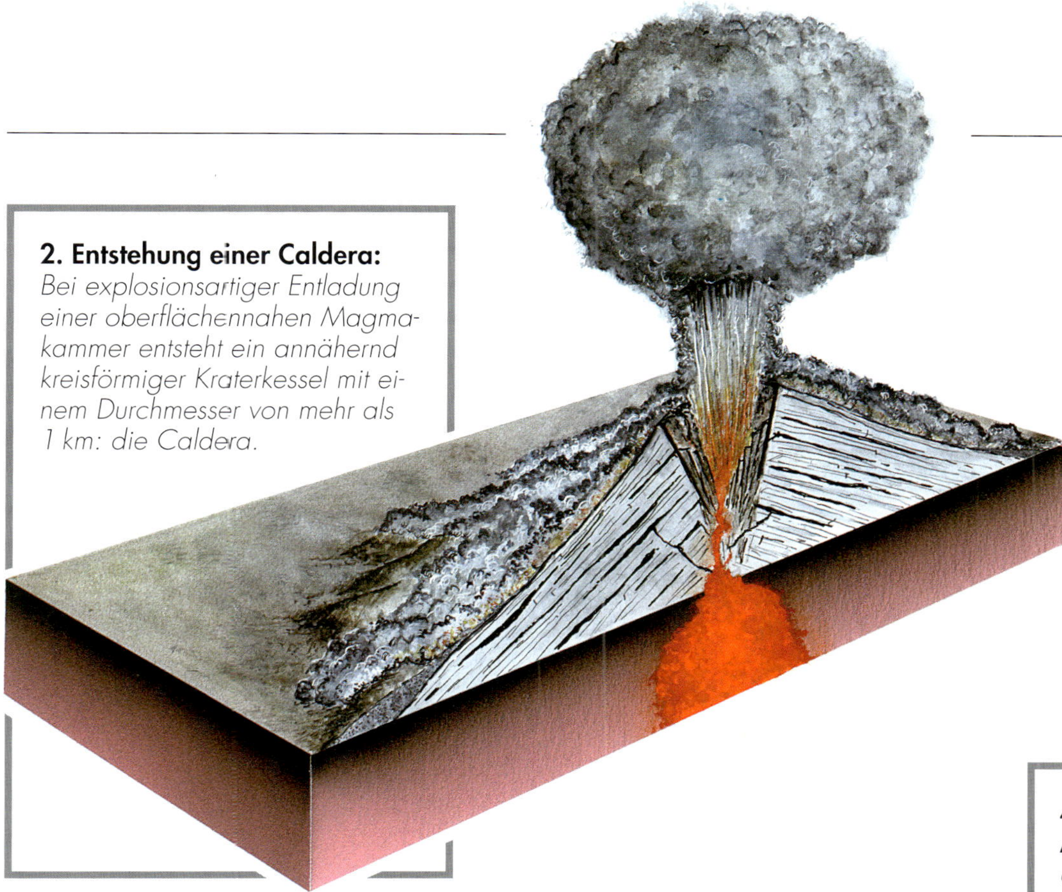

4. Postcalderische explosive Aktivität: *Diese Phase setzt mit der Zerstörung der Dome ein; sie wird geprägt durch eine Abfolge mehr oder weniger langer Phasen der Plinius-Dynamik mit Glutwolken.*

5. Endstadium des Kegels: *Seine Existenz beruht auf der Wiederauffüllung der Magmakammern. Dieses Stadium markiert die erste Etappe eines neuen eruptiven Kreislaufs. Das Modell umfasst einige Varianten wie die Bildung einer Einsturzcaldera. Sie entsteht dadurch, dass eine Flanke des Vulkans weggesprengt wird wie 1980 beim Mount Saint Helens (s. S. 129).*

ENTWICKLUNG EINES SCHILDVULKANS
(nach dem hawaiianischen Modell)

Schildvulkane verdanken ihre Entstehung vor allem überaus fließfähigen Laven (tholeiitische oder alkalische Basalte, s. S. 88–93); ihre maximale Hangneigung beträgt 10°. Die meisten Schildvulkane befinden sich im ozeanischen Milieu über Hot Spots, wie etwa in Hawaii. Daneben gibt es auch Schildvulkane, die im kontinentalen Milieu liegen, wie etwa Erta Ale oder Nyamuragira im ostafrikanischen Rift, oder noch zum ozeanischen Milieu zählen, wie in Island. Die größten Exemplare haben sich im Bereich von Hot Spots entwickelt. Der Mauna Loa erreicht eine absolute Höhe (vom Meeresboden bis zum Gipfel) von nahezu 9000 m und ein Volumen von rund 42 500 km². Diese enorme Masse bewirkt aufgrund ihres Gewichts eine Umformung des unterlagernden Meeresbodens (dieses Phänomen der Subsidenz wird in den Zeichnungen gegenüber stark überhöht dargestellt), was die Entwicklung des Vulkans in besonderem Maße prägt. Während der ersten vier Phasen beschleunigt sich die Subsidenz, und der Vulkan sinkt aufgrund seines eigenen Gewichts in den Meeresboden ein. Im weiteren Verlauf der Entwicklung des Schildvulkans verringert sich das Ausmaß der Subsidenz, die jedoch nicht endet. Einige dieser alten Schildvulkane erheben sich über den gegenwärtigen Meeresspiegel und bilden paradiesische Inseln, die als Atolle bezeichnet werden.

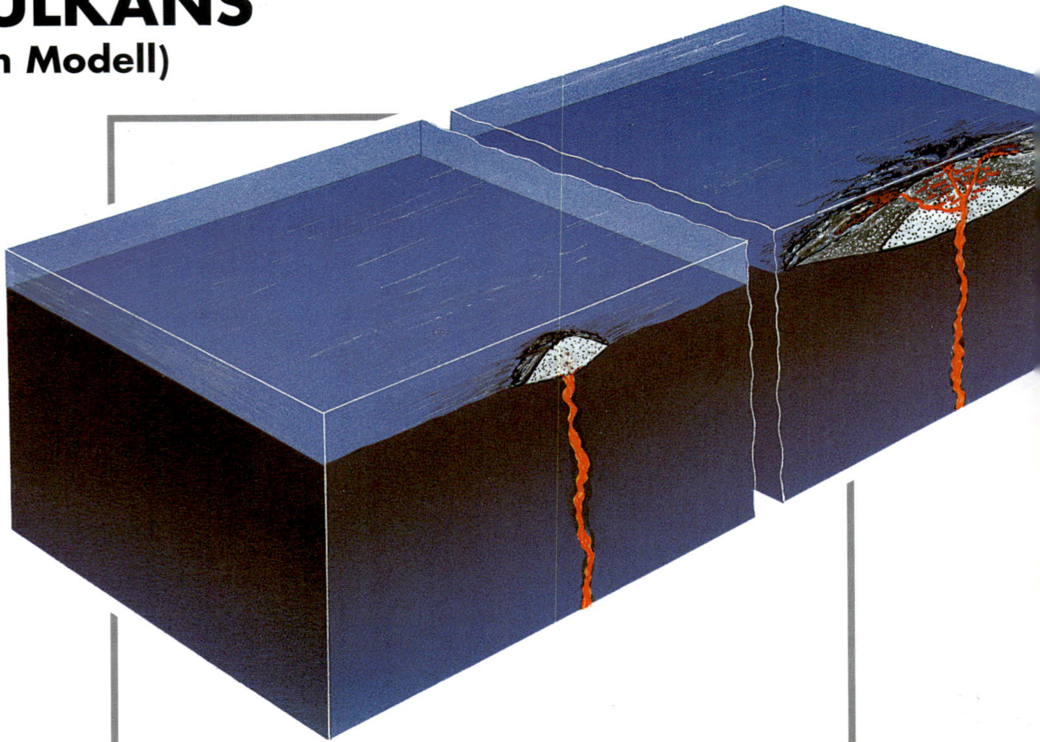

1. Initialstadium der Entstehung eines Vulkans: *Über diese submarin ablaufende Phase ist wenig bekannt; wahrscheinlich beruht sie auf dem Austreten alkalischer Laven.*

2. Submarine Phase der Entstehung eines Schildvulkans: *Die ausgetretenen Magmen ändern rasch ihre Gestalt und werden charakteristische Bestandteile des Meeresbodens (tholeiitische Basalte). Die Eruptionen laufen submarin ab, und der Vulkan entsteht vor allem durch Akkumulation von dichter, glasartiger Kissenlava oder einzelner Brocken dieses Lava-Typs, in manchen Fällen durch Ablagerung von Pahoehoe-Lava, in Ausnahmefällen von Aa-Lava. Während der gesamten submarinen Phase verhindert der gewaltige Druck der großen Wassermenge über dem Vulkan jegliche Form von Explosion.*

**Die Zeichnungen sind in der Vertikalen stark überhöht dargestellt. Dadurch erscheint das Phänomen der Subsidenz bedeutsamer, als es in Wirklichkeit ist.*

Charakteristisch für Schildvulkane wie den sich hier am Horizont abzeichnenden Kilauea (Hawaii) sind sanft geneigte Hänge und eine große Grundfläche.

3. Auftauchphase bei der Entstehung eines Schildvulkans: *Mit dem Auftauchen erfolgt das Austreten von Magma nahe der Oberfläche mit relativ schwachem Druck. Dies ist der Bereich explosiver Dynamik, einer Art Hydrovulkanismus, in dem hyaloklastische Erscheinungen eintreten.*

4. Über dem Meeresspiegel ablaufende Phase der Entstehung: *Die Ablagerung tholeiitischen Materials läuft über dem Meer weiter und führt meist zur Bildung von Pahoehoe- und Aa-Lava.*

Die enorme Masse eines Schildvulkans kann von der ozeanischen Lithosphäre nicht getragen werden; sie sinkt unter dem gigantischen Gewicht immer tiefer ein. In tropischen Regionen begleiten gerade noch über den Meeresspiegel ragende Korallengürtel die Vulkane (wie hier auf Bora Bora).

5. Phase der Wiederbedeckung: *Diese Phase markiert das Ende der Aktivität des Vulkans an einem Hot Spot. Sie wird durch den Rückgang der am weitesten differenzierten Laven (Hawaiite, Mugearite oder Trachyte) geprägt. Der Vulkan entfernt sich vom Hot Spot (s. Zeichnung S. 85), und die Magmakammern werden nicht mehr aufgefüllt.*

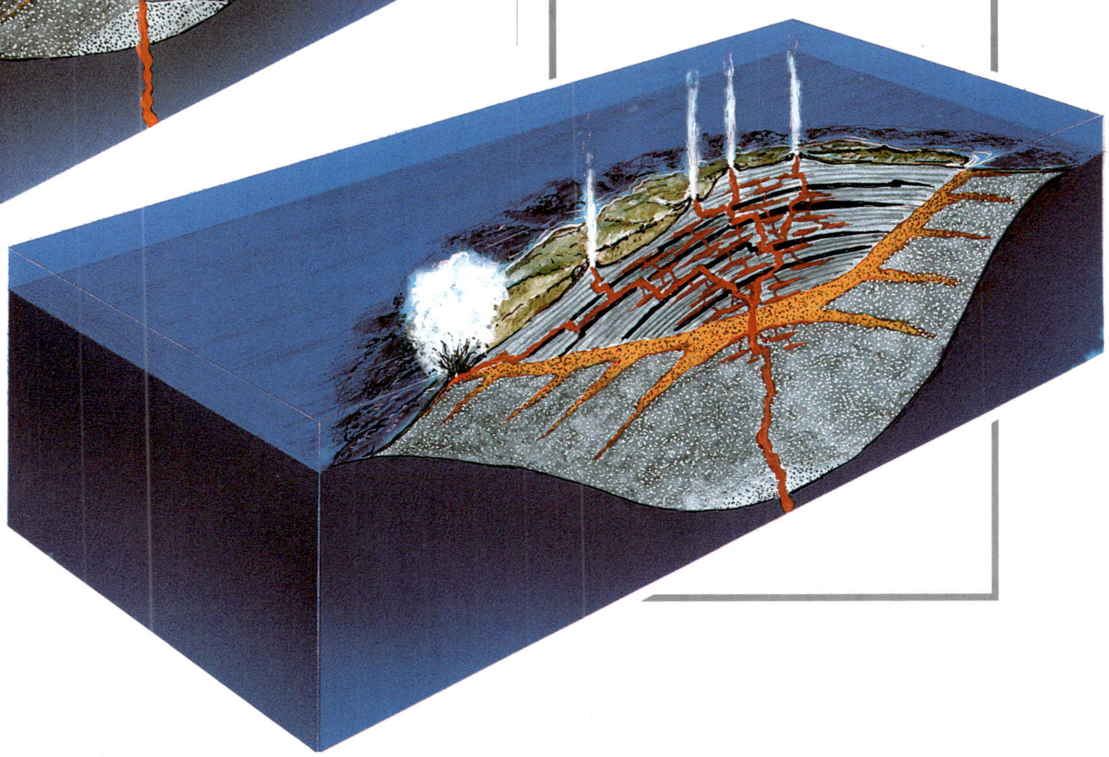

WEITERE VULKANISCHE ERSCHEINUNGEN

Eruptionen sind zweifellos die spektakulärsten Ausprägungen des Vulkanismus. Darüber hinaus gibt es weitere Phänomene, die auf vulkanischer Aktivität basieren.

Fumarolen und Solfataren

Zwischen zwei eruptiven Phasen tritt in manchen vulkanisch geprägten Gebieten Rauch aus, der aufgrund seines hohen Wasserdampfgehalts sichtbar ist. Dieses als Fumarole bekannte Phänomen kann von einem Ausbruch bis zur nächsten Eruption Bestand haben. Die häufig in Spaltensystemen auftretenden Fumarolen sind eine bereits gut erforschte Erscheinung. Das Zufließen neuen Magmas ändert die Zusammensetzung der Gase, erhöht die Temperatur und liefert wichtige Informationen über künftige Ausbrüche. Viele dieser Erscheinungen werden zum Zwecke der Abschätzung dieses Potentials beobachtet; es ist jedoch schwer, kontinuierliche Messungen durchzuführen. In den meisten Fällen unterliegen die Geräte der Korrosion, da viele Fumarolen Schwefeldioxid (SO_2) in bedeutenden Mengen ausstoßen. Bei der Reaktion dieses Gases mit Wasser bildet sich Schwefelsäure, die die vulkanologischen Meßgeräte angreift. Bei Auftreten in großen Mengen setzt sich der Schwefel in elementarer, kolloidaler oder kristallisierter Form ab. Farbe und Kristallstruktur des Schwefels ändern sich mit der Temperatur der Fumarolen. Exemplare mit hohem Schwefelgehalt der austretenden Gase nennt man Solfataren.

Bei Temperaturen von über 120 °C wird Schwefel flüssig. Unter der Einwirkung von Gasen formt er seltsame Gebilde. Am Kawah Idjen (Java) wird Schwefel gefördert und auf dem Rücken über 20 km weit transportiert.

Geysire und heiße Quellen

Die Zirkulation von Wasser in überhitzten Zonen führt zur Entstehung fremdartiger Erscheinungen wie Geysiren. Das Wort stammt aus dem Isländischen (»gjosà«) und bedeutet soviel wie sprudeln.
Dieses Phänomen tritt rhythmisch auf. Der Wasserdruck an der Basis der Wassersäule wird durch Überhitzung ausreichend hoch, sodass der Ausstoß einer Wolke aus Wassertröpchen erfolgt, die bis in eine Höhe von 460 m reichen kann (wie beim Geysir Waimanger in Neuseeland zwischen 1899 und 1904). Die weniger spektakulären heißen Quellen sind nicht immer an vulkanische Aktivität gebunden, beruhen aber auf geothermischen Anomalien, wie sie häufig in vulkanisch geprägten Gebieten auftreten. In einigen Regionen wird die geothermische Energie als Wärmequelle genutzt, wie etwa auf Island oder in der italienischen Stadt Larderello in der Toskana unweit von Pisa.

Zu den Attraktionen des Yellowstone Nationalparks im Westen der USA gehören die Geysire, deren regelmäßiges Ausbrechen viele Touristen mit Spannung erwarten.

Kraterseen

Als gewaltige, sich dem Himmel öffnende Trichter sind Vulkankrater ideale Plätze zur Speicherung von Regenwasser. Kraterseen sind jedoch relativ seltene, in manchen Fällen auch vergängliche Erscheinungen. Schon kleine Risse genügen, um ein Auffüllen zu verhindern oder eine Entwässerung zu bewirken. Diese Schwächezonen müssen ähnlich wie Kraterwände mit Bodenmaterial bedeckt sein, um eine ausreichende Dichtheit der natürlichen Reservoirs zu gewährleisten. In tropischen Zonen, v. a. nahe dem

Die von Laharen des Pinatubo zerstörte philippinische Stadt Santa Rita Concepción.

Äquator, verläuft die entsprechende Veränderung niedergegangener vulkanischer Aschen in weniger als drei Monaten. Daraus wird ersichtlich, warum Seen dieses Typs, die ja außerdem durch dort reichlich fallende Niederschläge gespeist werden, in tropischen Breiten weiter verbreitet sind als anderswo. Die Ansammlung von mehreren Millionen Kubikmetern Wasser auf einem aktiven Vulkan stellt ein nicht zu vernachlässigendes Gefahrenpotential für hydrovulkanische Eruptionen dar. Die Wassermengen können zu Beginn einer Eruption auch als Lahare bezeichnete Schlammströme speisen, wie es 1919 am Kelut im Zentrum der indonesischen Insel Java der Fall war, als sieben Dörfer dem Erdboden gleichgemacht wurden und mehr als 5000 Menschen starben. Kraterseen können für Vulkanologen Gegenstand wichtiger Forschungen sein. Der Krater ist zwischen zwei Ausbrüchen die Stätte intensiver mikroseismischer und exhalierender Aktivität. Die am Grund eines Sees auftretenden Fumarolen lassen Myriaden von Bläschen entweichen, die ihrerseits Infraschall hoher Intensität hervorrufen. Das Höhenniveau des Infraschalls variiert je nach Intensität der Entgasung, die mit Näherkommen der Eruption stärker wird. Sinnvollerweise wurden am Kelut elektronische Aufnahmegeräte (Hydrophone) installiert, und sein Kratersee lieferte im Februar 1990 den Vulkanologen erstmals genauere Informationen über seine Launen. Fumarolen haben bei der Entstehung von Kraterseen eine weitere Bedeutung: Die im Wasser vorhandenen Gase lösen dort zahlreiche chemische Komponenten, insbesondere Schwefelverbindungen und Oxide des Kohlenstoffs. Einige Seen, wie am Kawah Idjen (»grüner Krater«), unterliegen zunehmender Versauerung (Schwefelsäure, Salzsäure etc.); andere, wie der Nyossee in Kamerun, sind mit Kohlensäure gesättigt. Am 26. August 1986 wurde aus bis heute ungeklärten Gründen Kohlendioxid, das sich am Grund des Sees gebildet hatte, freigesetzt; bei diesem Ereignis starben in den vulkannahen Dörfern etwa 1800 Menschen.

Schlammströme (Lahare)

Der Begriff »Lahar« stammt aus dem Indonesischen und bedeutet wörtlich »Ausströmen«. Vulkanologen verwenden den Begriff jedoch im engeren Sinn für das Fließen einer Mischung aus vulkanischem Material (darunter auch Aschen) und Wasser (s. S. 128–129). Lahare bilden sich nicht zwingend nach Eruptionen, stehen aber mit ihnen in unmittelbarem Zusammenhang. Vor einer Eruption können das Wasser eines Sees oder eine geschmolzene Schneedecke das Strömen von Schlamm hervorrufen. Am häufigsten bilden sich Lahare jedoch nach einer bedeutenden Eruption. Wenn die an den Vulkanhängen abgelagerten Aschen nach Niederschlägen wassergesättigt sind, bedarf es nur eines kleinen Anstoßes, damit diese enorme Masse fließfähig wird und in die Täler rund um den Vulkan niedergeht. Auf ihrem Weg reißt sie auch noch einige Jahre nach der Eruption alles fort, wie etwa beim Mount Saint Helens, als auch nach fünf Jahren noch Schlammströme abgingen. ■

Die um einen Kratersee austretenden Fumarolen bewirken eine Versauerung des Wassers, wie hier am Gipfel des Poas (Costa Rica) oder am berühmten Kawah Idjen (Java), dem derzeit weltweit größten natürlichen Reservoir an Schwefelsäure (unten).

VULKANISCHE GROSS-STRUKTUREN

Im Verlauf seines langen Lebens zeigt ein Stratovulkan seine destruktive Kraft nur in kurzen Phasen. Generationen von Menschen können an den ausladenden Abhängen dieses schlafenden Monsters in Ruhe leben. Am Pinatubo hatte sich vor der Eruption im Jahr 1991 mehr als fünf Jahrhunderte lang kein einziges Anzeichen für vulkanische Aktivität gezeigt. Die ansässige Bevölkerung war somit nie mit einem solch gewaltigen Ausbruch konfrontiert worden. Kein Mensch der vergangenen Generationen hatte je von einem solchen Ereignis gehört. Welcher Mensch wäre in der Lage, heute zu beschreiben, was sich in seinem Lebensraum auf dem alten europäischen Kontinent im Mittelalter abspielte, kurz bevor Christoph Columbus seinen Fuß auf amerikanischen Boden setzen sollte?

Calderas und andesitische Stratovulkane

Phasen relativer Ruhe existieren nur an der Erdoberfläche, in größeren Tiefen sind Vulkane ständig aktiv. In den mehr oder weniger tief gelegenen Kammern reichern sich die Magmen mit Silizium an; dies führt – wie bereits aufgezeigt wurde (s. S. 98–99) – zu einem Anstieg der Viskosität und des Gehalts an gelösten Gasen. Je länger eine Phase der Stabilität anhält, desto weiter schreitet die Differenziation des Magmas voran, und die Gefahr einer explosionsartigen Entladung steigt. Bei andesitischen Stratovulkanen ereignen sich katastrophale Eruptionen in Zeiträumen zwischen einigen Hundert bis mehreren Tausend Jahren (s. S. 104–105). Bei diesen gewaltigen Ausbrüchen kommt es auch zur Bildung von hoch reichenden Aschewolken und pyroklastischen Strömen. Diese können sich wie Teppiche ausbreiten, die Abhänge der Vulkane großflächig überziehen und die Entstehung von mehreren Metern dicken Bimssteindecken bewirken. Das Volumen des ausgeworfenen Materials erreicht gigantische Ausmaße; beim Ausbruch des Pinatubo waren es mehr als 5 km^3, bei der 1883

Vor rund 7000 Jahren stürzte der Gipfel des Mazama ein und hinterließ einen Kessel mit einem Durchmesser von etwa 10 km. Darin bildete sich der Crater Lake.

erfolgten Eruption auf der in der Sundastraße gelegenen indonesischen Insel Krakatau etwa 18 km³ und 1912 im »Tal der 1000 Schlote« in Alaska 25 km³.
In jedem dieser Fälle kam es nach Beendigung der Aktivität zur Entstehung einer annähernd kreisförmigen Senke auf dem Vulkan, der sich z. B. auf Krakatau mehrere Hundert Meter über den Meeresspiegel erhebt. Diese ausgedehnten Vertiefungen mit Durchmessern von mehr als 1 km werden als Calderas bezeichnet. Die aus dem Portugiesischen stammende Bezeichnung Caldera bedeutet »Kessel« und wird in dieser Bedeutung schon lange auf den Kanarischen Inseln verwendet. Vor etwa 7000 Jahren wurde der Gipfel des Mazama im US-Bundesstaat Oregon weggesprengt, und es entstand eine kreisrunde Caldera mit einem Durchmesser von 10 km. Wissenschaftler glauben, dass diese Senke, in der sich ein 600 m tiefer See bildete, ein Vo-

IDEALISIERTES SCHEMA DER ENTSTEHUNG EINER STRATOVULKANISCHEN CALDERA

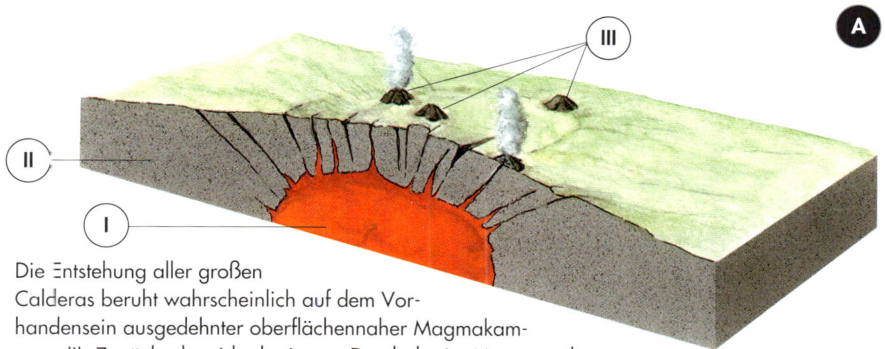

Die Entstehung aller großen Calderas beruht wahrscheinlich auf dem Vorhandensein ausgedehnter oberflächennaher Magmakammern (I). Zunächst bewirkt der innere Druck der im Magma gebundenen Gase den Einsturz der Kammerdecke sowie Spaltenbildung im umliegenden Gestein (II). In manchen Fällen erscheinen in den Spalten Kleinstformen vulkanischer Tätigkeit (III), die Vorboten für einen beginnenden Ausbruch sind.

Wenn die Risse nicht verstopft sind oder der Druck in der Magmakammer zu groß wird, entweicht der Inhalt und wird an der Oberfläche als Bimssteindecke abgelagert (IVa). Das Wegsprengen des Daches, das für das in der Kammer verbliebene Magma wie ein Kolben wirkt, beschleunigt den Ausstoß. Die sich bildenden Bimssteindecken (IVa) werden von einer mehrere Kilometer hohen Rauchwolke begleitet (IVb).

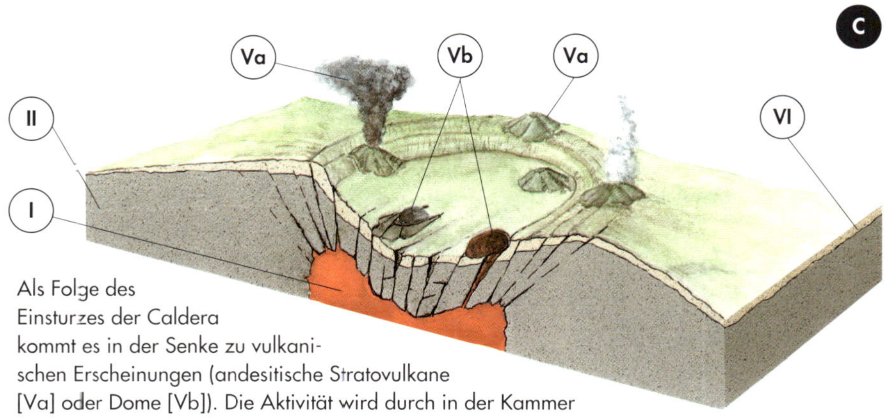

Als Folge des Einsturzes der Caldera kommt es in der Senke zu vulkanischen Erscheinungen (andesitische Stratovulkane [Va] oder Dome [Vb]). Die Aktivität wird durch in der Kammer verbliebenes Magma in Gang gesetzt; in manchen Fällen geschieht dies auch durch das Zufließen neuen Magmas in die bereits bestehende Kammer. Als Anzeichen für katastrophale Ausbrüche haben die calderischen Senken Durchmesser von mehr als einem Kilometer, während die abgelagerten Bimssteindecken (VI) Dicken von mehreren Dutzend (manchmal sogar mehreren Hundert) Metern erreichen können.

lumen von ungefähr 60 km³ besitzt. Dieser Wert entspricht in etwa dem Volumen des bei der Eruption ausgestoßenen Magmas, dessen Ablagerungen man auf einer Fläche von mehr als 1 200 000 km² um die Caldera des Crater Lake finden kann. Die explosionsartige Entleerung der Magmakammer zieht das Einstürzen ihres Daches nach sich. Die Tatsache, dass die Mengen an ausgestoßenem Material relativ genau mit den im Becken abgelagerten Mengen übereinstimmen, bekräftigt die Hypothese der Entstehung der Calderas durch Einsturz. Beim Ausbruch auf Krakatau 1883 stellt sich die Frage nach dem Verschwinden von rund zwei Dritteln der Insel. Die spektakuläre Eruption wurde von einer Explosion begleitet, deren Lärm noch in Entfernungen von mehr als 5000 km wahrgenommen werden konnte, sowie von einer 30 m hohen Flutwelle, die die Küsten von Sumatra und Malaysia verwüstete (s. S. 130). Geologen haben keine eindeutige Erklärung: Versank die Insel im Meer, oder wurde sie durch die Explosion vernichtet? Hier wird angenommen, dass diese Großstrukturen mit Durchmessern von mehreren Kilometern nicht durch Explosion eines Vulkans entstanden sind. In diesem Fall müssten die ausgestoßenen Produkte zahlreiche Bruchstücke dieses zerstörten Vulkans enthalten. Nun zeigen aber nur wenige Ablagerungen, die mit der Entstehung einer Caldera in Zusammenhang stehen, diese Eigenschaften. Außerdem bietet der Vergleich zwischen der Masse der ausgetretenen Magmen und dem Volumen der Ablagerungen relativ genaue Übereinstimmungen; trotz Ungenauigkeiten bei den Berechnungen sind die Ergebnisse zufriedenstellend mit – im günstigsten Fall – Abweichungen von nur 10 bis 20 %. Calderas wie die des Crater Lake entstanden durch die Tätigkeit eines einzigen Stratovulkans (wie hier dem Mazama). Andere, meist größere, basieren auf der Entwicklung mehrerer nahe beieinander liegender Vulkane; dies gilt z. B. für die griechische Insel Santorin oder Krakatau. Es gibt aber auch den Fall, dass sich mehrere Calderas aus einer einzigen Magmakammer entwickelten, die nicht wieder mit Magma aufgefüllt wurden; sie erscheinen dann wie ineinander verschachtelt. Dies ist v. a. beim Batur auf der indonesischen Insel Bali der Fall. 1883 auf Krakatau oder 1980 am Mount Saint Helens rutschte nach starker Aufblähung jeweils ein Teil des Stratovulkans seitlich ab (s. S. 129). Solch gewaltige Rutschungen sind zwar weniger häufig und markant als Calderas wie die des Crater Lake, richten jedoch enorme Verwüstungen an. Sie lassen hinter sich einen calderaartigen Anriss in der Form eines Hufeisens zurück, der in Richtung der Rutschung geöffnet ist. Typischerweise setzen sich die Ablagerungen aus Bestandteilen des Vulkans und Material der entsprechenden Magmakammer zusammen. Diese Produkte breiten sich über weite Flächen aus; das Gelände ist mit einer Vielzahl kleiner Hügel übersät, die von Geologen als Hummocks bezeichnet werden. Das Auftreten eines derartigen Phänomens wurde erstmals 1880 beobachtet. Anscheinend sind die seitlichen Rutschungen, die sich an Stratovulkanen ereignen können, ein nur selten wiederkehrendes Phänomen. Sie verursachen jedoch Schäden in so hohem Ausmaß, dass Wissenschaftler diese Gefahr bei Vorhersagen von vulkanischen Eruptionen mit einbeziehen.

Calderas bei basaltischen Schildvulkanen

An basaltischen Schildvulkanen verläuft die Entstehung von Calderas ein wenig anders. Bei basaltischen Calderas sind die letzten Phasen der Entwicklung der oberflächennahen Magmakammer eines Vulkans weniger intensiv, aber für die Entstehung dennoch von Bedeutung. Das Nebeneinander von Calderas und Schildvulkanen ist seit der untermeerischen Erforschung des sehr jungen Vulkans Loihi bekannt, der auf der Breite des hawaiianischen Vulkans Kilauea liegt. Trotz der bescheidenen Größe von 3,7 km Länge und 2,8 km Breite bilden sich diese Calderas im Zuge bedeutender Ausstöße von Lava-Strömen auf die Abhänge des Vulkans; dies geschieht v. a. in Bruchzonen (s. Piton de la Fournaise S. 30–35). Es hat jedoch den Anschein, dass einige Phasen auf explosiver phreatomagmatischer Dynamik basieren. Manche Wissenschaftler halten es für wahrscheinlich, dass die Zonen ihre maximale Ausdehnung durch das Zusammenwachsen mehrerer Krater erreichen, die durch Entleerung kleiner Magmakammern entstanden. Diese Hypothese ist jedoch trotz ihrer Plausibilität nicht die einzige, und die Entstehung dieser Calderas birgt in vielen Punkten noch Geheimnisse. Es sieht aber insgesamt so aus, dass sich diese Formen verlagern, vergrößern und während des Wachstums eines Schildvulkans erneut ablaufen. Die Vorgänge enden durch spätere Auffüllung im Zuge effusiver Aktivität; dies ist etwa beim Mauna Kea auf Hawaii der Fall.

Große ignimbritische Calderas

Darüber hinaus existiert noch ein dritter Typ von Caldera. Diese Calderas haben mit Durchmessern von mehr als 10, häufig sogar um 20 km üblicherweise eine große Ausdehnung. Sie entstehen, wenn im Verlauf einer Eruption gewaltige Mengen an Tephra ausgeworfen werden. Diese Produkte bedecken die Umgebung mit einer oder mehreren Decken aus bimssteinhaltigen Ignimbriten, die Mächtigkeiten von teilweise mehr als 100 m erreichen. Die Volumina der Magmen erreichen bei den stärksten Ereignissen Hunderte oder sogar Tausende von Kubikkilometern. In manchen Fällen erfahren diese großen Calderas nach ihrer Entstehung eine beträchtliche Aufwölbung, die als »auftauchender Dom« bezeichnet wird. Tarso Voôn im Tibestigebirge ist eine Caldera dieses Typs. Das ausgestoßene Material hat ein Volumen von 130 km³ und breitet sich über eine Fläche von 2600 km² aus. Die Entstehung solch markanter Einstürze setzt enorme Magmakammern

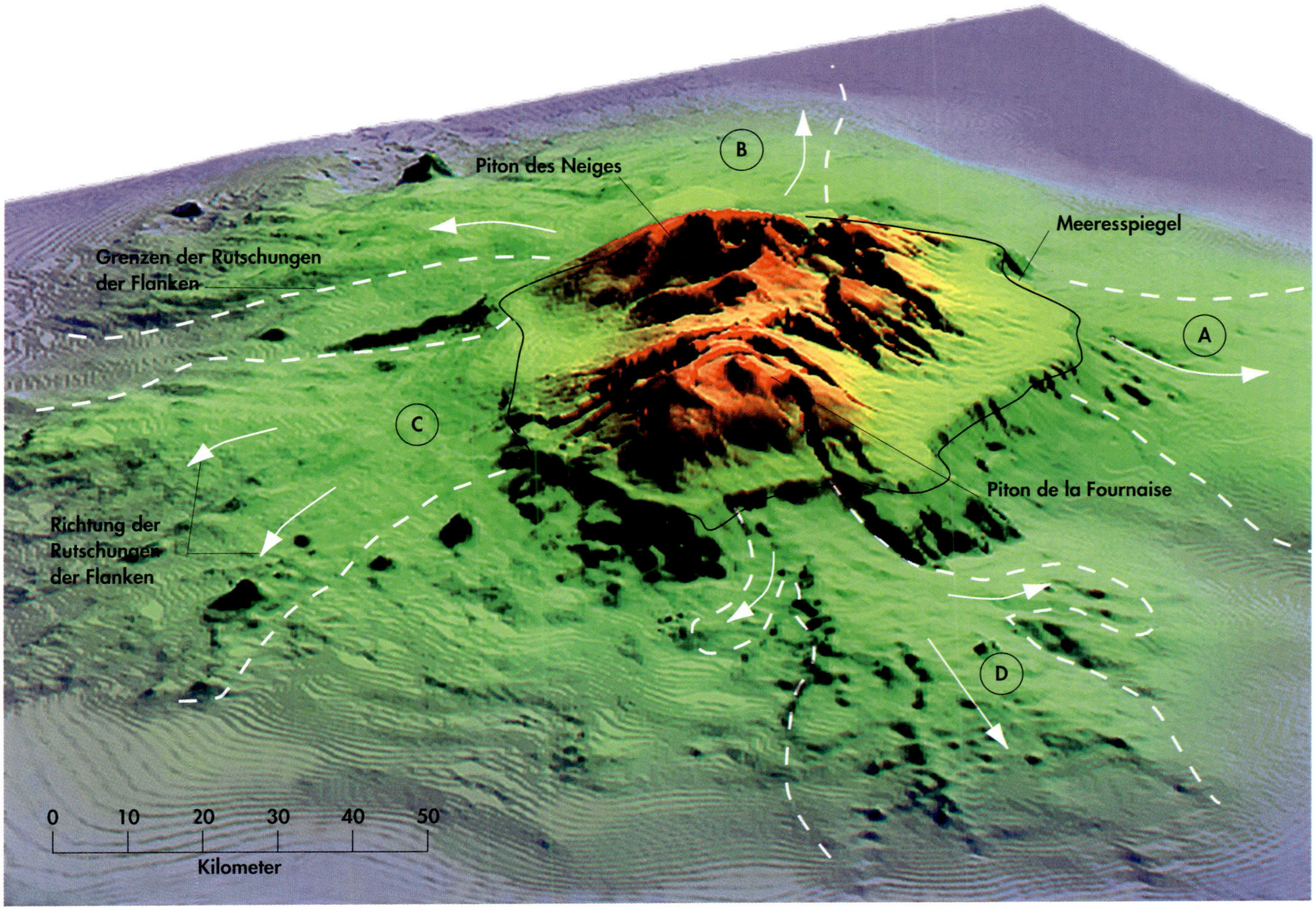

An basaltischen Schildvulkanen wie dem auf Réunion ereignen sich ausgedehnte Rutschungen an den Hängen (A, B, C, D). Diese Erscheinung wird in dem computergestützt erzeugten Bild dargestellt, das auf einem numerischen Geländemodell basiert und die Topographie der Inseloberfläche und des umliegenden Meeresbodens berücksichtigt. Der Piton de la Fournaise scheint ein derartiges Ereignis erlebt zu haben (D). Vor etwa 3000 Jahren versanken 20–30 km³ Material nach einer Rutschung im Meer, breiteten sich dort bis in eine Entfernung von über 50 km aus und hinterließen im Süden der Insel einen gewaltigen Anriss.

voraus. Deren Existenz macht sich an der Erdoberfläche meist nicht durch beträchtliche vulkanische Aktivität bemerkbar; nur gelegentlich kündigen Eruptionen das Bevorstehen einer Katastrophe an. Die mit 90 km Länge und 30 km Breite größte Caldera der Erde gehört zu diesem Typ; ihre Entstehung erfolgte wahrscheinlich in mehreren Phasen. Die in Indonesien gelegene Toba-Caldera bildete sich vor ungefähr 80 000 Jahren. Ihre asymmetrische Form beruht darauf, dass der Einsturz entlang einer langgestreckten Transformstörung erfolgte, die Sumatra durchzieht.
Die Gestalt der Caldera spiegelt in gewisser Hinsicht die einzelnen Phasen ihrer Entstehung wider. Allerdings sind nur wenige dieser Großformen gut erforscht; trotz umfangreicher Kenntnisse über einige der großen Calderas bergen andere noch Geheimnisse in sich. Die Erforschung der Großformen ist auch deshalb so schwierig, weil Vulkanologen nie Zeitzeugen der Entstehung eines solchen Phänomens waren. Das Interesse für die damit verbundenen Mechanismen ist jedoch groß. Die Eruption des Pinatubo (1991) führte zur Entstehung einer Caldera mit einem Durchmesser von 1,5 km; in einem Umkreis von 40 km um den Vulkan mussten mehr als 500 000 Menschen fliehen. Welche Auswirkungen hätte die Entstehung einer Caldera mit einem Durchmesser von 10 km oder mehr für den Planeten Erde, dessen Bevölkerungswachstum ja ständig voranschreitet? Mit welchen Konsequenzen wäre etwa zu rechnen, wenn sich ein derart gigantisches Phänomen in unmittelbarer Nähe großer Städte ereignen würde? ■

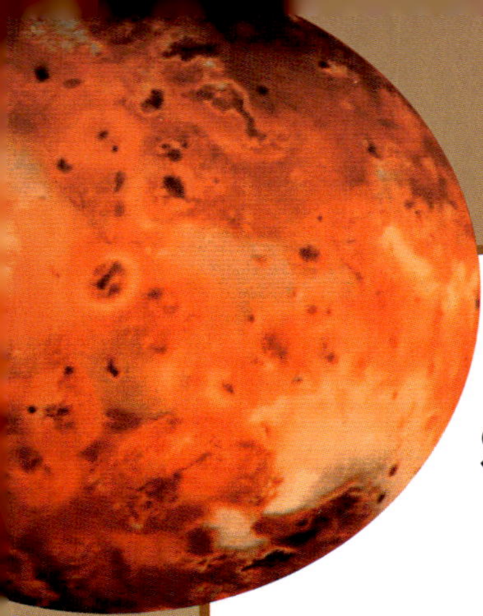

■ Io

VULKANE IM SONNENSYSTEM

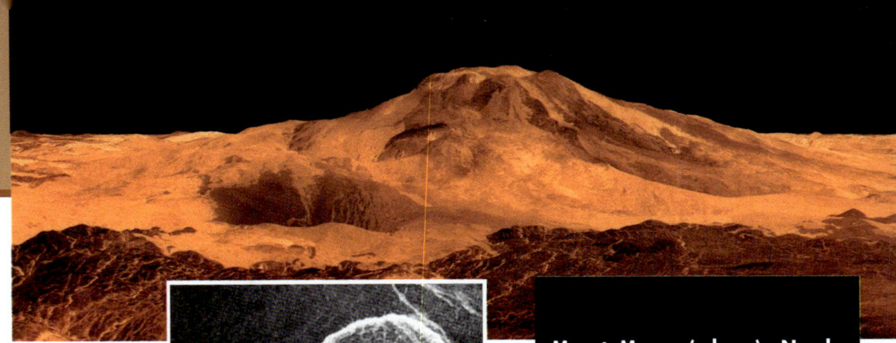

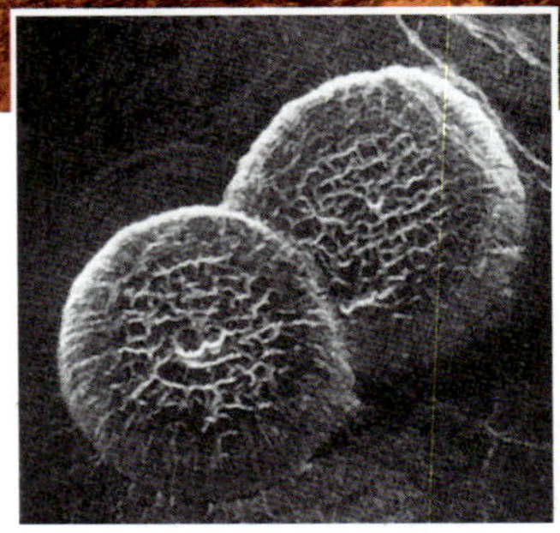

Maat Mons (oben). Nach einem Radarbild der Magellan-Mission erzeugte Aufnahme (zehnfache Überhöhung, künstliche Farbgebung). Dies ist mit 8000 m Höhe und einem Durchmesser von 400 km der größte Schildvulkan der Venus. Die flachen Dome (gegenüber) mit ihren abgeplatteten Gipfeln haben die Form von runden Pfannkuchen. Sie haben Durchmesser zwischen 20 und 30 km, sind 100 bis 1000 m hoch und werden in der Gipfelregion von radialen, an der Basis von konzentrischen Brüchen geprägt.

In den letzten drei Jahrzehnten wurde das Sonnensystem mit unbemannten Raumsonden erforscht. Seither arbeiten die Astronomen bei der Erkundung des Alls mit Geologen zusammen. Dabei entstand eine neue Disziplin, die die gesammelten Daten auswertet: die vergleichende Planetologie.

Eine der bedeutendsten Entdeckungen der Planetologie ist die Existenz von außerirdischem Vulkanismus. Es gilt als erwiesen, dass alle festen Planeten und viele Satelliten im Sonnensystem unterschiedliche vulkanische Erscheinungen zeigen, die z. T. nicht auf der Erde auftreten. Das Vorhandensein vulkanischer Formen hängt meist von drei wesentlichen Faktoren ab:

– der Gestalt des Planeten. Vulkanismus beruht auf der Abkühlung eines Planeten durch Entweichen seiner inneren Wärme. Je größer der Planet, desto langsamer die Abkühlung und desto anhaltender der Vulkanismus.

– das Ablaufen bzw. Fehlen von Vorgängen der Umgestaltung der Oberfläche (Ausbildung vulkanischer Formen, Erosion und Sedimentation, Meteoriteneinschläge und – nur auf der Erde – Plattentektonik). Auf der Erde führten Erosion und Plattentektonik zum Verschwinden von über 200 Mio. Jahre alten vulkanischen Bildungen, anders als auf anderen Planeten des Sonnensystems, wo die Erosion eher gering und Plattentektonik gar nicht vorhanden ist. Seit ihrer Entstehung gibt es aber auch auf diesen Planeten Umformungen der Oberfläche. Daher lässt sich die Bedeutung des Oberflächenvulkanismus auf Mars und Venus nicht mit dem der Erde vergleichen.

– Anziehungskräfte durch andere Planeten. Einige kleinere Satelliten wie der Mond oder Io kühlten sehr schnell ab; da ihre Wärme durch die feste Lithosphäre rasch entwich, hätte es nie zu Vulkanismus kommen können.

Venus

Von allen Planeten ähnelt die Venus der Erde am meisten. Beide haben mit ca. 12 100 km etwa den gleichen Durchmesser und besitzen eine Atmosphäre. Die der Venus ist dicht; ihr Druck an der Oberfläche ist 90-mal so hoch wie der auf der Erde. Außerdem setzt sie sich v. a. aus Kohlendioxid und in geringem Maß aus Säuren zusammen. Der resultierende Treibhauseffekt bewirkt eine Aufheizung der Oberfläche auf über 450 °C. Zwischen 30 und 60 km Höhe ist sie undurchsichtig, weshalb zur Erforschung Radarbilder gemacht werden. Seit den 60er-Jahren landeten mehrere sowjetische Venera-Sonden auf der Venus. Obwohl die Sonden so stark gepanzert waren wie Tiefseetauchgeräte, waren einige Instrumente unter den extremen Bedingungen rasch funktionsunfähig. Zwischen 1970 und 1975 erforschten Venera 7 bis 10 Atmosphäre und die Zusammensetzung des Geländes; zudem übermittelten sie erste Bilder von der Oberfläche, auf denen aus tholeiitischen Basalten aufgebaute Lava-Ströme erkennbar waren. Die 1980 in die Umlaufbahn gebrachten Sonden Venera 15 und 16 lieferten schließlich flächendeckende Radarbilder des Planeten mit einer Auflösung von 1000–2000 m. Eine erste Auswertung vulkanischer Erscheinungen ergab 50 Schildvulkane, die mit denen auf Hawaii vergleichbar sind, 800 dem Ätna ähnliche sowie über 22 000 »kleinere« Vulkane mit Durchmessern von 5–20 km. Erst im Rahmen der amerikanischen Magellan-Mission und ihrer flächendeckenden Radarerfassung (Auflösung 300 m) erkannte man, dass etwa 85 % der Venusoberfläche von vulkanischen Ebenen eingenommen wird. Dort befinden sich Millionen von vulkanischen Formen mit Durchmessern von mehr als 1 km in über 550 Gebieten von jeweils über etwa 100 km Fläche. Unter diesen Millionen von vulkanischen Formen ziehen fünf auf anderen Planeten nicht bekannte Gruppen die meiste Aufmerksamkeit der Vulkanologen auf sich:

– Coronae, gewaltige (500–1000 km) tektonische, konzentrisch aufgebaute Strukturen, die vulkanisch geprägte Gebiete umgeben.

– Novae, vulkanische Formen mit Durchmessern von 50–300 km an radialen Brüchen; sie erinnern an künstliche Feuer.

– Arachnoïden, Vulkane mit zentraler Caldera, deren Spaltensystem an ein Spinnennetz erinnert.

– abgeflachte Dome, deren Form der Verfestigung viskoser Lava unterliegt; sie entsprechen unseren Lava-Domen. Dies bestätigt erstmals differenzierten Vulkanismus außerhalb der Erde.

– Zecken verdanken ihren Namen der Form einer umgedrehten Schale, die von Kämmen umrahmt wird. Diese breiten sich wie Fühler aus, wodurch sich die Form des Parasiten ergibt. Man vermutet, dass in ihnen differenzierte Magmen entstehen. Obwohl die Venusoberfläche von zahlreichen tektonischen Strukturen geprägt ist, die bislang nicht hinreichend erklärt werden können, gibt es auf diesem Planeten wohl keine Plattentektonik. Vulkanische Aktivität bewirkt eine Abkühlung durch Konvektion. Da die Venus etwa dieselbe Größe hat wie die Erde, ist es möglich, dass einige Vulkane noch aktiv sind.

Mond

Der Vulkanismus auf dem Mond zeigt sich in den aus basaltähnlichen Gesteinen aufgebauten Maria, die von der Erde aus als dunkle Flecken erscheinen. Er konzentriert sich vorwiegend auf die der Erde zugewandten Seite. Dies liegt am Gezeiteneffekt, den die Erde auf ihren Trabanten ausübt. Zu Beginn der Entstehung des Sonnensystems bremste und stabilisierte der Effekt die Rotation des Mondes um sich selbst sowie seine Bewegung um die Erde. Deshalb wendet er der Erde immer die gleiche Seite zu. Auf der erdzugewandten Seite ist die Anziehungskraft der Erde stärker als auf der erdabgewandten. Ohne Abkühlung des Mondes hätte dies eine Asymmetrie im inneren Aufbau bewirkt. Die dichteren Schichten hätten sich um einige Kilometer von der Erde weg bewegt, wodurch dann die Kruste auf der sichtbaren Seite weniger mächtig und der Aufstieg von Magma zur Oberfläche leichter geworden wäre.

Mars

Viking 1 und 2 lieferten 1976 bis 1980 Belege für Vulkanismus auf dem Mars. Die Erscheinungen ähneln denen auf der Erde, allerdings sind die Hänge der Vulkane schwächer geneigt. Zu den markantesten Formen gehören gigantische Schildvulkane des hawaiianischen Typs mit Durchmessern zwischen 350 und 550 km und Höhen zwischen 16 und 24 km; der bekannteste von ihnen ist Olympus Mons. Auch zahlreiche Paterae-Dome (eine Art vulkanischer Flachformen) sowie Hunderte von kleinen Vulkankegeln wurden nachgewiesen. Mehr als 45 % der Oberfläche des Planeten werden von Feldern flüssiger Lava-Ströme bedeckt, die Ausdehnungen von über 200 km erreichen können. Die Altersdatierung der Felder durch Zählung der Krater zeigt, dass die jüngsten Formen (darunter auch Olympus Mons) zwischen 60 Mio. und 1 Mrd. Jahre alt sind. Außerdem ist der Mars nur etwa halb so groß wie die Erde. Auch aus diesem Grund ist die Existenz von aktiven Vulkanen auf dem Mars wenig wahrscheinlich.

Io, Satellit des Jupiter

Io ist ein eigenartiges Gestirn. Kaum größer als der Mond, müsste es vollständig abgekühlt und aus geologischer Sicht bewegungslos sein. Ab 1980 zeigten die Voyager-Sonden jedoch, dass es auf dem Satelliten stetige intensive vulkanische Aktivität gibt. Sie äußert sich in gewaltigen, bis 200 km langen Fließströmen in vielen Farben. Die Ströme entstammen den nicht minder gewaltigen Calderas (Durchmesser 20–200 km), die sich ohne jeglichen Vulkan direkt am Boden entwickelten. Auch gigantische Rauchwolken mit Höhen von 70–300 km und Durchmessern von bis zu 1000 km konnten nachgewiesen werden. Diese gewaltigen Ausmaße erklären sich aus dem überaus niedrigen atmosphärischen Druck und der geringen Schwerkraft an der Oberfläche. Überraschend ist auch die Farbe der Magmen: die Calderas sind braun-schwarz, die Fließströme rot, mit zunehmender Entfernung von den Austrittsstellen orange und schließlich gelb. Das Phänomen erinnert an die verschiedenen Oxidationsstufen des Schwefels je nach Kristallisationstemperatur. Diese Beobachtung und die Tatsache, dass Schwefeldioxid die Hauptkomponente der Atmosphäre ist, lässt den Schluss zu, dass die Magmen Ios vorwiegend aus Schwefel bestehen. Die starke Aktivität bewirkt eine vollständige Umgestaltung der Oberfläche innerhalb von 10 Mio. Jahren. Warum ist die Aktivität auf einem so kleinen Satelliten derart hoch? Es liegt an der Position im Weltall zwischen Jupiter und drei seiner anderen Satelliten, Europa, Ganymed und Callisto. Jupiter übt auf Io eine starke Anziehungskraft aus, die zur Verformung des Satelliten zu einem »Rugbyball« führt. Wenn Io die Bahn eines anderen Satelliten kreuzt, wird die Anziehungskraft geringer, ist aber noch hoch genug, um einen Teil der Verformung rückgängig zu machen; sie wird jedoch im weiteren Verlauf wieder stärker. Io unterliegt somit einer fortdauernden Deformation, die zusätzliche Reibung und Aufheizung der inneren Materie bewirkt. ■

Olympus Mons, Mars: der größte Vulkan des Sonnensystems (Durchmesser 500 km, Höhe 24 km). Seine Basis wird von 1 bis 2 km hohen Wällen begrenzt, sein Gipfel von Calderas geprägt (Montage von Viking-Bildern; künstliche Farbgebung).

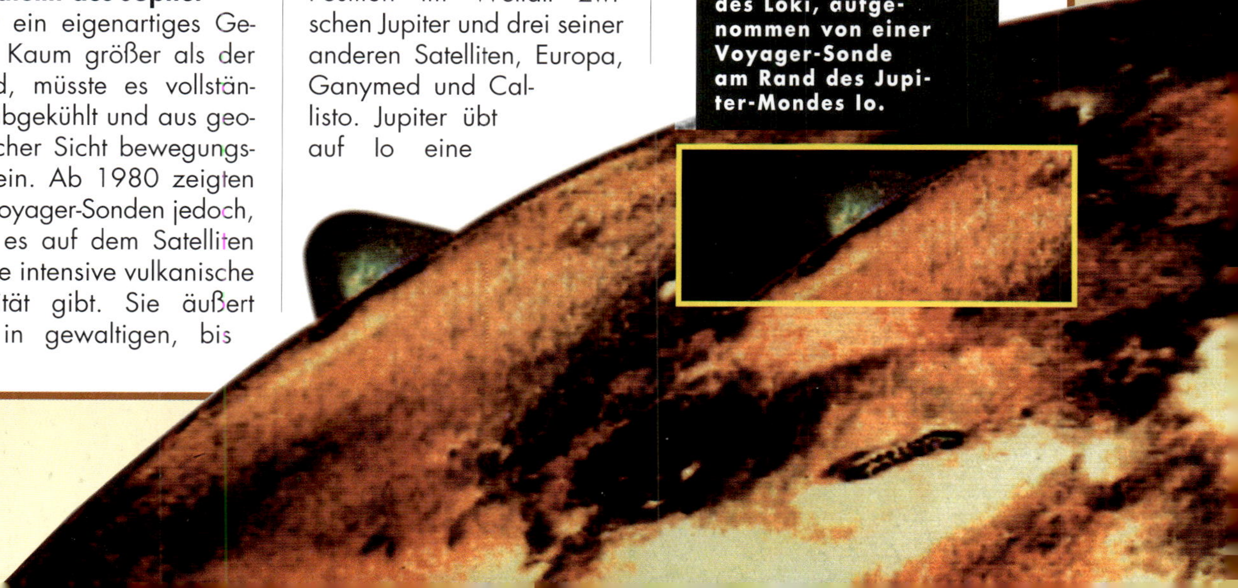

Rauchwolke (Detail unten) einer Eruption des Loki, aufgenommen von einer Voyager-Sonde am Rand des Jupiter-Mondes Io.

MENSCH UND VULKAN

DIE VULKANISCHEN GEFAHREN

Man kann damit rechnen, dass heute, zu Beginn des 3. Jahrtausends, weltweit etwa 500 Mio. Menschen durch vulkanische Gefahren bedroht sind. Diese Zahl entspricht der gesamten Weltbevölkerung am Anfang des 17. Jh. Das Ausmaß dieser Bedrohung sollte auf keinen Fall unterschätzt werden.

Die bekanntesten der zahlreichen Eruptionen des Vesuvs sind der Ausbruch des Jahres 79 (Bild oben: Abguss der Lava-Hülle einer Leiche), der zahllosen Menschen das Leben kostete, und der von 1631 (Kupferstich links), bei dem man den Heiligen Januarius um Schutz anrief.

Die von Vulkanen ausgehenden Gefahren hängen direkt oder indirekt mit der Aktivität des Menschen zusammen. Zum Teil, aber nicht ausschließlich, gehen diese Risiken auf die Ansiedlung von Menschen im Umkreis tätiger Vulkane zurück. So hat die beträchtliche Entwicklung der zivilen Luftfahrt, die dazu führt, dass immer mehr Flugzeuge dicht an aktiven Vulkanen vorbeifliegen, eine neue Gefahr geschaffen, deren Auswirkungen oft noch weit von der eigentlichen vulkanischen Gefahrenquelle entfernt zu beobachten sind.

Die mit der menschlichen Siedlungstätigkeit verbundenen Gefahren betreffen natürlich besonders die großen Städte, aber auch alle anderen in der Nähe von Vulkanen errichteten Dörfer und kleinere Ansiedlungen. Der die Bucht von Neapel überragende Vesuv ruht gegenwärtig. Italienische Vulkanologen haben jedoch herausgefunden, dass in diesem Fall die Dauer der Ruhezeit des Vulkans vor seinem erneuten Tätigwerden die Art seiner Aktivität bestimmt. Vereinfacht gesagt folgt auf eine zehnjährige Ruheperiode ein effusiver Ausbruch, wie etwa 1906 oder 1944; eine 100 Jahre dauernde Ruhezeit führt zu einem explosiven Ausbruch mit pyroklastischen Strömen, wie im Jahre 1631; auf eine Ruheperiode von 1000 Jahren folgt schließlich ein katastrophaler Ausbruch wie der von Plinius beschriebene und zu trauriger Berühmtheit gelangte im Jahr 79 n. Chr., bei dem die Städte Herculaneum und Pompeji zerstört wurden. Der Vesuv ruht jetzt wieder seit 50 Jahren. Es ist deshalb damit zu rechnen, dass ein erneuter Ausbruch, sollte es dazu kommen, verheerende Folgen hätte. Bei einer Eruption in der Größenordnung des Ausbruchs von 1631 wären etwa 300 000 Menschen direkt bedroht. Die für den Katastrophenschutz zuständigen Behörden nehmen dieses Problem sehr ernst, doch wären zur Gefahrenabwehr außerordentlich komplexe Maßnahmen notwendig. Sollte die Eruption zu einem Notstand führen, würde die Evakuierung des Gebiets eine psychologische Vorbereitung der Bevölkerung ebenso erfordern wie die Aufstellung umfangreicher Krisenpläne.

Auf der Antilleninsel Martinique würde ein Ausbruch des Vulkans Pelée je nach Art der Eruption zwischen 22 000 und 65 000 Menschen bedrohen, auf der Insel Guadeloupe mit dem Berg Soufrière beträfe es rund 50 000 bis 70 000 Menschen.

Der Vulkan Galeras in Kolumbien erhebt sich nur wenige Kilometer vor der 400 000 Einwohner zählenden Stadt Pasto; in Ecuador ist das Gebiet um die Hauptstadt Quito von explosiven Vulkanen umgeben; in Indonesien liegt der Ballungsraum Yogyakarta mit seinen 1,5 Mio. Einwohnern am Fuße des Merapi; Mexiko-Stadt befindet sich unweit des Popocatépetl, die Stadt Puebla liegt sogar nur 25 km von seinem Gipfel entfernt, und ihre 2 Mio. Einwohner wären von einem Ausbruch daher direkt betroffen. Dies sind nur einige wenige Beispiele, doch befinden sich weltweit noch zahllose Städte und Ballungsräume in einer ähnlich gefährlichen Situation. Glücklicherweise kommen wesentlich weniger Menschen durch Vulkanausbrüche ums Leben als durch Erdbeben, Wirbelstürme, Überschwemmungen – oder auch im Straßenverkehr. Plinius der Jüngere berichtete, man habe nach dem Vesuvausbruch des Jahres 79 n. Chr. etwa 2000 Tote gezählt. Auch wenn die heutigen Ausgrabungen noch weitere Leichen zu Tage brachten, so ist diese Zahl noch gering im Vergleich zu dem viel weniger bekannten Ausbruch des Tambora (Indonesien) von 1815, bei dem 92 000 Todesopfer zu beklagen waren. Auch im 20. Jh. kam es zu einer Reihe verheerender Vulkanausbrüche: Pelée (Martinique), Soufrière (St. Vincent), Santa Maria (Guatemala), Kelut, Merapi und Agung (Indonesien), Lamington (Neuguinea), Mount Saint Helens (USA), El Chichón (Mexiko), Nevado del Ruiz (Kolumbien), Nyos (Kamerun), Unzen (Japan), Hibok-Hibok und Pinatubo (Philippinen). Von den katastrophalen Eruptionen, die sich nach 1600 ereignet haben, sind wohl nur wenige unbemerkt geblieben, und man schätzt die Zahl der dabei ums Leben gekommenen Menschen auf etwa 300 000. Gleichzeitig finden Archäologen und Vulkanologen immer mehr Hinweise auf große Katastrophen, die in früherer Zeit stattgefunden haben. Zu den bekanntesten gehört

Fortsetzung S. 122

DIE URSACHEN DER GROSSEN VULKANKATASTROPHEN

Je aktiver ein Vulkan, desto geringer ist die Gefahr für die Bevölkerung in seinem Umkreis; je weniger aktiv er ist, desto größer ist die Gefahr.

Dafür gibt es im Wesentlichen zwei Gründe. Der erste ist rein menschlicher Natur: Die Bewohner einer Region mit häufiger oder ständiger vulkanischer Aktivität lernen, mit dem Vulkan zu leben. Sie kennen die Gefahren und lassen sich in gebührender Entfernung vom Vulkan oder in weniger exponierten Gebieten nieder; sie vergessen die Gefahr nicht, da sie immer wieder daran erinnert werden.
Im Gegensatz dazu wird ein Vulkan, der im Verlauf eines Jahrtausends nur wenige Male aktiv wird, nur allzu schnell vergessen. Dazu sind häufig nur wenige Generationen nötig. Die Natur ist ruhig und friedlich, der Boden fruchtbar, das Land dicht besiedelt. Es scheint kein Vulkan mehr zu sein, sondern ein Berg wie jeder andere. Das jähe Erwachen eines solchen Vulkans führt dann unweigerlich zur Katastrophe, es sei denn, der Berg wurde vorher beobachtet. Der Ausbruch des El Chichón in Mexiko von 1982 ist eines der besten Beispiele.

Der zweite Grund ist vulkanologischer Natur. Zur Vereinfachung teilen wir hier die Vulkane in zwei große Gruppen ein: die, die im Wesentlichen flüssige Lava ausstoßen und von Maurice Krafft »rote« Vulkane genannt wurden, und die »grauen«, deren Aktivität hauptsächlich explosiver Natur ist und deren Produkte sich als graue Decke aufs Umland legen.
Die »roten Vulkane« stoßen flüssige, basaltische Lava aus. Die in ihrem Magma enthaltenen Gase entweichen leicht. Sie sind nicht oder kaum explosiv. Je nach Zusammensetzung der Lava liegt ihr Explosivitäts-Index bei 0 bis höchstens 3.
Die anderen, die »grauen« Vulkane produzieren wegen ihrer an Siliziumdioxid und Gasen reichen chemischen Zusammensetzung zähflüssige Lava, aus der das Gas nicht ohne weiteres ausströmen kann. Ist der Druck hoch genug, führt das herausdrängende Gas zu einer Explosion. Bei einigen dieser Vulkane, so dem Sakurajima in Japan, kommt es häufig zu Explosionen; bei anderen – wie dem Pinatubo auf den Philippinen, dem mexikanischen El Chichón oder dem Arenal in Costa Rica – dauert es Jahrhunderte, bis die Bedingungen für einen Ausbruch erfüllt sind. Infolgedessen sprengt der gewaltige Druck im aufsteigenden Magma den gesamten Berggipfel in die Luft.
Bei einem Vulkan mit basischer, dünnflüssiger Lava sind die Ruheperioden zwischen zwei Ausbrüchen geringer explosiver Intensität im Allgemeinen kurz (1–10 Jahre oder weniger), während die Intervalle zwischen zwei katastrophalen Ausbrüchen mit einem Explosivitäts-Index über 4 wesentlich länger sind (Jahrhunderte, Jahrtausende oder mehr).

DIE FOLGENREICHSTEN VULKANAUSBRÜCHE SEIT 1700

Vulkan	Jahr	Todesopfer	Ursachen für die Todesfälle
Awu (Indonesien)	1711	3200	Lahare
Makian (Indonesien)	1760	2000	Lahare
Papadajan (Indonesien)	1772	3000	pyroklastische Ströme
Lakagigar (Island)	1783	9300	Hungersnot
Unzen (Japan)	1792	15 200	Tsunamis
Tambora (Indonesien)	1815	92 000	pyroklastische Ströme, Hungersnot
Galunggung (Indonesien)	1822	4000	Lahare
Awu (Indonesien)	1856	3000	Lahare
Krakatau (Indonesien)	1883	36 400	Tsunamis
Soufrière (St. Vincent)	1902	1560	pyroklastische Ströme
Pelée (Martinique)	1902	29 000	pyroklastische Ströme
Santa Maria (Guatemala)	1902	6000	pyroklastische Ströme
Kelut (Indonesien)	1919	5100	Lahare
Lamington (Neuguinea)	1951	2900	pyroklastische Ströme
El Chichón (Mexiko)	1982	2500	pyroklastische Ströme
Nevado del Ruiz (Kolumbien)	1985	25 000	Lahare

VON VULKANAUSBRÜCHEN GEFORDERTE TODESOPFER

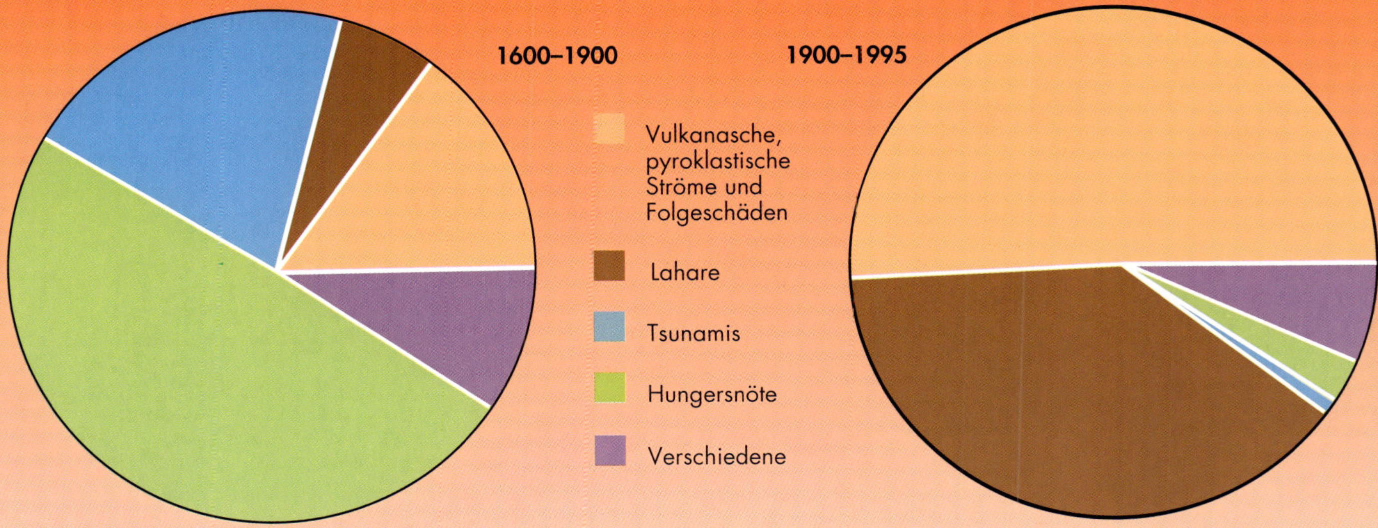

Ursachen	Todesopfer 1600–1900		Todesopfer 1900–1995	
Lava-Ströme	1185	(0,4 %)	285	(0,3 %)
Ascheregen und Lapilli	11 303	(4,3 %)	3369	(4,2 %)
Pyroklastische Ströme und Schuttlawinen	55 055	(20,7 %)	36 847	(46,3 %)
Lahare	39 746	(14,9 %)	31 438	(39,4 %)
Erdstöße	89	(0,03 %)	32	(0,04 %)
Tsunamis	44 356	(16,6 %)	407	(0,5 %)
Atmosphärische Auswirkungen	63	(0,02 %)	3	(0,004 %)
Gase und saurer Regen	1985	(0,7 %)	1983	(2,5 %)
Hungersnöte	95 313	(35,8 %)	3163	(4,0 %)
Unterschiedliche oder nicht näher bestimmte Ursachen	17 182	(6,5 %)	2133	(2,7 %)
GESAMT	266 277		79 660	

Geht man davon aus, dass alle Vulkanausbrüche, die sich seit dem 16. Jh. ereigneten, auch Spuren in der Geschichte hinterließen, so kam es seither etwa ein halbes Dutzend Mal pro Jahrhundert zu derartigen Katastrophen. Die Zahl der Opfer der Vulkanausbrüche schwankt jedoch im Verlauf dieses Zeitraums: Durch den Ausbau internationaler Hilfe starben im 20. Jh. weit weniger Menschen bei Hungersnöten als in den Jahrhunderten davor. Dafür wurden durch die Ausbreitung der Städte und die Zunahme der Bevölkerungsdichte Glutwolken und Lahare zur tödlichen Gefahr. So forderte die durch den Ausbruch des Nevado del Ruiz 1985 ausgelöste Schlammlawine 25 000 Todesopfer, während ein viel größerer Lahar 1845 »nur« 1000 Menschen das Leben kostete. Bei manchen Vulkanen verändert ein einziger Ausbruch die bestehenden Statistiken über pyroklastische Ströme, Lahare oder Tsunamis völlig – so etwa 1902 beim Pelée, 1985 beim Nevado del Ruiz oder 1792 beim Unzen.

Auch unzureichende Kommunikation oder mangelndes Vertrauen zwischen Experten und Behörden kann zur Katastrophe führen, so etwa in der kolumbianischen Stadt Armero am Nevado del Ruiz: Man hatte die Behörden davon in Kenntnis gesetzt, dass die Stadt von einer Schlammlawine bedroht war, doch hatten diese keine Evakuierung angeordnet – die Folgen sind bekannt.

Um herauszufinden, wie man die Erkenntnisse der Wissenschaft nicht nur den Behörden, sondern auch der Bevölkerung nahe bringen kann, organisierten die zuständigen Forscher 1995 ein internationales Kolloquium von Vulkanologen, Soziologen sowie Behörden- und Medienvertretern. Schließlich ist die sachgemäße Unterrichtung der Bevölkerung von entscheidender Bedeutung. ■

Ein tätiger Vulkan ist ein Vulkan, für den in historischer Zeit Ausbrüche verzeichnet sind, doch leider beruht der Begriff »historische Zeit« auf schriftlicher Überlieferung. Die Schrift entwickelte sich jedoch in den diversen Teilen der Welt nicht immer zur selben Zeit. Ein Vulkan wie der Arenal (Costa Rica) wurde darum erst beim Ausbruch 1968 als tätig erkannt, der Pinatubo erst 1991. Welcher Berg ist der nächste?

der Ausbruch von Santorin, der sich etwa 1600 Jahre vor unserer Zeitrechnung ereignete. Er zerstörte die minoische Zivilisation und legte möglichereweise den Grundstein zur Atlantis-Legende.
Das Smithsonian Institute in Washington hat etwas mehr als 1500 tätige oder potentiell tätige Vulkane erfasst. Der Begriff »tätiger Vulkan« bezeichnete lange einen Vulkan, der in geschichtlicher Zeit schon einmal ausbrach oder aus dessen erstarrender Lava Gas und Dampf, sogenannte Fumarolen, ausströmen. Auf der Grundlage dieser Definition hat man etwa 550 tätige Vulkane identifiziert. Aus demselben Grund wurden zahlreiche Vulkane in Ländern, deren Geschichtsschreibung nicht älter als vier- oder fünfhundert Jahre ist, gar nicht erfasst, wie der Arenal in Costa Rica, der 1968 tätig wurde, und der Pinatubo auf den Philippinen, der 1991 ausbrach. In beiden Fällen fand man anschließend durch gründliche geologische Untersuchungen heraus, dass der Berg nach etwa 600 Jahren wieder ausgebrochen war. Die Vulkane waren nicht oder nicht mehr als tätig angesehen worden, da der letzte Ausbruch aus dem kollektiven Gedächtnis verschwunden war. Im 17. Jh. erfasste der Geograph Varenius 27 tätige Vulkane. Zu jener Zeit waren praktisch alle Vulkane des pazifischen Feuergürtels und somit zwei Drittel aller Vulkane unbekannt. Mit der Zunahme der Forschungsarbeiten und der schriftlichen Chroniken erhöhte sich diese Zahl nach und nach, ebenso wie die der verzeichneten Ausbrüche. In neuerer Zeit spielten die Medien eine wichtige Rolle: Zuerst war es die Presse, die die Nachrichten verbreitete, dann der Rundfunk und schließlich das Fernsehen.
Das Smithsonian Institute hat somit alle Vulkane erfasst, zu denen historische, archäologische oder geochronologische Informationen über einen Ausbruch im Verlauf der letzten 10 000 Jahre vorliegen. Mit der Zunahme unseres Kenntnisstandes wird diese Zahl vermutlich weiter steigen. Überhaupt nicht berücksichtigt wurden die zahlreichen Vulkane unter dem Meeresspiegel, deren eruptive Tätigkeit beträchtlich ist, aber unter Tausenden Metern Wasser verborgen stattfindet. Man erfasste lediglich einige Vulkane, die noch an der Wasseroberfläche als solche wahrnehmbar sind, wie der MacDonald südöstlich von Tahiti. Ähnlich der zur Messung von Erdbebenstärken verwendeten Richterskala entwickelte man eine Maßeinheit für Vulkaneruptionen, die insgesamt neun Messziffern von 0 bis 8 umfasst. Diese Skala berücksichtigt verschiedene Messwerte wie die Menge der ausgestoßenen Tephra (vulkanische Auswurfprodukte in jeder Form) und die Höhe der Rauchfahne. Von einer Messziffer zur nächsten nimmt die Intensität der Eruption um den Faktor 10 zu. Glücklicherweise sind die meisten Vulkanausbrüche, wie auch die meisten Erdbeben, eher schwach, sodass der Messwert 8 nur selten erreicht wird. Dies war zum Beispiel bei jenem Ausbruch der Fall, der vor 2 Mio. Jahren den Yellowstone-Trichter schuf und bei dem 2500 km^3 vulkanisches Material ausgeworfen wurde, das über einem großen Teil Nordamerikas niederging. Im Fall einer Katastrophe entspricht die Zahl der Todesopfer nicht immer der gemessenen Intensität des Ausbruchs. Bei der Verhütung vulkanischer Gefahren ist die Aufklärung der in der Nähe eines gefährlichen Vulkans lebenden Bevölkerung ein entscheidender Faktor. Um den Bewohnern im Umkreis tätiger Vulkane die verschiedenen Risiken vor Augen zu führen, denen sie ausgesetzt sind, ließen die Internationale Assoziation für Vulkanologie und Chemie des Erdinnern (IAVCEI) und die UNESCO unter der Regie von Maurice Krafft einen Videofilm produzieren. Man verfolgt damit außerdem das Ziel, die Aufmerksamkeit der Behörden auf dieses Thema zu lenken, damit diese im Notfall rechtzeitig die gebotenen Maßnahmen ergreifen.

DIE SIEBEN HAUPTGEFAHREN EINES VULKANAUSBRUCHS

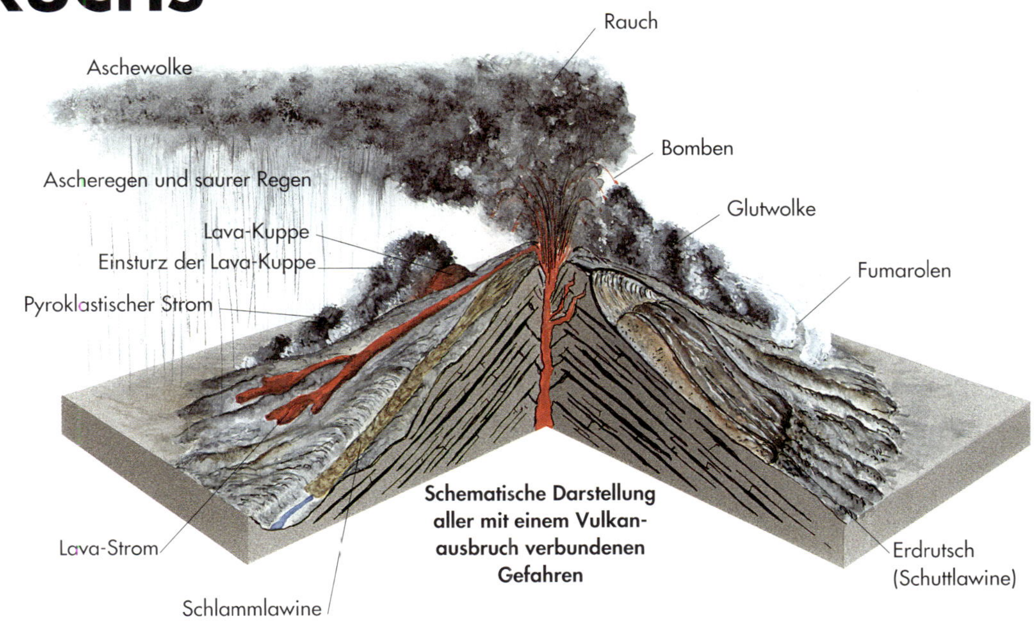

Schematische Darstellung aller mit einem Vulkanausbruch verbundenen Gefahren

Der Ascheregen

Unter Asche versteht man die bei einem Vulkanausbruch ausgeworfenen feinen, festen Teilchen. Sie werden bei einer Eruption sowohl von saurem als auch von basischem Magma produziert (s. S. 89).

- Allgemein gesagt, ist es die Explosion eines sauren (andesetischen) Vulkans, die diese Schadstoffe hervorbringt. Bei Ausbruch eines solchen Vulkans geht Vulkanasche auf die Umgebung nieder. Es hängt von der Heftigkeit der Explosion und den Wetterbedingungen ab, wie weit die Asche über das Umland verteilt wird. Dies können nur wenige, aber auch Dutzende oder gar Hunderte von Kilometern sein. Die Dichte der Ablagerung wird durch Entfernung und Intensität der Explosion ebenso bedingt wie durch die Windrichtung. Bevor die Asche niedergeht, bildet sie eine aufsteigende heiße Rauchfahne, die durch das Entweichen des im Gestein unter großem Druck eingeschlossenen Gases entsteht. Je nach Heftigkeit der Explosion können Gas und feste Partikel die Tropopause (in 10 km Höhe) überwinden und in die Stratosphäre (zwischen 10 und 50 km Höhe) gelangen, um dort bis in eine Höhe von 25–30 km aufzusteigen. Die feinen Aschepartikel verschwinden innerhalb weniger Monate wieder aus der Stratosphäre. Dafür bilden die vom Vulkan ausgeworfenen Schwefelgase, die sich mit dem Wasserdampf der Stratosphäre verbinden, durch eine photochemische Reaktion saure Schwefelaerosole, die noch lange um die Erde kreisen. Diese Aerosole absorbieren die Sonnenstrahlen und reflektieren sie in den Weltraum. Zwei Monate nach der Explosion des Pinatubo war die Durchschnittstemperatur auf der Erde – v. a. zwischen dem 20. Grad nördlicher und dem 20. Grad südlicher Breite – um einige Zehntel Grad zurückgegangen. Nach den Ausbrüchen des Krakatau, des Mount Saint Helens, des El Chichón, des Pinatubo und anderer Vulkane konnte man atemberaubende, purpurrote Sonnenuntergänge bewundern. Es war Benjamin Franklin, der bei dem Versuch, eine Erklärung für den strengen Winter zu finden, der auf den Ausbruch des Laki (oder Lakagigar) in Island 1783 folgte, als erster den Zusammenhang zwischen Vulkanausbrüchen und klimatischen Störungen erkannte.

Schematische Darstellung der bei verschiedenen Vulkanausbrüchen ausgeworfenen Aschemengen

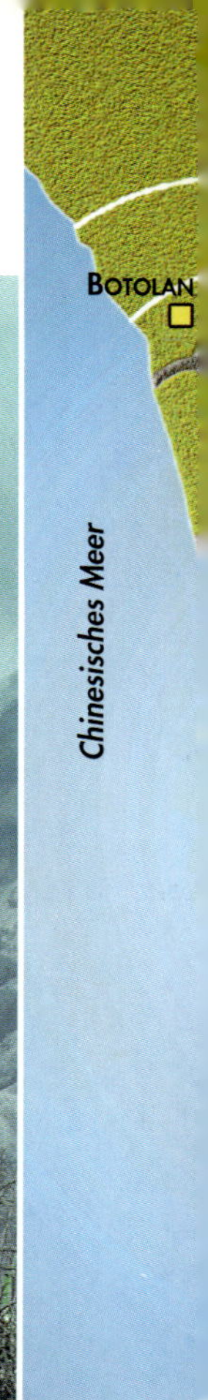

Beim Ausbruch des Galunggung (im Zentrum der indonesischen Insel Java) 1982 wurden 90 000 Menschen aus dieser Steinwüste evakuiert, während die Partikel der 11 000 m hohen Rauchfahne in das Triebwerk einer Boeing 747 geraten und einen schweren Störfall auslösen.

Bei einem Ausbruch dieses Typs legt sich ein großer Teil der durch die Explosion ausgeworfenen Partikel auf die Flanken des Vulkans und das umliegende Land, wobei die größten Bruchstücke in der Nähe der Ausbruchsöffnung niedergehen. Eine dichte Schicht Vulkanasche bedeckt Felder, Häuser, Straßen und Verkehrswege. Wird diese Ascheschicht nicht nach und nach beseitigt, brechen die Hausdächer unter der Last des vulkanischen Materials zusammen – ein Vorgang, den Regen oft noch beschleunigt. Durch die Zunahme des weltweiten Luftverkehrs sind immer mehr Flugzeuge durch Rauchfahnen und vulkanische Aschewolken gefährdet. Eines der bekanntesten Beispiele dafür ist die Boeing 747, deren vier Triebwerke beim Ausbruch des Galunggung (Indonesien) 1982 in 8000 m Höhe durch Aschepartikel verstopft wurden. Als die Maschine auf 1000 m abgesunken war, sprang glücklicherweise eines der Triebwerke an, wodurch eine Notlandung möglich wurde. Die beim Ausbruch des Pinatubo 1991 ausgeworfenen Aschepartikel behinderten zwei Wochen lang den gesamten Luftverkehr über dem Westpazifik: Flughäfen wurden geschlossen und Flugzeuge in der Luft wie am Boden beschädigt. Da die Bevölkerung rechtzeitig evakuiert worden war, forderte der Ausbruch nur relativ wenige Todesopfer: 300 Menschen starben an den direkten Folgen der Eruption, weitere 400 in den Notaufnahmelagern durch Nebeneffekte des Ausbruchs. Der Ascheregen, der mit einem Zyklon einherging, richtete beträchtliche materielle Schäden an.

Ausbrüche basischer Vulkane haben im Allgemeinen weniger gravierende Folgen. Mit der Lava-Fontäne wirft das Basaltmagma Lapilli (Lockermaterial) und »Haare der Madame Pele« (gläserne Lava-Fäden) aus. Diese Auswurfprodukte legen sich auf die Weideflächen, wo sie in Verbindung mit Gasen zu beträchtlichen Problemen führen können. Der Ausbruch des Laki auf Island im Jahre 1783 hatte dramatische Folgen: Der Viehbestand wurde fast völlig ausgelöscht, nachdem die Tiere Gras gefressen hatten, das durch Gase und »Haare der Madame Pele« kontaminiert war. Dies führte zu einer großen Hungersnot, bei der mehr als 10 000 Menschen ums Leben kamen. Für diesen Typ Vulkan war das ein Extremfall. Als der isländische Vulkan Eldfell in der Nähe der Stadt Heimaey 1973 wieder zum Leben erwachte, begrub die schwarze Basaltasche an die 100 Häuser für immer unter sich (s. S. 26–27). In den tropischen Brei-

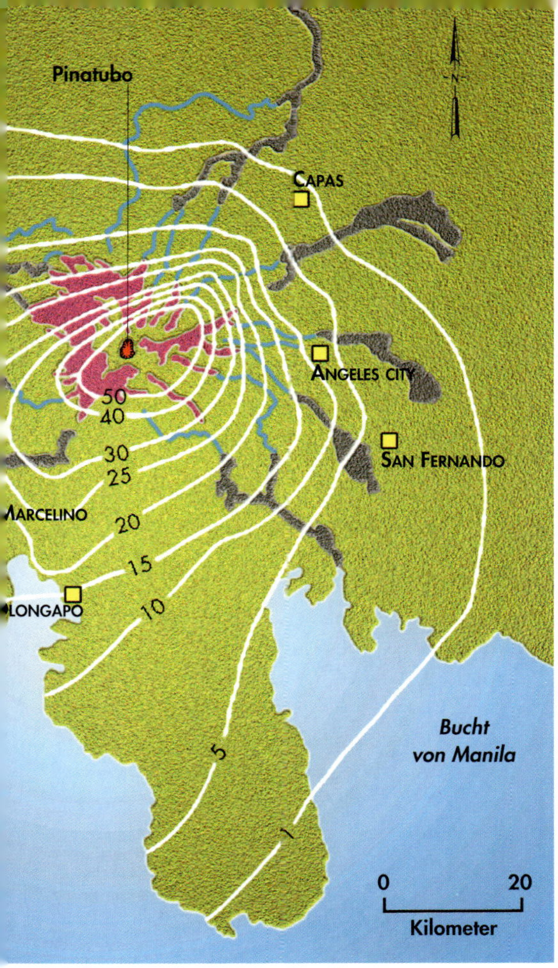

Darstellung der durch den Ausbruch des Pinatubo bis zum 1. September 1991 verursachten Schäden

- Isopachenlinien (jede Linie verbindet die Punkte mit der gleichen vulkanischen Niederschlagsmenge in Zentimetern)
- Ausbreitung der pyroklastischen Ströme vom 12. bis zum 15. Juni 1991
- durch Lahare bis zum 1. September 1991 zerstörte Gebiete

ten zwischen den Wendekreisen verwandelt sich die Vulkanasche durch Einwirkung von Wasser und Wärme rasch in äußerst fruchtbares Ackerland. Die Bewohner, die den Ausbruch überlebt haben, bestellen dann von neuem ihre Felder – bis zur nächsten Eruption. Wohin könnten sie sonst auch gehen?

Ascheströme

Ströme aus heißer Asche bilden sich durch Explosionen (Mont Pelée 1902) und den Einsturz von Staukuppen (Unzen 1991) oder Bimssteinsäulen (El Chichón 1982) usw. Die Bezeichnung ist ein Oberbegriff für Glutwolken, pyroklastische Ströme und weitere damit zusammenhängende Phänomene. Genau genommen handelt es sich um eine Mischung aus heißen Gasen, Asche und Gesteinsbrocken jeder Größe, die sich stündlich um mehrere Kilometer ausbreiten können. Während der Strom seine Geschwindigkeit über einen gewissen Zeitraum beibehält, dehnt er sich gleichzeitig erheblich aus. Die mitgerissenen Lava-Blöcke sind nämlich reich an Gasen, durch deren Expansion sie schließlich explodieren. Die in der Mischung enthaltenen Gesteinsbrocken werden dadurch immer kleiner. Nichts

Fortsetzung S. 128

Pyroklastische Ströme (oben: am Vulkan Augustine, Alaska) zählen zu den furchterregendsten (und am meisten gefürchteten) Gefahren eines Vulkanausbruchs. Am El Chichón (unten) fielen ihnen 2000 Menschen zum Opfer, ebenso wie große Mengen Vieh, das nicht mehr rechtzeitig in Sicherheit gebracht werden konnte.

Entwicklung der durch den Ausbruch des El Chichón 1982 ausgelösten Aschewolke

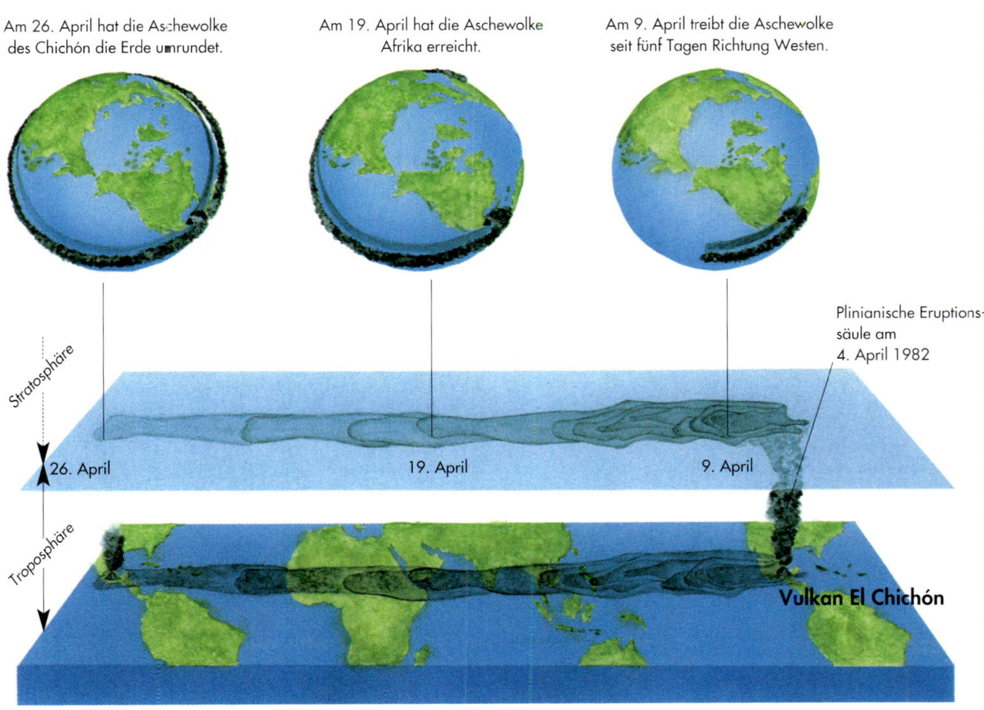

Ausbruch des Rabaul (19. September 1994). Ausbreitung der vulkanischen Aschewolke

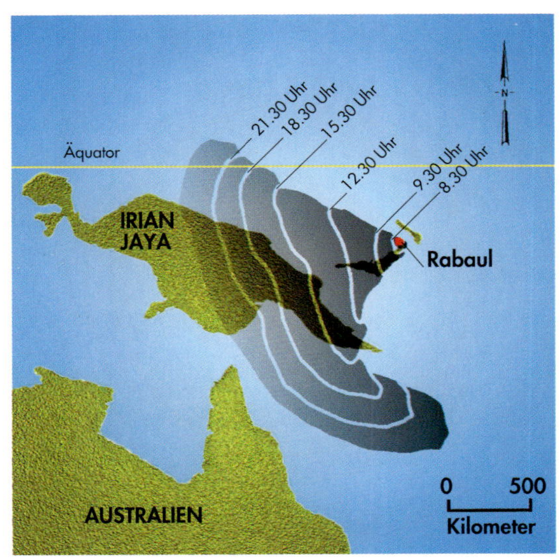

VULKANE UND LUFTVERKEHRSSICHERHEIT

In den letzten Jahrzehnten wurden Linienflugzeuge immer wieder von vulkanischen Aschewolken überrascht. Es kam auch zu mehreren ernsten Zwischenfällen, verursacht durch Rauchfahnen, die sich beim Ausbruch des Galunggung (Indonesien 1982), des Redoubt (Alaska 1989) und des Pinatubo (Philippinen 1991) gebildet hatten.

Bei einem explosiven Vulkanausbruch wird mit großer Gewalt eine Aschewolke in die Atmosphäre ausgestoßen, die in wenigen Minuten eine Höhe bis zu 40 km erreichen kann. Ein Großteil der Aschepartikel verbleibt in der Troposphäre und der unteren Stratosphäre, also auf etwa 15 000 m Höhe. In den gleichen Luftschichten liegen die Routen von Passagierflugzeugen. Durch Winde und atmosphärische Strömungen breitet sich die Asche aus und bildet schließlich, Hunderte von Kilometern von ihrem Ausgangspunkt entfernt, Wolken, die den Luftverkehr beeinträchtigen können. Diese Wolken sinken meist innerhalb einiger Tage oder Wochen wieder zur Erde, doch ist der Zeitraum groß genug, um zu ernsten Problemen zu führen. Die Asche besteht aus Vulkangesteinstrümmern in Form von kantigen Kristall-, Stein- und Glassplittern. Auch wenn diese Partikel manchmal zentimetergroß sind, so sind sie meist sehr fein. Außerdem werden sie von vulkanischen Gasen begleitet. Mit ihrem enormen nach innen gerichteten Luftstrahl ziehen die Triebwerke die Aschepartikel in sich hinein, wo sie bewegliche Teile wie Kompressor- und Turbinenscheiben beschädigen. Im Verbrennungsraum bilden sich teilweise aufgeschmolzene Aggregate, die sich häufig als glasige Verkrustungen auf die kältesten Turbinenscheiben legen. All dies beeinträchtigt die Triebwerke und kann sie sogar beschädigen. Die Aschepartikel schleifen außerdem die Kabine ab, machen die Cockpitfenster blind, dringen in die Navigationsinstrumente ein usw. In den letzten 15 Jahren wurden so 24 Flugzeuge während des Fluges beschädigt, nachdem sie unglücklicherweise vulkanische Aschewolken durchquert hatten; bei sieben Maschinen wurde die Funktion der Triebwerke stark beeinträchtigt, in einigen Fällen versagten sie sogar ganz. Auch wenn keine Todesopfer zu beklagen waren, kam es zu erheblichem Sachschaden, der sich im Fall der Boeing 747–400, die 1989 in die Wolke des Redoubt in der Nähe von Anchorage in Alaska geraten war, auf 80 Mio. Dollar belief. Beim Ausbruch des Pinatubo wurden etwa 20 Düsenflugzeuge in der Luft beschädigt; auf dem Boden waren es sogar noch mehr. Im Juni 1991 war der Luftverkehr zwischen Manila, Singapur, Hongkong und Ho-Chi-Minh-Stadt beeinträchtigt: So waren u. a. die Start- und Landebahnen von einer Ascheschicht bedeckt und die Flughafenanlagen beschädigt. Mehrere Flughäfen mussten geschlossen werden, wie der von Manila vom 15. bis zum 19. Juni 1991; der normale Flugbetrieb konnte erst im Juli wieder aufgenommen werden. Der Flughafen im US-amerikanischen Seattle wurde im Mai 1980 durch den Ausbruch des Mount Saint Helens ebenfalls stark in Mitleidenschaft gezogen. Der Internationale Luftverkehrsverband IATA reagierte mit entspre-

Auf dem Flughafen von Rabaul richtete der Ascheregen enorme Schäden an und ließ unbrauchbar gewordenes Fluggerät zurück.

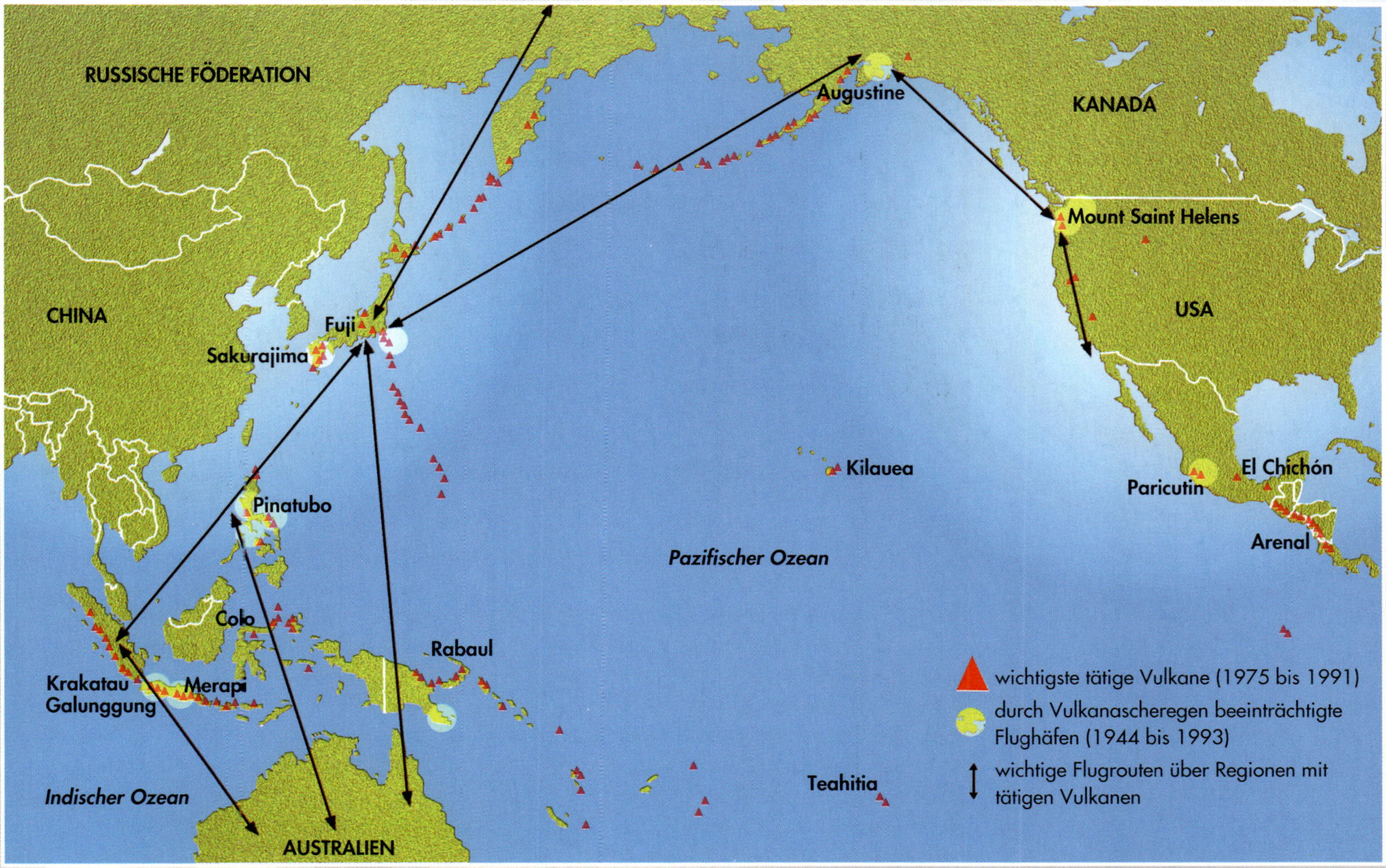

▲ **Zusammenschau wichtiger Luftverkehrswege und tätiger Vulkane an den Küsten des Pazifiks**

chenden Maßnahmen auf die Gefahren und richtete ein Frühwarnsystem ein, an dem auch die Weltorganisation für vulkanologische Beobachtung beteiligt ist. Kommt es zu einem Ausbruch, benachrichtigen sie umgehend die betreffenden Flugsicherungszentren, die die Informationen an die Fluggesellschaften und die Flugzeuge in der Luft weitergeben. Mit Satellitenaufnahmen wird die Ausbreitung der Eruptionswolken ständig beobachtet. Als vorbeugende Maßnahme hat die Weltwetterorganisation (WMO) außerdem Zentren eingerichtet, die durch Computersimulation versuchen, das Verhalten solcher Wolken je nach geografischer Lage, Witterungsbedingungen und der Intensität der Eruption zu berechnen. Auch eine bestimmte Zahl von Vulkanen wird mit Hilfe von Computersimulationen aufgrund verschiedener Hypothesen zur Intensität des Ausbruchs und klimatischen Bedingungen überwacht. Die Piloten haben nun genaueste Anweisungen, wie sie sich zu verhalten haben, falls während des Fluges vulkanische Aschewolken angekündigt werden – Wolken, die die Bordradargeräte zur Zeit noch gar nicht orten können. ■

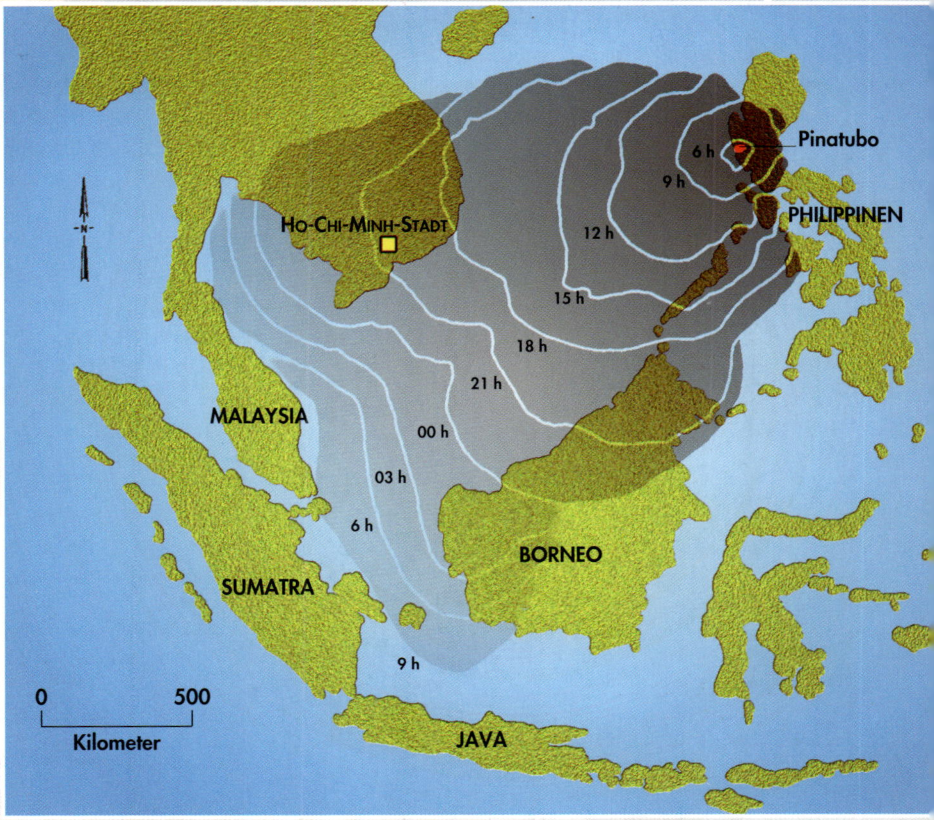

Ausbruch des Pinatubo
Ausbreitung der Aschewolke am 15. Juni 1991 im Abstand von jeweils drei Stunden

widersteht einem solchen Strom, der alles, was sich auf seinem Weg befindet, zerstört. Von allen vulkanischen Ablagerungen besitzen Ascheströme das größte Zerstörungspotential. Leider sind Ascheströme durch nichts aufzuhalten; die Katastrophe ist unvermeidlich, wenn die Bevölkerung nicht gewarnt und aus der Gefahrenzone evakuiert wird. Das bekannteste der zahllosen traurigen Beispiele ist der Ausbruch des Mont Pelée auf Martinique, der 1902 zur Zerstörung der Stadt Saint-Pierre und des Dorfes Morne-Rouge führte und 29 000 Menschenleben forderte (s. S. 24–25). Hätte man dieser Katastrophe entgehen können? Obwohl es damals noch kein vulkanologisches Observatorium gab – das am Vesuv war das einzige der Welt – und das Phänomen wissenschaftlich noch gar nicht ausreichend erforscht war, hätte sich ein großer Teil der Todesfälle verhindern lassen. In den Monaten und sogar Jahren, die der Explosion vorausgingen, gab es zahlreiche Hinweise auf die drohende Katastrophe. Unter den Beispielen aus neuerer Zeit wäre der Ausbruch des El Chichón in Mexiko zu erwähnen, bei dem 1982 das Dorf Francisco León durch den Einsturz einer Bimssteinsäule zerstört wurde und ungefähr 3500 Menschen ums Leben kamen, oder die Eruption des Unzen in Japan, wo

sich ein pyroklastischer Strom von noch nie erlebtem Ausmaß in den Fluss Mizunashi ergoss, an dessen Ufern 3500 Menschen lebten, die man zum Glück rechtzeitig evakuieren konnte. Jedoch wurden 43 Wissenschaftler, die den Ausbruch beobachteten, durch diesen Strom getötet, darunter Maurice und Katia Krafft sowie der amerikanische Vulkanologe Harry Glicken, der beste Kenner des Unzen.

Schlammlawinen oder Lahare

Das indonesische Wort Lahar bezeichnet eine Mischung aus Wasser, Vulkanasche, Gesteinsbrocken und sogar Erdklumpen, die mit erheblicher Zerstörungskraft und einer Geschwindigkeit von häufig mehr als 50 km/h die Bergflanken hinabstürzt und sich meist in Flüsse entleert. Lahare bilden sich auf ganz unterschiedliche Weise. Es genügt schon etwas Regen auf staubförmigen Ascheablagerungen, Produkte eines Ausbruchs, der gerade stattfindet oder sich vor kurzem ereignet hat, um eine Schlammlawine entstehen zu lassen. Dies geschah nach den Ausbrüchen des Pinatubo im Juni 1991, wo zu gleicher Zeit ein Taifun die Region heimsuchte. Seit der Eruption werden jedes Jahr zur Regenzeit auf allen Seiten des Vulkans zahlreiche Lahare ausgelöst. Im Juli 1995 mussten 15 000 Anwohner evakuiert werden. So setzt der Pinatubo auch mehrere Jahre nach seinem katastrophalen Ausbruch noch sein Zerstörungswerk fort. Vor und während einer Eruption kommt es zu erdbebenartigen Vorgängen; vor einem Ausbruch lösen diese auf wassergetränkten Böden Erschütterungen aus, die zu einer Art Verflüssigung des Erdreichs führen. Ebenso kann es im Verlauf einer Eruption zur Entleerung des Kratersees kommen, wie es 1919 beim Ausbruch des Kelut auf Java geschah. Das Überlaufen des Sees trieb heiße Schlammlawinen, die in weniger als einer Stunde etwa 100 Dörfer zerstörten, in mehrere Täler; man zählte mehr als 5000 Todesopfer. Wenn im Verlauf eines Ausbruchs große Mengen Auswurfprodukte in einen nahe gelegenen See gelangen, kann dessen Überlaufen ebenfalls Lahare auslösen. Dazu kam es ganz unerwartet, als im Mai 1980 eine ganze Flanke des Mount Saint Helens einstürzte und Lahare sich mit 100 km/h in die Täler ergossen, wobei sie alles, was sich auf ihrem Weg befand, hinwegfegten. Diese Schlammlawinen erreichten eine Höhe von mehr als 20 m. Eine Eruption kann

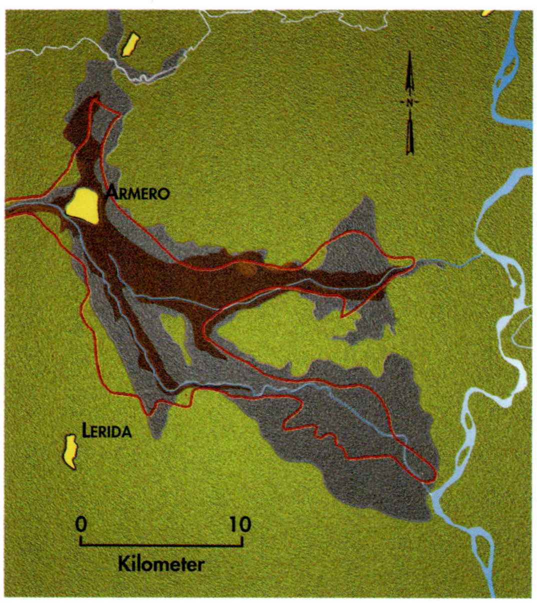

Prognostizierte und tatsächliche Lahar-Ausbreitung am Nevado del Ruiz in der Region Armero (Kolumbien)
- Grau: Lahar-Ablagerungen von 1845
- Rote Linien: Prognose der Lahar-Ausbreitung für den Ausbruch von 1985
- Braun: bei der Eruption 1985 tatsächlich durch Lahare betroffene Gebiete

Wassergetränkte Ascheablagerungen bilden Schlammlawinen, die durch phreatische Explosionen (Verdampfung von Wasser) oder Erdstöße ausgelöst werden. Diese hochgradig zerstörerischen Lawinen stürzen die Bergflanken hinab und verwüsten sie, wodurch das Landschaftsbild für immer verändert wird (hier am Galunggung und am Pinatubo).

auf dem Vulkan auch zu einer Schnee- und Eisschmelze führen. So zerstörte 1985 am Nevado del Ruiz (Kolumbien) ein Lahar, der sich in 50 km Entfernung gebildet hatte, in wenigen Augenblicken die Stadt Armero. Ein vergleichsweise schwacher Ausbruch wie dieser (nur 0,03 km³ Magma) forderte also gleichwohl 25 000 Todesopfer, wenn auch meist indirekt. Die größte von einem Lahar dieses Typs zurückgelegte Entfernung war vermutlich die Strecke der Schlammlawine beim Ausbruch des Cotopaxi (Ecuador), die 1877 durch die Schnee- und Eisschmelze gebildet wurde: 240 km! Schließlich entstehen Lahare auch durch Ausbrüche unter großen Schneemassen (subglaziale Eruptionen), wie es 1918 am Katla auf Island geschah. Das Schmelzen des Myralsjökull-Gletschers brachte einen gewaltigen Lahar hervor, der sich an der isländischen Südküste ins Meer ergoss.

Erdrutsche und Bergstürze

Ein Vulkan entsteht durch die Anhäufung von Strömen aus Lava, Asche und anderen Auswurfprodukten. Explosive Vulkane haben besonders steile Hänge, deren Instabilität durch hydrothermale Veränderungen im Inneren des Bergmassivs noch verstärkt wird. Wenn Magma aufsteigt und den Berg dabei stark verformt, stürzt der Vulkan teilweise ein. Das bekannteste Beispiel dafür ist der Ausbruch des Mount Saint Helens im Jahre 1980: In kaum zwei Monaten bildete das aufsteigende Magma auf der Nordseite des Gipfels eine mehr als 100 m lange »Wölbung«. Der Hang rutschte in ein 25 km entferntes Tal, was zu einer gigantischen Druckwelle führte, die alles im Umkreis zerstörte. Unmittelbar danach trat das Magma aus. Die eingehende Untersuchung des Ausbruchs (s. S. 17–21) ermöglichte es den Vulkanologen, dieses Phänomen auch bei anderen Vulkanen zu erkennen. Am Soufrière auf Guadeloupe z. B. fand vor 3000 Jahren ein ähnliches Ereignis statt, bei dem das ganze Gebiet von Saint-Claude auf der Halbinsel Basse-Terre unter einer riesigen Schuttlawine begraben wurde.

ERDRUTSCH AM MOUNT SAINT HELENS

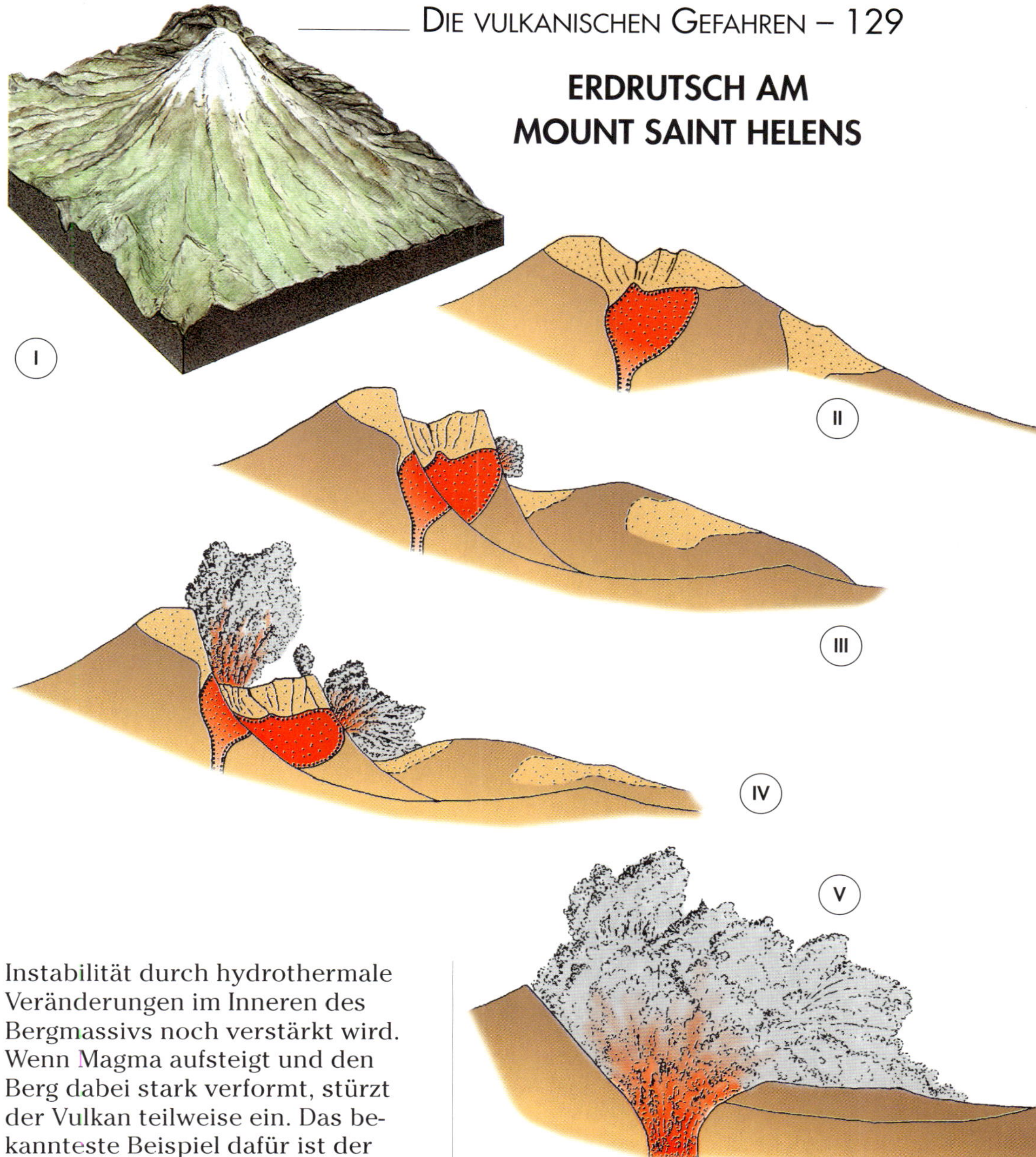

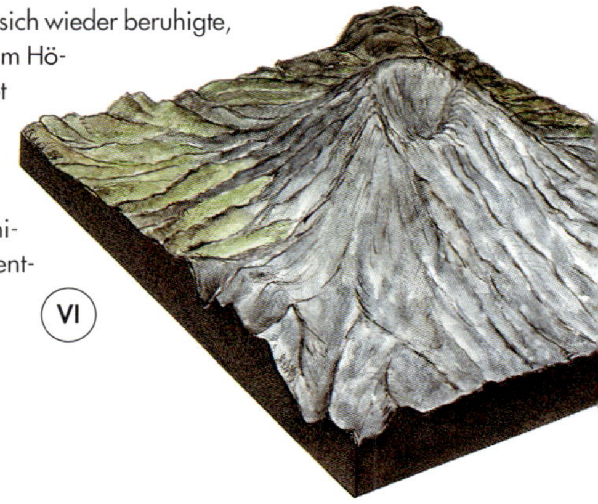

Am Tag vor seinem schicksalshaften Ausbruch hatte der Mount Saint Helens die Form eines Kegels, wie sie für andesitische Stratovulkane typisch ist (I). Durch eine Zunahme des Drucks in der Magmakammer unter dem Kegel (Kryptodom) wölbte der Vulkan sich am 18. Mai 1980 um 8 Uhr 32 auf (II). In weniger als 15 Sekunden begann ein Drittel des Vulkans ins Tal zu rutschen und den bis dahin in den Flanken des Berges bestehenden Druck freizusetzen (III, IV, V). Bis in eine Entfernung von 25 km wurde nach Norden hin alles durch die Schuttlawine zerstört. Als der Berg sich wieder beruhigte, hatte er 400 m Höhe eingebüßt und war durch eine 4 km breite, hufeisenförmige Caldera entstellt (VI).

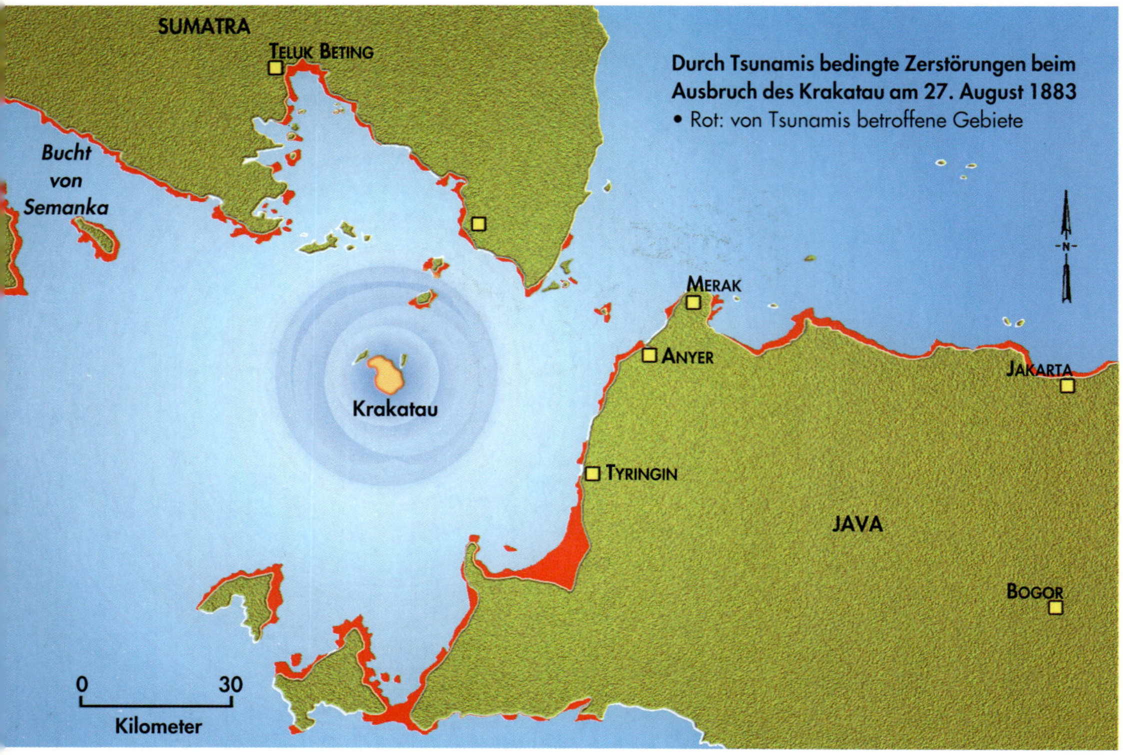

Tsunamis

Tsunamis, etwas ungenau auch Flutwellen genannt, sind riesige Wellen, die das Küstenland überfluten. Sie stehen in Zusammenhang mit vulkanischer Aktivität und können durch die einen Vulkanausbruch begleitenden Erdstöße ebenso ausgelöst werden wie durch schwache explosive Eruptionen auf dem Meeresboden, ins Meer stürzende pyroklastische Ströme, den Einsturz von Calderas sowie durch Bergrutsche und andere phreatomagmatische Eruptionen. Zwei traurige Beispiele sind an dieser Stelle zu nennen. Durch einen Erdrutsch, den die Aktivität des Vulkans Mayeyama in unmittelbarer Nähe des Unzen im Süden Japans verursacht hatte, bildete sich 1792 eine Tsunami, die die Stadt Shimabara zerstörte und etwa 15 000 Todesopfer forderte. Bei dem gewaltigen Ausbruch des Krakatau am 27. August 1883 entstanden durch einen Erdrutsch (vom Typ Mount Saint Helens) und durch zahlreiche gewaltige pyroklastische Ströme mehrere Tsunamis, die die Küste von Java verwüsteten und 36 000 Menschen töteten. In beiden Fällen waren die Wellen, die die Küste überfluteten, einige Dutzend Meter hoch. Der Ausbruch des Santorin erzeugte eine 60 m hohe Tsunami-Welle, während man auf Hawaii Spuren einer 300 m hohen Tsunami fand, die durch gewaltige Erdrutsche auf dem Meeresboden ausgelöst worden war.

Lava-Ströme

Flüssige Basaltlava bildet manchmal Ströme, die in Extremfällen bis zu 100 km/h schnell werden können. Die Geschwindigkeit eines Lava-Stroms hängt von zahlreichen Faktoren ab: Abflussmenge, Gefälle, Temperatur und chemische Zusammensetzung der Lava, der Bildung von Tunnels, durch die die Lava-Ströme ohne zu erkalten abfließen, usw.

Solche Ströme fließen also mit ganz unterschiedlicher Geschwindigkeit: von einigen Metern pro Stunde bis zu mehreren Dutzend Kilometern. Manche Lava-Ströme sind über 1 km breit. Dennoch stellen sie im Allgemeinen keine direkte Gefahr für den Menschen dar; stattdessen zerstören sie alles auf ihrem Weg: Wohnsiedlungen, Felder, Vegetation. Man muss dann viele Jahrhunderte warten, bis das Land wieder urbar gemacht werden kann. An den Flanken des Kilauea auf Hawaii fließen seit 1983 ununterbrochen Lava-Ströme. In einem 70 km^2 großen Gebiet wurden 200 Siedlungen, viele Kilometer Straße sowie Plantagen und Felder zerstört. Zum Ausgleich dafür vergrößern diese stetigen Lava-Ströme Tag für Tag die Insel.

1977 bildeten sich an der Südflanke des Nyiragongo (Demokratische Republik Kongo) Risse, vermutlich infolge eines Erdbebens, dessen Epizentrum ganz in der Nähe gelegen hatte. Zu dieser Zeit war der Krater bis zum Rand mit flüssiger Lava gefüllt, die nun mit 100 km/h aus einer der Spalten schoss. Vögel wurden in der Luft getroffen, schnell fahrende Fahrzeuge überflutet und flüchtende Anwohner von den Lava-Massen begraben. Um Kühe und Kälber zu verteidigen, stellte sich der Bulle einer Elefan-

Dieser Elefant wurde von einem 100 km/h schnellen Lava-Strom, ausgelöst durch Risse im Nyiragongo (Dem. Rep. Kongo), regelrecht »verschlungen«. Nur sein Abdruck und sein Skelett blieben in der erkalteten Lava erhalten.

Im Juni 1944 zerstörte ein Strom glühender Lava, ähnlich dieser Lava-Ströme des Ätna (großes Bild), das in der Nähe des Vulkans Paricutin gelegene Dorf San Juan. Nur die Kirche blieb als stummer Zeuge der Katastrophe erhalten. Zum Glück kam niemand dabei ums Leben, da die 4000 Einwohner des Ortes rechtzeitig evakuiert worden waren.

Lava-Seen stellen keine wirkliche Gefahr dar. Erst wenn der Bergkegel, auf dem der See sich befindet, große Risse bekommt, wie 1977 am Nyiragongo, wird ein Strom dünnflüssiger Lava freigesetzt, die mit großer, häufig tödlicher und immer zerstörerischer Geschwindigkeit, ins Tal stürzt.

tenherde dem Strom entgegen – doch alle Tiere wurden lebendig begraben; ihre Skelette fand man später in einem Lava-Abdruck wieder.

Der Lava-Strom legte in 20 Minuten 15 km zurück und kam schließlich 500 m nördlich des Flughafens Goma zum Stillstand. Als die Gefahr vorüber war, konnte man Lava-Brocken sehen, die mehrere Meter hoch in den Bäumen hingen. Man zählte 200 Todesopfer, doch ist die Dunkelziffer wahrscheinlich noch höher. Nach diesem Ausbruch war der Krater 900 m tief geworden. 1982 bildete sich wieder ein Lava-See, der den Krater zur Hälfte füllte. Ende Juni/Anfang Juli 1994 strömte die Lava genau in dem Moment heraus, als der Schwestervulkan Nyamlagira auszubrechen begann. Mitte Juli kamen Flüchtlinge aus Ruanda hier an. In unmittelbarer Nähe der beiden Vulkane errichtete man nun Flüchtlingslager für insgesamt 800 000 Menschen, wobei das größte Lager direkt auf dem Lava-Strom von 1977 eingerichtet wurde. Da der Lava-Spiegel im Krater wieder anstieg, musste man dem – keineswegs unerheblichen – Risiko einer Wiederholung der Ereignisse von 1977 Rechnung tragen und das am stärksten gefährdete Lager verlegen.

Seit 1995 scheint der Lava-Gehalt des Sees zum Glück nicht weiter zugenommen zu haben, während die vulkanische Aktivität offenbar ruht.

Der Vulkan Piton de la Fournaise auf der Insel Réunion ist ebenfalls sehr aktiv, und mehrere Eruptionen pro Jahr sind keine Seltenheit. Zu Ausbrüchen kommt es hier in der Regel im Bereich des Fouqué-Kraters, einer Art offenen Caldera über dem Meer. 1977 und 1986 brach der Berg an anderer Stelle aus. Die erste Eruption verwüstete Teile des Dorfes Piton-Sainte-Rose sowie viele Hektar Zuckerrohr, die zweite zerstörte Häuser in der Gemeinde Saint-Philippe. Dafür vergrößerten beide Ausbrüche, wie auch auf Hawaii, die Insel.

Vulkanische Gase

Beim Ausbruch eines Vulkans, manchmal auch in der Zeit zwischen zwei Eruptionen, werden große Mengen Gas in die Atmosphäre ausgestoßen (im Verlauf eines mittelschweren Ausbruchs mehrere Tausend Tonnen Schwefeldioxid pro Tag – dieses wird zu Schwefliger Säure, wenn es sich mit Wasser vermischt).

Die Menge des ausströmenden Schwefeldioxids schwankt nicht nur von Vulkan zu Vulkan, sie kann im Lauf der Zeit auch bei einem einzigen Vulkan stark variieren. Gemessen wird sie mit Hilfe eines Korrelationsspektrometers (COSPEC). Im Januar 1995 gab der Galeras in Kolumbien etwa 300 t Schwefeldioxid pro Tag ab; zur gleichen Zeit setzte der mexikanische Popocatépetl jeden Tag 2000 bis 3500 t frei, der Colima etwa 500 t.

Vor dem Ausbruch des Pinatubo auf den Philippinen im Juni 1991 erzeugten dessen Fumarolen Mitte Mai etwa 500 t Gas pro Tag, Ende Mai aber schon 5000 t. Kurz vor der Eruption ging die Gasemission wieder auf 1500 t pro Tag zurück. Anfang Juli, nach dem Ausbruch, maß man täglich 1000 bis 5000 t, im Oktober aber nur noch 20 t. Man schätzt, dass im Verlauf dieser katastrophalen Eruption 50 bis 100 Mio. t Schwefeldioxid in die Atmosphäre ausgestoßen wurden, doppelt so viel wie 1982 beim mexikanischen El Chichón.

Da die Gase sich in der Atmosphäre schnell auflösen, stellen sie für Menschen in der Regel keine große Gefahr dar. Dafür können sie beträchtlichen Sachschaden anrichten, wenn sie durch Wind auf Felder gedrückt werden oder als saurer Regen niedergehen. Diese stark fluor- und chlorhaltigen Gase verseuchen manchmal das Weideland und dezimieren so den Viehbestand, wie es 1783 in Island geschah. In neuerer Zeit wurden beim Ausbruch des chilenischen Lonquimay 1989 zahlreiche Viehherden mit Fluor vergiftet.
Emissionen von Kohlendioxid (CO_2) können ebenfalls katastrophale Folgen haben: Mal dringen sie aus Erdspalten vulkanischen Ursprungs (wie 1979 auf dem javanischen Dieng-Plateau, wo 142 Menschen starben), mal bilden sie sich wesentlich langsamer in Kraterseen. Die Katastrophe am Nyos-See in Kamerun 1984 ist ein schreckliches Beispiel dafür: Das mit Kohlendioxid übersättigte Wasser des Sees setzte das Gas auf vernichtende Weise frei. Im Tal breiteten sich Gasschwaden aus, die schwerer als Luft waren und beinah 1800 Menschen und zahlreiche Viehherden erstickten.
Die an den Kraterseen des französischen Zentralmassivs durchgeführten Forschungen haben gezeigt, dass sich dort so etwas nicht ereignen kann. ■

Oben: Das unsichtbare, geruchlose Kohlendioxid ist schwerer als Luft und stellt für Mensch und Tier eine große Gefahr dar (Nyos, Kamerun, 1986).
Unten: Der vielbesuchte Vulcano nördlich von Sizilien zeigt eine sehr starke Gasfreisetzung, in deren Verlauf auch schon Kohlendioxidschwaden beobachtet wurden.

ÜBERWACHUNG UND VORHERSAGE VON VULKANAUSBRÜCHEN

Die Bevölkerungsexplosion stellt die moderne Vulkanologie vor ein neues Problem: die rapide Zunahme der mit Vulkanausbrüchen verbundenen Gefahren. Zu Beginn des 21. Jh. nimmt die Wissenschaft eine neue Herausforderung in Angriff: Aus der Vulkanologie wird eine angewandte Wissenschaft zum Wohle der Menschheit.

ENTSTEHUNG UND ROLLE DER VULKANOLOGISCHEN OBSERVATORIEN

Durch eine Schlammlawine, die die Stadt Armero unter sich begrub, forderte der Ausbruch des Nevado del Ruiz im November 1985 25 000 Todesopfer.

Verglichen mit anderen Gefahren der Natur – Wirbelstürme, Überschwemmungen oder Erdbeben – führen die mit Vulkanen verbundenen Risiken eher selten zur großen Katastrophe. Je nach Bevölkerungsdichte und -verteilung sind es nicht unbedingt die großen Ausbrüche, die die meisten Todesopfer fordern. Wenn man mit schlecht koordinierten Gegenmaßnahmen auf eine kleinere Eruption reagiert (oder gar Kommunikationsschwierigkeiten zwischen Behörden, Wissenschaftlern, Medien und der betroffenen Bevölkerung herrschen), kann diese in einem dicht besiedelten Gebiet ebenso zur Katastrophe werden wie ihre sekundären Auswirkungen.

Der Ausbruch des kolumbianischen Nevado del Ruiz im November 1985, der die Stadt Armero zerstörte und 25 000 Todesopfer forderte, ist ein eindrucksvolles Beispiel dafür. Warnende Anzeichen (Aufstieg von Fumarolen und deutlich spürbare Erdstöße) waren nämlich schon seit Dezember 1984 beobachtet worden. Zusammen mit der UNDRO, dem Koordinator der Vereinten Nationen für Katastrophenhilfe, versuchten kolumbianische Wissenschaftler vergeblich, die Regierung auf einen möglichen Ausbruch des Vulkans und die gebotenen Vorsorgemaßnahmen aufmerksam zu machen. Im August 1985 installierten der U. S. Geological Survey (USGS) und die UNDRO um den Vulkan herum ein Netz von Stationen zur Erdbebenmessung. Am 11. September kam es zu einem ersten Ausbruch und zum Abgang eines 27 km langen Lahars. Das kolumbianische Bergbauministerium beschloss daraufhin, die durch den Vulkan drohenden Gefahren kartografieren zu lassen. Aufgrund lokaler wirtschaftlicher Interessen stieß diese Karte (die sich später als äußerst realistisch herausstellen sollte) bei der Presse auf Widerstand, und die unschlüssige Regierung vertagte das Vorhaben schließlich. Im Oktober 1985 legte der italienische Vulkanologe Franco Barberi, den man als Experten gerufen hatte, den kolumbianischen Behörden einen Bericht vor, in dem er angesichts der mangelnden Überwachung des Vulkans und der Vorgeschichte seiner früheren Ausbrüche genaue Anweisungen zum Schutz der Bevölkerung gab. Aus Mangel an Zeit, Geld und entsprechender Organisation waren die Provinzregierung von Tolima und der Bürgermeister von Armero dennoch nicht darauf vorbereitet, eine solche Krise zu bewältigen. Zur Katastrophe kam es am 13. November um 15.06 Uhr, als eine Eruption mit Auswurf von Pyroklastika Schnee und Eis auf dem Gipfel des Vulkans schmelzen ließ. Zur gleichen Zeit herrschte ein heftiger Sturm, weswegen der Ausbruch unerkannt blieb. Zwischen den Beobachtern im Bereich der Lahare und der Stadt Armero bestand keinerlei Funkverbindung. Man hatte zwar gehört, dass das Rote Kreuz von Armero am Nachmittag des 13. November die Räumung der Stadt verlangt hatte, doch wusste niemand, ob die Evakuierung bereits eingeleitet wurde. Nachdem sich die Gemüter beruhigt hatten, beauftragte die Regierung Kolumbiens angesichts der verheerenden, viele Menschenleben fordernden Katastrophe, die nationale geologische Behörde (Ingeominas) mit der Überwachung der wichtigsten potentiell gefährlichen Vulkane des Landes. Bis heute gibt es in Kolumbien drei leistungsfähige vulkanologische Observatorien. Seit Beginn des 20. Jh. ließ jede Vulkankatastrophe das Interesse von Behörden und Wissenschaftlern an der Erforschung und Überwachung von Vulkanen wieder aufleben. Auf diesem Weg erzielte man nach und nach bedeutsame Fortschritte beim Verständnis der Mechanismen und der Dynamik von Vulkanausbrüchen. Wurde noch das erste vulkanologische Observatorium der Welt, nämlich das am Vesuv, 1841 auf Grund des Interesses von König Ferdinand II. in rein wissenschaftlicher Absicht errichtet, so entstanden doch die meisten anderen Observatorien als Reaktion auf eine Katastrophe.

Der verheerende Ausbruch der Vulkane Mont Pelée (Martinique), Soufrière (St. Vincent) und Santa Maria (Guatemala) im Jahre 1902 veranlasste den französischen Vulkanologen Alfred Lacroix 1903, auf Martinique ein vulkanologisches Observatorium zur Überwachung des Mont Pelée zu errichten. Das, was er nach der Katastrophe von Saint-Pierre auf Martinique gesehen

Weniger als 4 km unterhalb des Gipfels liegt das Mayon Resthouse and Observatory, das exponiertere der beiden Observatorien, die vom philippinischen Institut für Vulkanologie (*Philvocs*) am ebenso berühmten wie gefährlichen Vulkan Mayon eingerichtet wurden.

hatte, erschütterte den Wissenschaftler zutiefst.
1912 gründete der Amerikaner T. Jaggar am Rand der Caldera von Kilauea das Observatorium von Hawaii. Kurze Zeit danach entstand das Observatorium von Asama in Japan. Weitere Beobachtungsstätten folgten. Die in diesen Observatorien gewonnenen Erkenntnisse machten aus der Vulkanologie eine moderne interdisziplinäre Wissenschaft. Der Ausbruch des Soufrière auf Guadeloupe im Jahre 1976 veranlasste das französische nationale Forschungszentrum CNRS (*Centre national de la recherche scientifique*) dazu, ein vulkanologisches Forschungsprogramm aufzustellen, das in zehn Jahren alle zuständigen Wissenschaftler des Landes mobilisierte. Der Kenntnisstand nahm dadurch beträchtlich zu. Gleichzeitig entwickelten das *Institut national des sciences de l'univers* und das *Institut de physique du globe* in Paris, die mit der Überwachung der Vulkane in den französischen Überseegebieten beauftragt waren, ein Netz von Beobachtungsstationen am Mont Pelée und am Soufrière. Heute zählen diese beiden Observatorien zu den besten der Welt. Am Piton de la Fournaise auf Réunion bedurfte es des Ausbruchs von 1977, bei dem das Dorf Piton-Sainte-Rose zerstört wurde, damit das von Alfred Lacroix seit 1936 geforderte Observatorium endlich errichtet wurde. Heute gehört diese Beobachtungsstätte bestimmt zu den bestausgerüsteten der Welt. Der Ausbruch des Mount St. Helens (s. S. 16–21) führte übrigens zur Gründung des Cascades-Vulkanobservatoriums in Alaska.
Ende 1995 unterhielten fast 60 vulkanologische Observatorien und Forschungsinstitute ein Netz von Beobachtungsstationen auf etwa 150 Vulkanen. Diese Observatorien koordinieren ihre Arbeit durch das weltweite Vulkanologische Überwachungssystem, einen Ausschuss der Internationalen Vereinigung für Vulkanologie und Chemie des Erdinnern. Die Beobachtungsstationen sind technisch nicht alle gleich gut ausgestattet. Je nach den zur Verfügung stehenden Finanzen reicht das Spektrum von einfachen optischen Beobachtungsposten bis hin zu hoch entwickelten Netzwerken, die aus einzelnen Stationen bestehen, wo ununterbrochen die verschiedensten Messwerte aufgezeichnet, an das Observatorium weitergeleitet und dort umgehend ausgewertet werden. Nach einer durch einen Vulkan ausgelösten Krise zeigen die Behörden meist Interesse an der vulkanologischen Forschung im Allgemeinen und der Überwachung eines unruhigen Vulkans im Besonderen, und dies aus wirtschaftlichen wie sozialen Gründen. Sobald die vulkanische Aktivität jedoch zurückgeht oder ganz erlischt, erlahmt auch das öffentliche Interesse, zumal es sogar unter Wissenschaftlern nie an so genannten »kritischen Geistern« fehlt, die die Beibehaltung von Observatorien während der Ruhezeit eines Vulkans für unnötig und überflüssig halten. Unter diesen Bedingungen ist es manchmal schwierig, eine kontinuierliche Beobachtung von Vulkanen zu gewährleisten. Das erste Observatorium am Mont Pelée, das bekanntermaßen 1903 gegründet wurde, ließen die Behörden schließen, nachdem der Vulkan gut 20 Jahre lang ruhig geblieben war. Vier Jahre nach der Schließung der Einrichtung, 1929, kam es überraschend zu einem neuen Ausbruch. Der Vulkan blieb bis 1932 aktiv, forderte jedoch zum Glück kein Menschenleben. Es war wieder Alfred Lacroix, dem es gelang, ganz in der Nähe der ersten Beobachtungsstation ein richtiges Observatorium einzurichten, das bis heute Bestand hat.
Vulkanologische Observatorien verfolgen im Wesentlichen zwei Ziele: Vulkane zu erforschen und sie zu überwachen. Bei der Erforschung geht es um das Verständnis der besonderen Eigenschaften eines Vulkans, seines Zustands, seiner Geschichte, seiner Entwicklung sowie der Mechanismen und der Dynamik seines Ausbrechens.
Zweck der Überwachung eines Vulkans ist es, den Behörden und ihren wissenschaftlichen Beratern ausgewertete Daten über einen Ausbruch und seine Vorboten sowie eine Analyse der erhaltenen Beobachtungen zu liefern. Die Observatorien haben den Auftrag, die Behörden so schnell wie möglich über ein eventuelles Erwachen des Vulkans zu informieren, damit diese rechtzeitig die erforderlichen Maßnahmen einleiten können, z. B. die Evakuierung der Bevölkerung.
So konnte vor dem Abgang der Lahare und pyroklastischen Ströme am japanischen Unzen 1991 die Bevölkerung dank der vom Observatorium Shimabara gelieferten Informationen rechtzeitig in Sicherheit gebracht werden. Außer den 43 Personen, die sich aufgrund ihrer wissenschaftlichen oder journalistischen Tätigkeit am Fuß des Bergs befanden, darunter die Vulkanologen Maurice und Katia Krafft und Harry Glicken, gab es keine Todesopfer. Dafür war der Sachschaden beträchtlich.

Fortsetzung S. 140

DIE VULKANOLOGISCHEN OBSERVATORIEN DES INSTITUT DE PHYSIQUE DU GLOBE DE PARIS

Auf Grund seiner Satzung gewährleistet das Institut de physique du globe de Paris (IPGP) »die dauerhafte Beobachtung der verschiedenen Naturphänomene im Mutterland, den Überseeterritorien und im Ausland. Diese Beobachtungen können zur Verhütung und Verringerung der Gefahren beitragen, die durch Erdbeben und Vulkane drohen.«

Zu diesem Zweck führt das IPGP seismologische, magnetische und vulkanologische Beobachtungen durch. Das Institut unterhält fünf vulkanologische Observatorien: zwei in Zusammenarbeit mit französischen Forschungseinrichtungen in Dschibuti und auf den Komoren sowie drei auf zu Frankreich gehörenden tropischen Inseln: auf Martinique für den Mont Pelée, auf Guadeloupe für den Soufrière und auf Réunion für den Piton de la Fournaise. Jedes der drei letztgenannten Observatorien ist Gegenstand einer Vereinbarung zur Überwachung von Vulkanen, die zwischen dem Generalrat der jeweiligen Übersee-Départements, dem *Institut national des sciences de l'univers* (INSU) und dem IPGP getroffen wurde. Vor Ort verfügt jedes dieser Observatorien über einen ständigen Stab von sieben bis zwölf Mitarbeitern, die Daten sammeln und erste Auswertungen vornehmen. Die Forschungsangestellten stehen mit den verschiedenen wissenschaftlichen Einrichtungen des Instituts in Verbindung, die auf die eine oder andere Fachrichtung spezialisiert sind: Seismologie, Bodendeformationen (Neigungsmessung und Geodäsie), Magnetismus, Gravimetrie (Schweremessung und -auswertung), Geochemie und Geologie. So sind es fast 60 Voll- und Teilzeitbeschäftigte, die den Betrieb der fünf Observatorien gewährleisten: Techniker, Ingenieure, Wissenschaftler und Administratoren. Diese Forscher und Ingenieure nehmen an französischen, europäischen und internationalen Forschungsprogrammen teil, in deren Rahmen sie die grundlegenden Mechanismen von Vulkanausbrüchen studieren, aber auch technologische Entwicklungen bei deren Überwachung (Sensoren, Weiterleitung der gewonnenen Daten, Beschaffung der Geräte usw.). Diese Arbeitsweise sollte jeden, der dafür vielleicht einmal zuständig sein wird, im Fall einer ernsten Gefahr durch einen vom IPGP überwachten Vulkan in die Lage versetzen, die daraus erwachsenden wissenschaftlichen und technischen Probleme zu bewältigen. Zudem finden regelmäßig Seminare statt, bei denen alle die Observatorien betreffenden Fragen erörtert werden. Niemand arbeitet hier isoliert, und jeder ist über die in den Observatorien geleistete wissenschaftliche und technische Arbeit im Bilde. Es handelt sich also um echte »Teamarbeit«. Vor allem kann jeder Ingenieur je nach den Erfordernissen ohne weiteres die technische Verantwortung für irgend eines der Observatorien ohne Einarbeitungszeit übernehmen.

Das älteste vulkanologische Observatorium des IPGP befindet sich am Mont Pelée auf Martinique. Es wurde nach der Katastrophe von Saint-Pierre 1902 vom französischen Vulkanologen Alfred Lacroix gegründet und steht am Morne des Cadets, 9 km vom Vulkan entfernt mit Blick auf dessen Gipfel. Es war bis 1925 in Betrieb – ausgestattet mit der seinerzeit modernsten Technik. Während des Ausbruchs der Jahre 1929–1932 beschloss man, immer noch auf Anregung von Alfred Lacroix, ein modernes Observatorium zu errichten. Dieses mit Seismografen, Magnetmessgeräten, Mess instrumenten für elektrische Felder, einem Gravimeter, einem chemischen Labor und einem Teleskop ausgestattete neue Observatorium blieb bis 1935 in Betrieb. Die Leitung der Station lag zunächst in den Händen der Wetterwarte von Martinique, ehe sie 1948, als die französischen Überseegebiete den Status von Départements erhielten, an das IPGP überging. Mit bescheidenen Mitteln modernisierte man das Observatorium, doch wurden die ersten telemetrischen Seismometer am Mont Pelée erst 1970 eingerichtet. Der Ausbruch des Soufrière auf Guadeloupe führte zu einer Umstrukturierung der vom IPGP betriebenen Observatorien, und dank der vom INSU (CNRS) bewilligten Kredite konnte man auf jedem der Vulkane moderne Überwachungsstationen errichten. Natürlich verstummen die Stimmen nie, die den Einsatz von technisch hoch entwickelten Geräten an ruhenden Vulkanen kritisieren. Sie übersehen jedoch, wie entscheidend es ist, bei der Auswertung der aufgezeichneten Daten den Standort der Überwachungsstationen zu kennen: Beim Ausbruch des Soufrière 1976 kam es deshalb zu schweren Interpretationsfehlern.

So zeigt eine Neigungsmessungs-Station, um nur ein Beispiel zu nennen, im Verlauf eines Jahres Verformungen der Erdoberfläche auf, die mit Regen- und Trockenperioden verbunden sind und durch die Sättigung des Erdreichs mit Wasser und die nachfolgende Austrocknung des Bodens ausgelöst werden. Man kann sich vorstellen, dass eine bedeutende Aufwölbung, die von einer Überwachungsstation auf dem Vulkan verzeichnet wird, zwangsläufig Bedenken bis hin zu einer allgemeinen Panik auslöst, wenn dieses durch eine »Basislinie« gekennzeichnete Phänomen aufgrund fehlerhafter Forschungsarbeit falsch gedeutet wird. In Wirklichkeit hat die Mess-Station nur auf heftige Regenfälle oder auf starke Sonnenbestrahlung des Felsens, auf dem sie sich befindet, reagiert. Umgekehrt kann die Verformung des Standorts die tatsächliche Aktivität des Vulkans vernebeln, sodass Ruhe gemeldet wird, auch wenn das Magma bereits aufsteigt. Wie zuverlässig sind in einem solchen Fall die den Behörden übermittelten wissenschaftlichen Daten und Einschätzungen? Das simple Beispiel zeigt, wie wichtig es ist, leistungsfähige Beobachtungsstationen auf den Vulkanen beizubehalten, da es schließlich um Menschenleben geht.

Das zweite vulkanologische Observatorium Frankreichs ist am Soufrière auf Guadeloupe und wurde 1950 auf Initiative des IPGP gegründet. Auch wenn uns dessen Ausstattung heute bescheiden vorkommt, so bewies die Erdbebenstation schon bald ihre Nützlichkeit, als sie 1956 den phreatischen Ausbruch voraussagte. Als der Soufrière 1975 erneut erwachte, waren die seismischen Messinstrumente bereits wesentlich leistungsstärker: Fünf einzelne Erdbebenstationen waren durch ein Telefonkabel mit dem Observatorium auf den Hügeln von Saint-Claude verbunden, 4 km unterhab des Gipfels des Vulkans. Dieses Netzwerk war es, das den Alarm auslöste. Als die phreatischen Ausbrüche begannen, wurde das Observatorium, das im Fall einer magmatischen Eruption durch seine Nähe zum Vulkan gefährdet gewesen wäre, zum Fort Saint-Charles auf der Halbinsel Basse-Terre verlegt, und als man die Städte Saint-Charles und Basse-Terre schließlich evakuierte, blieben die »Forscher im Fort« die einzigen Bewohner der verlassenen Städte. 1993 weihte man auf dem Berg Houëlmont, zwischen Basse-Terre und Gourbeyre, ein vom Generalrat der Insel und dem INSU (CNRS) errichtetes neues Observatorium ein: 16 Jahre nach dem letzten Ausbruch des Soufrière.

Seit 1976 werden die Überwachungsnetzwerke von Jahr zu Jahr verbessert. Vorrang haben natürlich die geophysikalischen Mess-Stationen, doch besitzt auch das Observatorium am Soufrière ein modernes geochemisches Labor. Auf der Kuppe treten nämlich ständig Fumarolen aus, und um das Bergmassiv herum gibt es zahlreiche Quellen. Aus all diesen Fluiden (Flüssigkeiten und Gasen) entnimmt man dreimal monatlich Proben, die im Observatorium analysiert werden, damit den Geochemikern keine Veränderung ihrer chemischen Zusammensetzung entgeht. Die Wissenschaftler können damit feststellen, ob zwischen zyklischen Veränderungen und Regen- sowie Trockenperioden ein Zusammenhang besteht. Auch hier zeigt sich wieder, wie wichtig es ist, die Hintergründe zu kennen, um zu gegebener Zeit

Das Observatorium am Mont Pelée auf Martinique ist eines der fünf vom *Institut de physique du globe de Paris* geleiteten vulkanologischen Observatorien. Nach dem katastrophalen Ausbruch des Jahres 1902 wurde es 1903 auf Initiative von Alfred Lacroix gegründet. Heute zählt es zu den modernsten der Welt, hat aber mit dem ursprünglichen Gebäude nur noch wenig gemeinsam.

richtig reagieren zu können und solche Variationen nicht mit jenen Veränderungen zu verwechseln, die auf vulkanische Phänomene zurückgehen.
Das dritte französische Observatorium befindet sich am Piton de la Fournaise auf der Insel Réunion. Nach der Entstehung des Dolomieu-Kraters 1936 (zweifellos ausgelöst durch den Ausfluss gewaltiger Lava-Ströme 1927 und 1929) riet Alfred Lacroix schon 1936 aufgrund seiner Forschungen am Vulkan zur Einrichtung eines Observatoriums auf Réunion. Es sollte jedoch noch mehr als vier Jahrzehnte dauern, bis sein Rat befolgt wurde. Als das Dorf Piton-Sainte-Rose durch den Ausbruch von 1977 teilweise zerstört wurde, zeigte die Öffentlichkeit – wie bereits erwähnt – Interesse an dem Projekt, weshalb INSU und IPGP die nötigen Kredite erhielten, um in 15 km Entfernung zum Vulkan ein Observatorium auf einem von der Wetterwarte Bourg-Murat überlassenen Grundstück zu bauen. Das Observatorium wurde Ende 1979 fertiggestellt, und im Jahr darauf kündigte das erste zufriedenstellend funktionierende seismologische Netzwerk die Eruptionen des Jahres 1981 an. Nicht zuletzt dank der häufigen Ausbrüche wurde das Observatorium rasch und extensiv ausgebaut. Das IPGP sah in ihm bereits einen »Versuchsvulkan«, als es 1992 zur Teilnahme am Programm zur Untersuchung vulkanischer Gefahren der EU-Kommission auserwählt wurde. Mit seinem hohen technischen und wissenschaftlichen Niveau arbeitet das Observatorium heute mit vielen anderen derartigen Einrichtungen weltweit zusammen. Es ist nun bestens ausgestattet; seine Überwachungsnetzwerke bestehen aus fast 140 geophysikalischen Stationen. Die eine Hälfte dieser Stationen bildet ein dauerhaftes Netzwerk, das die gewonnenen Daten umgehend an das Observatorium weiterleitet, während die übrigen Stationen zeitlich befristet angelegt sind und speziellen Forschungen dienen, deren Befunde an Ort und Stelle festgehalten und ausgewertet werden. Wie in anderen Observatorien kommt es jedoch vor, dass das zeitlich befristete bestehen bleibt. Welcher Wissenschaftler möchte nicht das bestmögliche Phänomen aufzeichnen? Es ist natürlich immer das nächste Phänomen, das besonders viele Daten liefern wird. Wer den Piton de la Fournaise kennt, kann sich gut vorstellen, wie hart die Belegschaft des Observatoriums arbeiten muss, um die Wartung der ganzen Geräte zu gewährleisten, von den Wirbelstürmen und den langen, ermüdenden Wanderungen auf den unebenen, verkrusteten, bizarr geformten Lava-Ablagerungen, die jeden Schritt äußerst mühsam machen, ganz zu schweigen.
Die Observatorien in Dschibuti und auf den Komoren werden in Zusammenarbeit mit örtlichen Forschungsinstituten betrieben. Die Einrichtung auf den Komoren überwacht den Vulkan Karthala, an dessen Fuß sich das Dorf Moroni befindet, dessen neuer Teil auf den Lava-Ablagerungen vom Beginn des 20. Jh. errichtet wurde. Beim letzten Lava-Abgang 1977 wurde ein ganzes Dorf zerstört, sodass von diesem Vulkan immer noch eine erhebliche Gefahr ausgeht. Das Observatorium unterhält bereits ein sehr leistungsfähiges seismologisches Netzwerk, das inzwischen nach und nach durch weitere Netzwerke ergänzt wird.
In Dschibuti führt man v. a. Studien zur seismischen Aktivität des Gebiets durch, und das in erster Linie aufgrund der Fortsetzung des Carlsbergrückens über den afrikanischen Kontinent und der grundlegenden Forschungserkenntnisse dazu. Zu Vulkanausbrüchen, wie sie zuletzt 1978 stattfanden, kommt es v. a. in Wüstengebieten. Sofern diese für die Wissenschaft interessant sind, stellen sie natürlich keinerlei Gefahr dar. Das Erdbebenrisiko ist dafür beträchtlich, und mittelschwere Erdstöße mit einer Stärke zwischen 5 und 6 haben in der Vergangenheit bereits erheblichen Sachschaden angerichtet, insbesondere in den Jahren 1961 und 1973.

Auch wenn die von den Wissenschaftlern der Observatorien durchgeführte Überwachung den Behörden bei der Rettung von Menschenleben hilft, so kann sie in den meisten Fällen jedoch nicht vor Sachschäden schützen. Ende des 20. Jh. erließen zahlreiche Länder gesetzliche Bestimmungen zur Entschädigung der Opfer von Naturkatastrophen. In Frankreich trat ein entsprechendes Gesetz 1982 in Kraft. In den sieben Jahren, die seither vergangen sind, zahlten die Versicherungen mehr als 25 Mrd. Franc (ca. 8 Mrd. DM) Schadensersatz. Vulkanausbrüche hatten daran jedoch praktisch keinen Anteil; nur in der Gemeinde Saint-Philippe auf Réunion entstand beim Ausbruch des Piton de la Fournaise 1986 gewisser Sachschaden.
Bevölkerung und Wirtschaft ärmerer Länder sind durch Naturkatastrophen sehr viel stärker bedroht als die der wohlhabenden Staaten, die die nötigen Mittel zur Verhütung bestimmter Folgen von Naturkatastrophen besitzen, indem sie z. B. erdbebensicher bauen. Diese Erkenntnis veranlasste die Vollversammlung der Vereinten Nationen zur Verabschiedung einer Resolution, mit der das am 1. Januar 1990 beginnende Jahrzehnt zur Dekade für Katastrophenvorbeugung erklärt wurde. Zweck dieser Maßnahme sei es, durch eine international konzertierte Aktion v. a. in den Entwicklungsländern Todesopfer, Sachschäden sowie wirtschaftliche und soziale Unruhen zu verhüten, die oft von Naturkatastrophen wie Erdbeben, Stürmen, Überschwemmungen, Erdrutschen, Vulkanausbrüchen usw. verursacht werden. Auch hier sind wieder die Observatorien für die Abwehr vulkanischer Gefahr unentbehrlich.

Wie überwacht man einen Vulkan und erkennt den drohenden Ausbruch?

Die Überwachung von Vulkanen basiert auf der geophysikalischen und geochemischen Erforschung der Eruptionsmechanismen. Der Aufstieg des Magmas in eine Lagerstätte (Vulkanherd oder Magmakammer genannt) führt zu einem Überdruck, weil sich der Druck des aufsteigenden Magmas zu dem der daraus entweichenden Gase addiert. Dieser Überdruck ist groß genug, um den Vulkan zu verformen: An einzelnen Stellen oder als Ganzes wölbt er sich auf und verändert seine Gestalt. Mit entsprechenden Sensoren lassen sich die so entstehenden Verformungen des Bodens feststellen. Die aus dem Überdruck erwachsende Spannung bricht zudem das Gestein in der Richtung auf, wo der lithostatische Druck am geringsten ist, nämlich nach oben. Dieses Aufbrechen ist mit Knarrgeräuschen verbunden, kleinen Erschütterungen, die ebenfalls von speziellen Sensoren ermittelt werden können. Die Risse im Gestein führen zu einem Druckabfall, und die magmatischen Gase wandern nun zur Erdoberfläche und lösen sich zum Teil im Grundwasser. Durch eine Analyse lassen sich die Veränderungen in der chemischen Zusammensetzung von Fumarolen und Quellwasser feststellen. Der Druck führt zu Schwankungen der elektrischen Ströme, wodurch sich an einigen Stellen das Magnetfeld ändert. Auch diese Veränderungen kann man mit Hilfe von Sensoren erkennen.

Das Observatorium am Vesuv bei Neapel, das erste vulkanologische Observatorium der Welt, hat die Aufgabe, kontinuierlich die Temperatur der Fumarolen im Solfatara-Krater (Phlegräische Felder) bei Puzzuoli zu messen.

Ein Überwachungsnetz besteht somit aus einer Gruppe von Messgeräten, die auf einem Vulkan in der Weise aufgestellt sind, dass sie die bestmögliche Aufzeichnung der verschiedenen Parameter gewährleisten. Alle gewonnenen Daten werden sofort oder kurze Zeit später per Funk an ein Observatorium weitergeleitet, wo man sie aufbereitet und analysiert, um eine Vorhersage erstellen zu können. Eine solche Prognose nennt man kurzfristig: von einer Woche bis zu einigen Monaten oder einem Jahr. Um diese Informationen richtig interpretieren zu können, muss man sich auf die Kenntnisse der Eruptionsmechanismen besinnen – und damit auf die Grundlagenforschung. Die in den vulkanologischen Observatorien seit ihrem Bestehen durch Überwachung gewonnenen Daten, besonders die aus Hawaii, haben die Forschungserkenntnisse beträchtlich erweitert. Dadurch ließen sich wiederum die Überwachungsnetze weiterentwickeln. Überwachung und Forschung sind somit aufs Engste miteinander verflochten und ergänzen sich gegenseitig in jeder Beziehung. Die durch geophysikalische und geochemische Beobachtung gewonnenen kurzfristigen Prognosen liefern die

Daten zur rechtzeitigen Benachrichtigung der Behörden und beantworten die meisten Fragen, zumindest im Falle effusiver Basaltvulkane: wo, wann und wie? Bei den besonders gefährlichen explosiven Vulkanen sind die Antworten weniger eindeutig. Wenn es warnende Vorzeichen gibt, darf man annehmen, dass der Vulkan erwacht und eine Gefahr darstellt. Ist die Schwankungsbreite der einzelnen Parameter jener Variationsbreite vergleichbar, die bei früheren Vulkanausbrüchen beobachtet wurde, dann darf man auch mit ziemlicher Sicherheit sagen, dass es in naher Zukunft zu einem bedeutenden Ereignis kommen kann. das jedoch nicht unbedingt eintreten muss! So kam es an verschiedenen Vulkanen zu heftigen Erdstößen und bis zu 2 m hohen Aufwölbungen des Bodens, ohne dass darauf ein Ausbruch gefolgt wäre: von 1980 bis 1984 in den Calderas der Phlegräischen Felder bei Neapel und im Long Valley im Westen der Vereinigten Staaten, oder von 1983 bis 1985 beim Rabaul in Papua-Neuguinea. Zur Verhütung der Gefahr muss man erst folgende Fragen beantworten: Welche Form wird der Ausbruch haben? Wie heftig wird er sein? Welche Gefahren drohen der Bevölkerung? Die Beantwortung dieser Fragen erfordert spezifische Grundlagenforschung: die Untersuchung von gerade stattfindenden Ausbrüchen, die Rekonstruktion vergangener Eruptionen, die Entwicklung von Modellen und die theoretische Simulation eines Ausbruchs. Anhand der so gewonnenen Erkenntnisse sollten dann Karten zur Einschätzung der Gefahren und Notstandspläne erarbeitet werden. Im Rahmen des Katastrophenschutzes nennt man dies eine langfristige Prognose.

Seismologische Überwachungsnetze

Vor dem Ausbruch des Vulkans El Chichón im März 1982 hatten die Wissenschaftler des mexikanischen geophysikalischen Instituts von einer Erdbebenstation, die einen etwa 80 km vom Vulkan entfernten Staudamm überwachte, Aufzeichnungen erhalten, die bis zu einem Jahr alt waren. Durch Analyse dieser Daten erkannte man rasch, dass viele der Erdstöße weit entfernt von der Talsperre aufgetreten waren, nämlich unter dem Vulkan El Chichón. Den meisten Vulkanausbrüchen gehen, wie auch in diesem Fall, Erdbeben voraus. Nur wenige Eruptionen (weniger als 5 %) werden nicht von seismischer Aktivität begleitet. Umgekehrt aber folgt auf eine so genannte seismovulkanische Erscheinung nicht zwangsläufig auch ein Vulkanausbruch.

Manche seismischen Messungen werden von fest installierten Erdbebenstationen durchgeführt. Andere Mess-Stationen sind mobil und werden je nach Bedarf eingerichtet, so wie hier am Kilauea auf Hawaii.

Der erste Seismograf mit Zeitangabe wurde 1855 von Luigi Palmieri, dem späteren Direktor des Observatoriums, erfunden und am Vesuv installiert. Palmieri war der Erste, der Erdstöße vulkanischen Ursprungs aufspürte. Mit Hilfe seiner Erfindung untersuchte er insbesondere den Ausbruch des Vesuvs in den Jahren 1871–1872. Man spricht von einem Seismografen, wenn die Pendelaufhängung, wie bei den meisten älteren Apparaten, mit der Registriertrommel verbunden ist. Ist die Pendelaufhängung unabhängig, wie es heute meist der Fall ist, spricht man von einem Seismometer. Die meisten der von den Observatorien verwendeten Seismometer bestehen aus einer trägen Masse, die um eine waagerechte oder senkrechte, auf einem mit dem Boden verbundenen Gestell befestigte Achse schwingt. Dieses Gestell folgt den Schwingungen des Bodens, wenn sich dieser abrupt bewegt. Mit Hilfe des Geräts kann man waagerechte und senkrechte Erschütterungen des Bodens ebenso feststellen wie Schwingungen in beide Richtungen, wodurch sich die Erdbewegungen rekonstruieren lassen. Der am Observatorium von Martinique nach dem Ausbruch des Mont

Das IPGP arbeitet mit der Regierung der Komoren zusammen. Hier wird eine Erdbebenmess-Station eingerichtet.

Noch heute findet man funktionierende Seismografen mit Rußpapier, selbst wenn sie etwas antiquiert wirken.

Pelée 1929 installierte Seismograf von Quervain-Piccard besteht aus einer 20 t schweren Masse. Diese ist mit einer im Boden verankerten Registriertrommel verbunden, die mit Rußpapier überzogen ist. Ein Stift bewegt sich auf der rotierenden Trommel und hinterlässt eine Spur: Die so erhaltene Kurve nennt man Seismogramm. Heute besteht die Masse eines Seismometers aus einem an einer Feder hängenden Magneten in einer Zylinderspule, die mit einem im Boden verankerten Gestell verbunden ist. Die Schwingungen des Bodens erzeugen eine elektrische Spannung, deren Intensitätsschwankungen entweder grafisch oder numerisch aufgezeichnet werden. Der Seismograf am Mont Pelée ist ein außergewöhnliches Museumsstück.

Ein Netz aus Erdbebenstationen zur Überwachung eines Vulkans besteht also aus Seismometern, die an geeigneten Stellen installiert werden. Bei der Wahl des Standorts sind das geographische Umfeld und die Möglichkeiten zur Weiterleitung der Daten ebenso zu berücksichtigen wie die Art des Bodens (lieber nacktes Gestein als Lava-Ablagerungen), dessen durch Erdstöße ausgelöste Erschütterungen so gut wie möglich aufgezeichnet werden sollten. Die Zahl der einzelnen Erbebenstationen eines Netzwerks variiert von Vulkan zu Vulkan. Am Piton de la Fournaise besteht das Netzwerk aus 17 dauerhaft installierten Mess-Stationen, am Vesuv sind es 15; auf Hawaii überwachen insgesamt 51 solcher Stationen die Vulkane. Bei Bedarf kann das Netzwerk um zeitlich befristet eingerichtete Stationen ergänzt werden. Eine Mess-Station umfasst einen Seismometer, der durch eine mehr oder weniger komplexe elektronische Schnittstelle an einen Radiosender angeschlossen ist, und eine Antenne. Strom bezieht die Anlage aus ein oder zwei Sonnenkollektoren und einer Batterie. Die empfangenen Signale werden kontinuierlich durch elektromagnetische Wellen an das Observatorium weitergeleitet, wo sie empfangen, entschlüsselt und ausgewertet werden. Je nach technischer Ausstattung des Observatoriums ermittelt man den Erdbebenherd (also Ausgangsort und Zeit der Erdstöße) sofort oder zeitlich etwas verzögert. Man kann dadurch die Veränderungen der seismischen Aktivität ebenso verfolgen wie die den Magmaaufstieg begleitende Wanderung des Erdbebenherds zur Erdoberfläche hin, was eine Prognose des Ausbruchs ermöglicht. Jeder Eruption gehen im Allgemeinen eine oder mehrere seismische Erscheinungen voraus, die durch wellenartige Erdstöße gekennzeichnet sind. Die Erbebenwellen werden von Ruheperioden unterbrochen, deren Dauer stark variiert (von einigen Stunden bis zu mehreren Wochen). Ebenso schwankt die Zahl der registierten Erdstöße von einer seismischen Erscheinung zur nächsten und von Vulkan zu Vulkan; das Spektrum kann dabei von einigen Dutzend Erschütterungen bis zu mehreren Tausend reichen.

Eine Regel gibt es also nicht. Zudem können diese durch das Rissigwerden des Gesteins ausgelösten Erdstöße von schwachen, regelmäßigen Schwingungen des Bodens, so genanntem vulkanischen Tremor, überlagert werden. Der Ursprung dieses Tremors ist noch nicht ganz geklärt: Man nimmt im Allgemeinen an, dass er auf Vibrationen zurückgeht, die durch den Aufstieg des Magmas und/oder die Schwingung der Gase in den Aufstiegskanälen (Schloten) erzeugt werden. Auch wenn man am Mauna Loa oder am Kilauea auf Hawaii vor einem Ausbruch in der Regel einen Tremor in mehreren Kilometern Tiefe verzeichnet, so wird dies am Piton de la Fournaise z. B. nicht beobachtet. Stattdessen registriert man beim Austreten der Lava diese Art Phänomen bei praktisch allen Vulkanen, die vom Netz der Mess-Stationen überwacht werden.

Die Erdbebenstationen ermöglichen es also, das zu hören, wenn nicht gar zu sehen, was im Vulkan geschieht. Sie stellen damit gewissermaßen das Stethoskop des Vulkanologen dar. Dies erklärt, warum die Erdbebenkunde lange als Königin unter der zur Überwachung eines Vulkans nötigen Fachrichtungen galt.

Ohne die Seismologie wäre die Überwachung eines Vulkans im Übrigen gar nicht möglich. Häufig ist es nur eine einzige Erdbebenstation, die diese Aufgabe erfüllt, wenn auch nur als Alarmanlage. Wenn dem einen Arzt ein Stethoskop zur Diagnose bestimmter

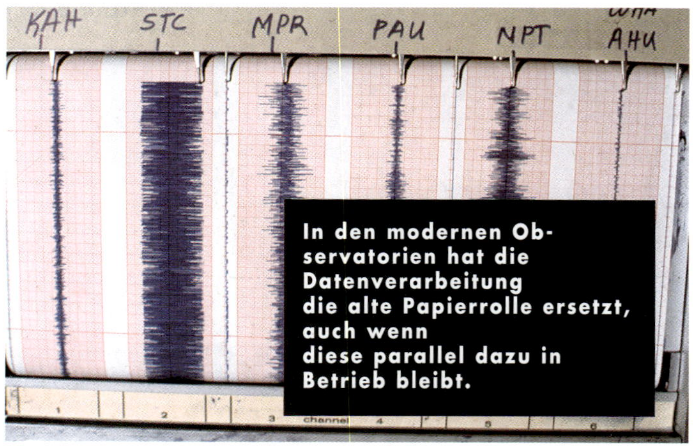

In den modernen Observatorien hat die Datenverarbeitung die alte Papierrolle ersetzt, auch wenn diese parallel dazu in Betrieb bleibt.

DIE SEISMISCHEN VORBOTEN BEIM AUSBRUCH DES UNZEN (JAPAN) 1991

Der auf der Insel Kyushu im äußersten Südwesten Japans gelegene Berg Unzen gehört zum pazifischen Feuergürtel, der, vereinfacht gesagt, durch die Subduktion (Abtauchen) der Pazifischen Platte entstanden ist. Die hier austretende Lava ist reich an Siliziumdioxid (etwa 65 %) und flüchtigen Elementen; es handelt sich um eine sehr zähflüssige Dazitlava. Der Vulkan brach in historischer Zeit zweimal aus: 1663 und 1792. Auf den letztgenannten Ausbruch folgte ein Erdrutsch, der eine Tsunami erzeugte und so im Gebiet von Shimabara 15 000 Todesopfer forderte. Vergessen wurde diese Katastrophe nicht; der Vulkan besitzt ein Netz seismischer Stationen, die rund um den Berg eingerichtet wurden.

Im November 1989 waren in der Bucht von Chijiwa, am westlichen Fuß des Vulkans, seismische Erscheinungen spürbar. Die Erdstöße verlagerten sich immer weiter nach Osten, bis sie im Juli 1990 unter dem Unzen selbst auftraten. Gleichzeitig wurde der erste Tremor registriert. Von August bis Anfang November verzeichneten die Mess-Stationen immer auffälligere seismische Erscheinungen und häufiger auftretenden Tremor. Die japanischen Vulkanologen rechneten mit einem Ausbruch: Am 17. November kam es auf dem Gipfel zu ersten phreatischen Eruptionen (explosionsartigem Verdampfen von Wasser mit gleichzeitigem Austreten pulverisierten Gesteins), bei denen sich zwei Krater bildeten. Nach einer kurzen Beruhigung, die den ganzen Dezember über andauerte, nahmen die Erdbewegungen im Januar 1991 wieder zu. Am 12. Februar kam es zur Entstehung neuer Fumarolenfelder und zu einer weiteren starken phreatischen Eruption, die einen dritten Krater hinterließ. Bis zum 29. März waren die Ausbrüche mehr oder weniger stark; Ende März nahmen sie an Intensität zu. Mitte Mai verzeichnete man unter dem Vulkan eine starke Zunahme der Erdstöße und des Tremors, während sich Lahare in das Bett des Flusses Mizunashi ergossen. Am 20. Mai zeigte sich im Jigokuato-Krater auf dem Gipfel des Vulkans ein erster Lava-Dom. Seine Entstehung wurde von starken Erdstößen begleitet, die auch bei weiteren Staukuppenbildungen zu beobachten waren. Der Lava-Dom wuchs rasch, bis der Krater schließlich überlief. Der Abfluss des Lava-Pfropfens auf den Berghang hatte eine Reihe pyroklastischer Ströme zur Folge. Am 26. Mai floss einer dieser Ströme bis zu 2,5 km weit. Der Lava-Ausfluss aus dem Krater setzte sich fort. Am 3. Juni legte ein noch größerer Strom eine Strecke von 4 km zurück und forderte 43 Todesopfer, darunter Maurice und Katia Krafft sowie Harry Glicken. Ein weiterer Strom überwand am 8. Juni eine Entfernung von 5,5 km. Am folgenden Tag wölbte sich am Rand des ersten ein zweiter Lava-Dom empor, der neue pyroklastische Ströme auslöste. Bis 1994 folgten weitere elf Dome. Drei Jahre lang füllte die Lava kontinuierlich die Caldera auf dem Gipfel. Die pyroklastischen Ströme, die anfänglich auf die Ostflanke beschränkt waren, stürzten nun auch die Nord- und Südflanke des Vulkans hinab, dessen Hänge dadurch von Hunderten von Strömen bedeckt wurden. Mitte 1994 verlangsamte sich die Aufwölbung des elften Lava-Doms drastisch. Ein Jahr später ließ die Aktivität an der Erdoberfläche nach, während man weiterhin einige Dutzend Erdstöße mit Tremor pro Monat verzeichnete. Zwischen den ersten und den letzten an der Oberfläche sichtbaren Erscheinungen waren also viereinhalb Jahre vergangen.

Seit dem ersten Tremor im Juli 1990 wurde die Überwachung des Unzen verstärkt, und nach der ersten phreatischen Eruption bildete man ein Komitee, das die Überwachung und die Maßnahmen zum Schutz der Bevölkerung organisierte. Im Februar 1991 stellte man einen Plan zur Evakuierung von 16 000 Menschen auf, der nach und nach umgesetzt wurde. Vom 15. Mai bis zum 7. Juni, nach Abgang der ersten Lahare, wurden alle Bewohner der Gefahrenzone evakuiert. Die letzte Evakuierung fand am Vorabend des Abgangs des größten pyroklastischen Stroms statt. Eine Explosion des Lava-Doms schleuderte am 11. Juni Bimssteine bis in die Stadt Shimabara, wo man der Bevölkerung riet, in den Häusern zu bleiben. Infolge einer weiteren starken Explosion wurde am 17. Juni das mehr als 9 km südwestlich gelegene Obama von Vulkanasche bedeckt. Dank der rechtzeitig ergriffenen Maßnahmen kamen beim Ausbruch des Unzen weniger als 50 Menschen ums Leben. Hunderte von Häusern wurden zerstört, viele Quadratmeter Ackerland verwüstet und Tausende Menschen für Jahre umgesiedelt.

Krankheiten genügt, so gibt es viele andere, die sich lieber auf die übrigen, sich ständig weiterentwickelnden Untersuchungsmethoden verlassen. Das Gleiche gilt im Bereich der Vulkanologie. So muss ein Vulkanforscher auch Bodendeformationen, Veränderungen des Magnetfeldes, die Geochemie von Fluiden usw. berücksichtigen.

Die Überwachung von Bodendeformationen

Man kann logischerweise erwarten, dass ein Überdruck in einer Magmakammer im Inneren eines Vulkans und die Bewegungen des Magmas zu einer allumfassenden oder punktuellen Verformung des Berges führen – einer Deformation in Form einer Aufbeulung. Ebenso kann man sich vorstellen, dass es nach einem Ausbruch zu einem Einsinken des Bodens kommt, das partiell oder

Die Aufbeulung eines Vulkans führt zur Bildung von Spalten, durch die Magma an die Erdoberfläche gelangt. Mit Hilfe der Überwachung solcher Spalten lassen sich mögliche Bewegungen der Materie in der Tiefe erahnen.

total auftreten kann. Schließlich darf man annehmen, dass der schnelle Abgang großer Magmamengen zum Einsturz von Staukuppen führt, wie es bei der Entstehung von Calderas geschieht (s. S. 110–113). Die Aufbeulung eines Vulkans zeigt sich in der Zunahme des Neigungswinkels seiner Hänge, in der Öffnung von Spalten, der Vergrößerung der Krater, in einigen Fällen auch im Auftreten großer Wölbungen, v. a. bei Vulkanen mit saurer Lava (Andesit- und Dazitvulkanen). Es war der japanische Vulkanologe F. Omori, der zu Beginn des 20. Jh. als Erster die einem Ausbruch vorausgehenden Deformationen an Vulkanflanken maß und sie mit seismischen Erscheinungen in Verbindung brachte. Berühmt wurden zwei Vulkanaufbeulungen: am Berg Usu auf der japanischen Insel Hokkaido, die vor dem Ausbruch des Jahres 1910 eine Ausdehnung von 150 m erreichte, und am amerikanischen Mount Saint Helens, die vor der Eruption im Mai 1980 200 m groß geworden war. Normalerweise erreichen diese Aufbeulungen keine solche Größe, selbst wenn sie deutlich zu sehen sind. Die Erdbewegungen verlaufen meist unsichtbar, v. a. bei Basaltvulkanen, so dass es spezieller Messgeräte bedarf, um sie aufzuspüren. Einer Reihe von Spaltenausbrüchen auf Hawaii (Kilauea 1983) und Island (Krafla 1984) war systematisch eine Aufbeulung vorausgegangen, und auch vor dem Ausbruch des Soufrière auf der Antilleninsel St. Vincent 1979 hatte sich der Berg zwei Jahre lang kontinuierlich aufgebeult. Nach dem Ausbruch wurde dann ein Jahr lang ein Einfallen beobachtet. Danach wurde jede seismische Erscheinung von einer Bodenbewegung begleitet. Auf die Aufbeulung eines Vulkans, selbst wenn diese groß ist oder mit einer seismischen Erscheinung einhergeht, folgt jedoch nicht zwangsläufig auch ein Ausbruch. In den 1980er- Jahren gab es drei berühmte Beispiele dafür: die Long-Valley-Caldera in den USA, die Phlegräischen Felder bei Neapel in Italien und der Rabaul auf Papua-Neuguinea. In allen drei Fällen handelte es sich um Calderas; die Aufbeulung bestand mehrere Jahre, erreichte eine Größe von ca. 2 m und wurde von schweren Erschütterungen des Bodens begleitet. Man stellte Evakuierungspläne auf und räumte mehrere Städte. So wurde Pozzuoli in Italien z. B. vorsorglich evakuiert, denn durch die Erdstöße hatten zahlreiche Häuser Risse bekommen, und man befürchtete einen Ausbruch in der Größenordnung der Eruption des Monte Nuovo im Jahre 1538. Offenbar hatten andere Erdstöße schon die Höhe des Caldera-Bodens verändert, wie die verschiedenen Spuren beweisen, die die Meeresfauna auf den Säulen des berühmten Serapis-Tempels zurückgelassen hat und die man lange einer Veränderung des Meeresspiegels zuschrieb, obwohl sich in Wirklichkeit doch die Höhe des Bodens verändert hatte. Auf keine dieser Erschütterungen folgte sofort ein Vulkanausbruch.

In den 1950er-Jahren schuf der japanische Geophysiker K. Mogi mit den damals vorhandenen Daten theoretische Modelle über die Verformungen von Vulkanen. Er ging von einer Magmakammer einer bestimmten Form, eines bestimmten Umfangs und einer bestimmten Tiefe im Vulkan aus, stellte Hypothesen darüber auf, wie sich verschiedene Druckstärken auf die Ränder dieser Kammer auswirken, und berechnete die Folgen von Veränderungen des Drucks auf die Flanken des betrachteten Vulkans. Theoretische Berechnungen stimmen jedoch nicht immer mit der Wirklichkeit überein. So muss man berücksichtigen, dass jeder Vulkan seine Besonderheiten besitzt, dass es kein unumschränkt allgemeingültiges Modell gibt und dass man zuerst das messen muss, was im Boden geschieht. Die Bedeutung solcher Modelle – der von Mogi ebenso wie der neueren, die mit Hilfe moderner Computer viel besser ausgearbeitet wurden, liegt v. a. in der theoretischen Beschreibung der Verformung eines ganzen Vulkans, wodurch es möglich wird, an den Stellen, wo die bedeutsamsten Verformungen auftreten, Neigungsmesser und ähnliche Messgeräte aufzustellen. Man kann sich vorstellen, wie ein Vulkan mit solchen Stationen regelrecht »gespickt« sein muss, wenn man die bestmögliche Darstellung der Verformung erhalten will. Aus finanziellen und technischen (z. B. wartungstechnischen)

Gründen ist dies jedoch kaum realisierbar. Man muss also eine wohl überlegte Auswahl treffen und eine ausreichende Anzahl von Neigungsmessern und anderen Mess-Stationen einrichten.
Den zur Vorhersage von Vulkanausbrüchen unentbehrlichen Modellen zur Verformung eines Vulkans, und damit in gewisser Weise den Modellen zum Verhalten des Magmas im Inneren des Berges, müssen folglich eine ganze Reihe von Messungen zugrunde liegen. Die Überwachungsstationen, die die Verformungen eines Vulkans beobachten, sammeln dann mit Hilfe einer Vielzahl von Messungen (die sich in ihren theoretischen Grundlagen wie in ihrer praktischen Durchführung unterscheiden) Daten über die allumfassenden oder punktuellen Veränderungen der Geometrie des Berges. Aus diesem Grund spricht man von Überwachungsnetzen und nicht von einem einzigen Netzwerk.
Wir werden nun zuerst die noch leistungsfähigeren Überwachungsnetze betrachten, die ununterbrochen Messungen vornehmen und die gesammelten Daten umgehend weiterleiten. Danach kommen wir kurz auf die punktuell stattfindenden Messungen zu sprechen sowie auf die satellitengestützte Überwachung von Verformungen.

Messungen mit dem Inklinometer oder dem Klinometer

Ein inklinometrisches Netzwerk besteht aus mehreren Überwachungsstationen (zehn am Piton de la Fournaise), die jeweils zwei Inklinometer besitzen: eines in der so genannten radialen Position (Bewegung eines Pendels auf einer über dem Gipfel des Vulkans verlaufenden Fläche), eines in tangentialer Position (im rechten Winkel zur ersten). Es gibt verschiedene Arten von Inklinometern: Luftblasengeräte (Prinzip der Wasserwaage), Wassergeräte (Prinzip der kommunizierenden Röhren) und Pendelgeräte. In Island und Frankreich werden Pendelneigungsmesser verwendet, auch wenn die Geräte selbst verschieden sind; in anderen Ländern sind es Luftblasengeräte. In Japan kommen gleichzeitig

DER AUSBRUCH DES PITON DE LA FOURNAISE AM 18. APRIL 1990

Die Vorboten des Ausbruchs vom 18. April 1990 wurden von den Wissenschaftlern des Observatoriums am Piton de la Fournaise in Echtzeit beobachtet. Wäre das Wetter nicht so schlecht gewesen, hätten sie bei Beginn des Ausbruchs an Ort und Stelle sein können.

Der Ausbruch des Piton de la Fournaise auf der Insel Réunion am 18. April 1990 ist ein gutes Beispiel für die Verarbeitung von Daten in Echtzeit und für die Bestimmung von Ausbruchsspalten.
In den 15 Tagen vor dem Ausbruch nahm die Zahl der Erdstöße langsam zu. Von zehn Erschütterungen pro Tag, dem normalen »Hintergrundgeräusch«, stieg die Zahl erst auf rund 20 und dann auf etwa 30 an. Die eigentliche seismische Störung begann mit 40 Erdstößen innerhalb von 20 Minuten, gefolgt von ununterbrochenen Erschütterungen über 34 Minuten hinweg. Die in Gipfelnähe aufgestellten Neigungsmesser reagierten gleich zu Beginn dieser Phase und zeigten schließlich Schwankungen von 400 mrad; bei den weiter entfernt gelegenen Stationen war die Amplitude wesentlich kleiner. In Echtzeit ermittelte das Observatorium gleichzeitig die Erdbebenherde und verarbeitete alle von den inklinometrischen Stationen übermittelten Daten. Ein von Wissenschaftlern entwickeltes Computerprogramm verband automatisch alle Deformationsvektoren und leitete daraus das Zentrum der Aufbeulung des Vulkans ab. Zu Beginn der seismischen Störung befand sich dieses Zentrum im nordöstlichen Teil des Dolomieu-Kraters. Aufgrund des Magmaaufstiegs bis dicht an die Erdoberfläche war die eine Viertelstunde bestehen bleibende Aufbeulung ziemlich diffus und bildete sich dann insgesamt wieder zurück, indem sie sich auf den Südosten des Gebiets konzentrierte. Fünf Minuten lang konnte man auf dem Bildschirm verfolgen, wie die Aufbeulung den Rand des Kraters überwand und sich dann nach Südosten verlagerte. Das Bild verschwand jedoch rasch, denn die Verformung war zu schwach, um außerhalb der Mess-Stationen registriert zu werden.
Was war geschehen? Man glaubt, dass eine innere Spalte, ein Gang, sich seitlich zu einer der Schwachzonen des Vulkans hin öffnete und das unter dem Krater zusammengedrückte Magma sich dorthin ergoss. Diese Verlagerung des Magmas ließ sich einige Minuten lang auf dem Computermonitor verfolgen. Die Richtung der Spaltenöffnung wurde so ermittelt: Drei Stunden und 17 Minuten später öffnete sich 4000 m unterhalb des Gipfels eine Spalte im Boden, aus der um 12.50 Uhr die Lava herausschoss. Wäre das Wetter nicht so schlecht gewesen, hätte man die Öffnung der Spalte zu Beginn des Ausbruchs miterleben können.

Dieses seltsam anmutende Gerät, dessen Zerbrechlichkeit ganz im Gegensatz steht zu den Energien, die ein Vulkan entwickelt, ist ein Pendelinklinometer. Man misst mit ihm, wie sich der Winkel des Bodens, auf dem das Gerät steht, im Verhältnis zur Horizontalen verändert. Dieser Winkel verschiebt sich, wenn der Vulkan sich aufbeult, z. B. unter dem Druck von Gasen.

Luftblasen- und Wasserneigungsmesser zur Anwendung. Das Inklinometer, mit dem die französischen Überwachungsnetzwerke ausgestattet sind, wurde vom französischen Geophysiker P. A. Blum erfunden und ausgearbeitet. Es besteht aus einem horizontalen Pendel, das an zwei Siliziumdrähten hängt. Eine Silberplatte bildet den Pendel und schwingt um eine fast senkrechte virtuelle Achse. Die Bewegungen der Platte werden von einem Magnetfeld abgeschwächt. Das Ortungssystem besteht aus einer Lumineszenzdiode und einer fotoresistenten Differentialzelle, die durch Stromspannung gespeist werden; diese Spannung schwankt linear in Abhängigkeit von der Position des Fensters, durch das der Lichtkegel wandert. Eine solche Anlage registriert die durch die Erdbewegungen ausgelösten Positionsveränderungen des Pendels. Natürlich ist eine GPS-Uhr (s. S. 147) mit dieser Anlage verbunden. Solche Geräte sind hoch empfindlich und können Veränderungen von 1 mrad ermitteln, d. h. die Neigungsveränderung eines Berghangs um 1 mm bezogen auf eine Strecke von 1 km. Mit den richtigen Geräten lassen sich die aufgezeichneten Signale per Fernübertragung an das Observatorium weiterleiten. Wie bei jeder auf dem Land aufgestellten Mess-Station wird auch diese Anlage von Solarzellen und Batterien gespeist. Bei Geräten dieses Typs, die punktuelle Neigungsmessungen vornehmen, ist die Wirksamkeit des Geräts stark vom Standort abhängig. Wenn der Standort schlecht gewählt ist (z. B. bei instabilen, nicht wetterbeständigen Böden), sind die Messergebnisse wertlos. Die richtige Wahl des Standorts ist darum entscheidend; sie erfolgt aufgrund strengster geologischer Kriterien.
Im Observatorium werden die Signale in Echtzeit entschlüsselt und ausgewertet. Die Kombination »radialer« und »tangentialer« Daten ermöglicht es, die Ausrichtung der Bewegung, die sich an dieser Stelle auf der Flanke des Vulkans vollzieht, und die Intensität dieser Bewegung (in mrad) zu bestimmen. Dadurch lässt sich der so genannte Deformationsvektor rekonstruieren. Man weiß sofort, ob eine Bewegung nur bei einer der Stationen auftritt oder im gesamten Netzwerk.

Extensometer oder Fissurometer

Jeder Vulkan, ob basaltisch oder andesitisch, ist übersät mit Spalten, die das Ergebnis verschiedener eruptiver Vorgänge sind. Die Spalten sind teils nur millimetergroß, teils aber auch Dutzende von Metern breit, wenn nicht gar mehr. Wenn sich ein Vulkan aufbeult kommt es nicht nur zur Verschiebung des Neigungswinkels seiner Hänge und zur Bildung von Spalten, sondern auch die schon bestehenden Spalten öffnen sich oder schließen sich wieder. Diese Erscheinungen sind somit ein bedeutender Hinweis auf die mit dem Magmaaufstieg aus dem Inneren des Vulkans verbundenen Veränderungen. Zum Aufspüren dieser Veränderungen gibt es verschiedene Geräte. Das Gerät, das zur Zeit in vielen Observatorien verwendet wird, ist vom induktiven Typ. An einer der Spaltenwände wird ein in Ferrit auslaufender Siliziumstift befestigt. Kommt es zu Erschütterungen im Boden, bewegt sich dieser Ferrit in Spulen, die auf dem äußersten Ende eines auf der gegenüberliegenden Wand angebrachten zweiten Siliziumstiftes sitzen. Die Bewegung innerhalb der an einem entsprechenden Stromkreis angeschlossenen Spulen erzeugt eine Spannungsveränderung, die eine direkte Folge der Bodenerschütterungen ist. Da das Gerät geeicht ist, kann man mit ihm die Bewegung der Spalte messen. Die große Empfindlichkeit der Anlage macht es möglich, sogar winzigste Veränderungen im Bereich von einem Milliardstel Millimeter festzustellen. Die gewonnenen Daten werden dann per Fernübertragung an das Observatorium weitergeleitet. Das Gerät lässt sich jedoch nur bei solchen Spalten verwenden, die nicht breiter sind als einige Dutzend Zentimeter. Bei breiteren Spalten kommen Extensometer mit einer großen Grundfläche zum Einsatz. Gemessen wird dann z. B. entlang eines nicht verformbaren Drahtes, dessen Spannung sich zwischen zwei auf den beiden Wänden befestigten elektrischen Kontakten verändert. Das Messgerät ist in die Anlage integriert. Die Messungen erfolgen per Hand, was natürlich von

Dieses quer über eine Spalte am Piton de la Fournaise gehaltene Extensometer sucht die Stelle, wo der Abstand zwischen den Spaltenrändern am geringsten ist.

Nachteil ist, wenn der Vulkan aktiv wird und das untersuchte Gebiet zur Gefahrenzone macht.

Automatische Distanzmessgeräte

Man kann sich leicht vorstellen, dass sich die Distanz zwischen einem beliebigen Punkt des Vulkans und einem vorgegebenen Punkt in einiger Entfernung zum Vulkan verändert, wenn sich der Berg aufbeult. Ein optoelektronischer Laser-Distanzmesser ermöglicht es, Entfernungen von mehreren Kilometern mit der Präzision von einem Millimeter pro Kilometer zu messen. Gemessen wird die Zeit, die der Laserstrahl benötigt, um zwischen dem Gerät und einem auf einem vorgegebenen Punkt des Vulkans aufgestellten Reflektor hin- und herzuwandern. Wenn man diese Anlage an einen motorbetriebenen Theodoliten ankoppelt und von einem entsprechenden Programm steuern lässt, kann man die Entfernung zwischen dem Gerät und einer auf den Berghängen angebrachten großen Zahl von Reflektoren messen. Die Koordinaten der einzelnen Reflektoren werden in das Programm eingegeben, und der Laserstrahl wandert quer über das Fernrohr des Theodoliten, der systematisch jeden Reflektor untersucht und dann, wenn der Laserstrahl den Reflektor geortet hat und in das Gerät zurückkehrt, innerhalb weniger Sekunden eine Reihe von Messungen vornimmt. Am Piton de la Fournaise z. B. zielen zwei automatische Distanzmessgeräte auf jeweils zehn Reflektoren, von denen die Hälfte jedoch bei beiden Geräten identisch ist. Die Gesamtheit der so gewonnenen Daten ermöglicht es, die Aufbeulung des Vulkans aus einem allumfassenden Blickwinkel zu betrachten. Da sich die Messungen auch an das Observatorium weiterleiten lassen, verfügt man mit einem solchen Gerät über ein leistungsfähiges Instrument zur Einschätzung der durch den Magmadruck verursachten Verformung des Vulkans.
Die meisten Observatorien besitzen nur ein Distanzmessgerät. Von verschiedenen Ausgangspunkten auf allen Seiten des Vulkans ausgehend, werden die Messungen per Hand durchgeführt, indem man die gleichen Reflektoren wie zuvor anvisiert. Je nach Art der vulkanischen Aktivität werden die Messungen täglich, wöchentlich oder in größeren Zeitabständen durchgeführt. Dies erfordert einen Operatoren im Gelände sowie gute Sichtverhältnisse. Laserstrahlen können Wolken nämlich nicht durchdringen, gleichgültig, ob die Anlage automatisch funktioniert oder nicht.

Satellitenüberwachung

Ende der 1970er-Jahre führte das US-Verteidigungsministerium ein unter dem Namen GPS (*Global Positioning System*) bekanntes satellitengestütztes Navigationssystem ein, das die folgenden drei Fragen umgehend und umfassend beantworten kann: welche Uhrzeit, welche Position und welche Geschwindigkeit? Zu diesem Programm gehören 24 Satelliten, die in einer Höhe von 20 000 km die Erde umrunden. Jeder Punkt der Erde wird von vier bis acht Satelliten überwacht, und jeder Satellit sendet auf zwei mit präzisen Atomuhren synchronisierten Frequenzen verschlüsselte elektromagnetische Signale aus. Mit Hilfe einer besonderen Antenne kann ein hochspezialisierter Empfänger (GPS-Antenne) die von den Satelliten ausgesandten Signale auf der Erde empfangen. Komplexe automatische Berechnungen per Computer ermöglichen dann die genaue Standortbestimmung der Empfängerantenne und damit der Anlage als X, Y und Z anzugeben. Das etwas komplizierte Einsatzverfahren ermöglicht allerdings eine millimetergenaue Messung relativer Erdbewegungen. So erzielt dieses Verfahren auch bei der Überwachung von Vulkanen die besten Ergebnisse. Theoretisch könnte man natürlich die Zahl der Empfangsstationen auf der Erde vervielfachen und die von ihnen gewonnen Daten an ein Computerzentrum weiterleiten, doch wird diese Möglichkeit in der Praxis durch die Kosten der Empfangsgeräte, ihren Energieverbrauch und die Möglichkeiten der Datenaufbereitung beschränkt. Angesichts der Bedeutung des Verfahrens bemühen sich die Ingenieure der Observatorien eifrig darum, preisgünstigere Antennen zu entwickeln. Dies wäre in der Tat das Verfahren der Zukunft. Die gewonnenen Daten werden per Fernübertragung an das Observatorium weitergeleitet und mit denen der Entfernungsmesser verknüpft. Die Gesamtheit dieser verschiedenen Messwerte liefert genaue Informationen über die Verformungen des Vulkans.

Gravimetrische Messungen

Gravimeter sind Geräte, die an einem bestimmten Ort die Schwerkraft messen. Sie funktionieren aufgrund der Tatsache, dass ein Körper einen anderen anzieht. Sie lassen sich mit einer Waage vergleichen, deren Feder sich in Abhängigkeit von der Masse des Bodens ausdehnt. Dieses Verfahren ist in der Theorie einfach, in der Praxis jedoch äußerst kompliziert. Wenn der Punkt vorgegeben ist und sich der Untergrund um diesen Punkt herum nicht verändert, ist die in diesem Punkt gemessene Schwerkraft konstant. Beim Abfluss des Magmas ins Innere des Vulkans kommt es zu einer Verlagerung von Materie. Da sich die Dichte dieser heißen Materie von der des umschließenden Gesteins unterscheidet, schwankt auch die Schwerkraft. Diese Schwerkraft wird gewöhnlich an mehreren bestimmten Punkten gemessen (s. »Die Netzwerke wiederholter Messungen«, S. 150). In manchen Observatorien werden kontinuierlich Messungen durchgeführt, mit denen sich die Wanderung des Magmas ins Vulkaninnere verfolgen lässt. Eine gravimetrische Station besteht aus einem Gravimeter, das mit einer GPS-Antenne verbunden ist. Wenn sich nämlich die Höhe des Punktes über dem Meeresspiegel verändert, ändert sich das Schwerkraftfeld ebenso, so dass es nicht möglich ist, zwischen diesem Phänomen und der Verlagerung von Materie zu unterscheiden. Die GPS-Antenne ermöglicht diese Unterscheidung, indem sie die mögliche Höheveränderung der Station angibt. Rein rechnerisch lässt sich die Schwerkraftveränderung nämlich allein auf die Magmaverlagerung zurückführen. Mit entsprechender Elektronik kann man die Daten an das Observatorium weiterleiten. Da Gravimeter und GPS-Antennen ziemlich teuer sind, ist die Zahl dieser Stationen begrenzt. Solche Geräte werden nur nach ausführlichen Bodenuntersuchungen installiert.

Magnetische Überwachungsnetze

Das Magnetfeld der Erde verändert sich normalerweise im Lauf der Zeit. Durch den komplexen inneren Aufbau eines Vulkans äußern sich diese Veränderungen an der Erdoberfläche ganz unterschiedlich. Wenn das Magma in der Tiefe jedoch einen Überdruck erzeugt, kommt es in unmittelbarer Nähe der Kammer zu Spannungsveränderungen, und dort, wo die Gase sich bewegen, bilden sich mehr oder weniger große Risse. Diese Vorgänge setzen all die Prozesse in Gang, auf die die magnetischen Phänomene zurückgehen (man spricht hier von Vulkanomagnetismus). Die Magnetisierung des Gesteins lässt sich durch diese Spannung und die Erwärmung verändern; in den Rissen bewegen sich durch Ionen aufgeladene Fluide usw. Dies alles erzeugt ein so genanntes induziertes Magnetfeld. Das an der Erdoberfläche gemessene Feld entsteht aus all diesen Feldern, einschließlich des irdischen Magnetfeldes. Nach Abschluss vorbereitender Studien, mit deren Hilfe sich jene Standorte identifizieren lassen, die noch nicht durch andere Phänomene wie z. B. Blitzschlag gestört wurden, errichtet man magnetische Überwachungsstationen. Eine solche Station besteht aus einem Magnetometer – einer Art kompliziertem modernen Magnetkompass zum Messen magnetischer Feldstärken – und damit verbundener Elektronik zur Übertragung der Daten an das Observatorium. Es sind jedoch nur die vulkanomagnetischen Felder, die für die Überwachung von Vulkanen von Interesse sind. Zum Ausschluss aller äußeren Einwirkungen installiert man eine Station in einem Bereich, der den Einflüssen des vulkanisch erzeugten Magnetfeldes nicht mehr unterliegt – die so genannte Referenzstation. Im Observatorium werden die Unterschiede zwischen den von der Referenzstation und den von den übrigen Stationen übermittelten Daten dann automatisch identifiziert. Die Praxis ist etwas komplizierter, doch gelangen wir mit dieser Vereinfachung direkt zu den durch die Eruptionserscheinungen induzierten Veränderungen des Magnetfeldes. Vor einem Ausbruch oder im Verlauf desselben beobachtet man Veränderungen, die bis zu 15 oder 20 Maßeinheiten (Nanotesla) erreichen können. Auf der ganzen Welt sind nur einige japanische und italienische Vulkane sowie die Vulkane der französischen Überseegebiete mit so hoch entwickelten magnetischen Überwachungsnetzwerken ausgestattet.

Wie eine Spinne auf Metallbeinen überwacht eine Mess-Station das Magnetfeld auf dem Gipfel des Piton de la Fournaise.

Hydroakustische Überwachungsnetze

Die Abschwächung der Vibrationen, erzeugt durch die Bewegung der Lava, die Zirkulation von Fluiden oder die der Bildung von Rissen und Spalten im Bereich der Magmakammern oder der Verbreiterung von Gängen vorausgehenden Mikroseismizität, ist in einem flüssigen Milieu weit weniger wichtig als auf dem vielgestaltigen vulkanischen Boden. Installiert man ein hochempfindliches piezoelektrisches Hydrofon in einem Kratersee, einem Schacht oder gar einem wassergefüllten Bohrloch, dann erhält man eine hervorragende Koppelung zwischen dem Umwandlungsgerät und dem Vulkanmassiv. Damit lassen sich Töne empfangen, die zwischen ganz niedrigen Frequenzbereichen (0,1 Hertz) und Ultraschallfrequenzen (200 000 Hertz) liegen. Einige Kraterseen sind mit solchen Empfängern ausgestattet, z. B. der Kelut in Indonesien und der Taal auf den Philippinen. Andere werden gerade entsprechend ausgerüstet, v. a. der Aoba auf Vanuatu. Die Geräte am Ruapehu in Neuseeland wurden 1995 durch den Ausbruch des Vulkans zerstört.
Im März 1994 kam es am Taal zu einer von umfangreichen Bodenverformungen begleiteten heftigen seismischen Aktivität, und man evakuierte vorsorglich die 4000 Bewohner der Insel. Ein Ausbruch erfolgte jedoch nicht. Einen Monat vor Einsetzen der Erdstöße hatten die im Kratersee installierten Hydrofone Beginn und Zunahme von Ultraschallsignalen verzeichnet und durch Argos-Rezeptoren an die vulkanologischen Observatorien von Manila und Chambéry in Frankreich weitergeleitet. Dieser noch wenig verwendeten Methode steht bei der Überwachung von Vulkanen eine vielversprechende Zukunft bevor, auch wenn man sie nur an Kraterseen oder sachgemäß angelegten Bohrlöchern einsetzen kann.

Geochemische Überwachungsnetze

Unter Magma versteht man die unterirdische, glutflüssige Silikatmasse mit den darin gelösten Gasen und Mineralien. Wenn der Druck genü-

Die Messgeräte in den Fumarolen auf der italienischen Insel Vulcano senden ihre Daten über Funk direkt nach Pisa.

gend groß ist und sich Risse und Spalten geöffnet haben, gelangen die Gase lange vor dem Magma durch schon bestehende Fumarolenfelder oder kleine Erdrisse und -poren an die Oberfläche. Es handelt sich dann um eine diffuse Entgasung. Gegenwärtig gibt es noch keine energiesparenden geochemischen Bodensensoren zur fortlaufenden Analyse von Fumarolengasen. Für einen Vergleich der fortlaufenden geochemischen Daten mit den konsekutiven geophysikalischen Befunden ist es entscheidend, dass die entsprechenden Probeentnahmen mit gleicher Häufigkeit stattfinden.
Die erste Messung, an die man dabei denkt, ist die der Temperatur der Fumarolengase und der in jenen Grundwasserbereichen entspringenden Quellen, die vom Magma erwärmt werden können. Es handelt sich hierbei in der Tat um das älteste aller angewandten Messverfahren, das anfänglich nur vereinzelt, heute aber weithin angewandt wird. Eine geeignete Thermometersonde wird in eine Fumarole, einen Kratersee, eine Quelle oder auch auf den Grund eines Bohrlochs gesetzt. Die gewonnenen Daten werden dann an das Observatorium übermittelt. Das scheint sehr einfach zu sein; in der Praxis ist das Milieu jedoch häufig so aggressiv, dass sich diese Sonden nur mit Mühe funktionsfähig halten lassen. Oft wird im besten Fall die Temperatur einer mehrere Hundert Grad heißen unverdünnten Säure gemessen, während das Milieu im Extremfall um ein Vielfaches heißer sein kann! Außerdem treten immer wieder enorme Korrosionsprobleme mit hohem Materialverschleiß auf, doch haben Ingenieure ja schon oft Wunder vollbracht.

Radon-Überwachungsnetze

Jedes Vulkangestein enthält Uranium 238, bei Basalten und Andesiten in der Größenordnung von 1–2 g/t, bei bestimmten Laven auch mehr. Durch radioaktiven Zerfall baut sich das Uran zu einer ganzen Reihe radioaktiver Elemente ab, darunter Radium und dessen letztes Zerfallsprodukt, das stabile Edelgas Radon. Im Prinzip enthält das Magma nicht mehr Radon als die austretende Lava, da diese die gleiche magmatische Natur besitzt. Zudem beträgt die Halbwertzeit von Radon 3,65 Tage; d. h., nach jeweils 3,65 Tagen ist die Hälfte des Radons durch den radioaktiven Zerfall verschwunden, wenn es von seinem »Ausgangselement«, in diesem Fall das im Magma eingeschlossene Radium, getrennt wird. Brauchen Vulkangase also mehr als 15 Tage, um an die Erdoberfläche zu gelangen, so ist das »magmatische Radon« praktisch nicht mehr nachweisbar. Warum befasst man sich dann überhaupt damit? Man tut dies aus vier Gründen: weil es radioaktiv ist und darum mit moderner Technologie leicht gemessen werden kann; weil es im Boden überall vorhanden ist; weil es mit dem aus der Magmakammer entweichenden Wasserdampf und Kohlendioxid an die Erdoberfläche gezogen wird und schließlich, weil sich Wasserdampf und Kohlendioxid mit den gegenwärtigen Mitteln nicht kontinuierlich messen lassen. Vor über 30 Jahren entdeckten russische Forscher, dass vor einem Ausbruch des Vulkans Kirchurich auf der Halbinsel Kamtschatka der Radongehalt der Quellen in der Umgebung zugenommen hatte. Viele Jahre lang zeigten die Wissenschaftler jedoch im Rahmen der Prognose von Vulkanausbrüchen nur wenig Interesse an der Methode. Dennoch sollten einige Forscher dort mit einer im Prinzip theoretisch einfachen Methode arbeiten, die aber recht schwer in die Praxis umzusetzen war. So setzte man einen für die Alphastrahlen des Radons empfindlichen Film in die Erde, der alle 14 Tage wieder herausgenommen und ersetzt wurde. Nach der Entwicklung des Films wurde er verarbeitet, um die Zahl der Alphaspuren pro Oberflächeneinheit zu zählen. Dieses punktuelle Verfahren maß die Radon-Emanationen über einen langen Zeitraum hinweg und ließ sich darum für kurzfristige Prognosen nicht verwenden. Trotzdem war diese Methode bei der Forschung und bei der Verarbeitung der gewonnenen Daten sehr nützlich. Man musste aber auf die Technologie der 1990er-Jahre warten, als Detektoren entwickelt wurden, die kontinuierliche Messungen vornehmen konnten. Diese Detektoren bestehen aus einer Siliziumdiode. Ein auf dieser Diode auftreffender Alphastrahl wird in einen elektrischen Impuls umgewandelt, der mit Hilfe geeigneter Computerprogramme verstärkt wird. Die Zahl der Impulse wird gemäß der Dauer der Zählung, die je nach Aktivität einige Minuten bis einige Stunden betragen kann, festgehalten und abgespeichert. Nach Abschluss des Zählvorgangs wird der Inhalt des Speichers schließlich an das Observatorium übermittelt. Die Wahl des Standorts erfolgt nach Abschluss entsprechender Bodenuntersuchungen. In Ruheperioden untersucht man die Bereiche, wo die Verteilung von Radon und Vulkangasen am größten ist. Nach wohl durchdachter Standortwahl wird der Detektor in eine rund 1 m tiefe Plastikröhre gesetzt. Die Infrastruktur (Batterien und Sonnenkollektoren) entspricht der geophysikalischer Stationen. Der schönste je registrierte »Radon-Peak« wurde 1994 fünf Tage vor dem Ausbruch des Vulkans Irazu in Costa Rica verzeichnet. Auch am Piton de la Fournaise registrierten zwei Mess-Stationen einen solchen »Peak« vier Tage, bevor sich die Lava aus Verwerfungsspalten ergoss. Bei diesen

Spitzen ist die Zahl der vom Radon ausgesandten Alphastrahlen pro Zeiteinheit 1000 bis 1 Mio. mal so groß wie bei der normalen »Hintergrundstrahlung«. Wie bei den anderen Verfahren muss man auch hier die Hintergrundstrahlung gut kennen, denn sie reagiert hochempfindlich auf Luftdruckveränderungen, Regen, Sturm usw. Da solche Stationen relativ preiswert sind, kann man an geeigneten Standorten eine recht große Zahl von Sensoren installieren und dadurch nicht nur eine umfassende Sicht der diffusen Entgasung eines Vulkans erhalten, sondern ein Ereignis auch leichter aufspüren. Der Radonaustritt ist nicht überall auf dem Vulkan gleich, er steht im engen Zusammenhang mit dem Ort des Magmaaufstiegs. Es kommt also darauf an, zur richtigen Zeit am richtigen Ort zu sein.

Netzwerke wiederholter Messungen
Die bisher beschriebenen Überwachungsnetzwerke übermitteln ihre Daten in Echtzeit oder mit geringer zeitlicher Verzögerung an ein vulkanologisches Observatorium. Die Netzwerke wiederholter Messungen hingegen sind von völlig anderer Natur. Der Zeitpunkt ist nicht fern, an dem alle Messungen zur Überwachung eines Vulkans in Ermangelung anderer Mittel dieses Verfahren einsetzen werden. Schließlich ist es gar nicht möglich, dass jedes Observatorium alle von ihm überwachten Vulkane mit den zuvor besprochenen automatischen Überwachungsstationen ausstattet. Da bestimmte Messungen zudem auch in Zukunft manuell getätigt werden müssen, werden die Netzwerke wiederholter Messungen weiterhin Verwendung finden. Zwei Formen dieser Netzwerke wollen wir hier näher betrachten: die geophysikalischen und die geochemischen.
Geophysikalische Netzwerke bestehen aus »Markierungen« in Form von Stahl- oder Messingkontakten, die an einem wegen seiner mechanischen Stabilität geeigneten Standort im Gestein angebracht werden. Die Gesamtheit dieser Kontakte bildet ein Netzwerk. Verwendet werden dabei die üblichen Instrumente der Geodäsie: Theodoliten und Messlatten. Von einer Referenzbasis aus messen zwei Operatoren von einem Kontakt zum anderen den Unterschied zwischen den jeweiligen Niveaus. Je nach den verwendeten Geräten und Methoden sowie der Kompetenz und Erfahrung der Operatoren liegt die Messgenauigkeit zwischen 1 mm und 1 cm pro Kilometer. Bei Bedarf lassen sich diese Messungen beliebig oft wiederholen, doch finden sie bei umfangreichen Messvorgängen, die besonders geschulte Operatoren erfordern, nur einmal oder einige Male pro Jahr statt. Sie erfassen, wie sich der Vulkanbau zwischen zwei Messungen als Ganzes verformt hat. Wie beim Magnetismus und der Gravimetrie werden die Messungen an den einzelnen Kontakten in Ruheperioden ein- bis zweimal pro Jahr, bei aktiven Vulkanen häufiger durchgeführt. Die Kontakte sind bei der Gravimetrie meist die gleichen wie bei der Nivellierung, und man versucht, die Messungen in der gleichen Zeit durchzuführen wie die Wiederholung einer Nivellierung, um über eventuelle Höhenkorrekturen zu verfügen. Fast alle überwachten Vulkane sind mit »Nivellierkreuzen« ausgestattet: Um einen zentralen Kontakt herum werden vier weitere Kontakte installiert. Vom zentralen Kontakt aus misst man mit Hilfe von Theodoliten und Messlatten, die an den äußeren Enden der Achsen des Kreuzes aufgestellt werden, den Unterschied im Niveau zwischen zwei mindestens 20 m voneinander entfernten Kontakten. Es handelt sich hier um eine Art Inklinometer zur Messung der Neigungswinkelverschiebung eines Hangs über eine ziemlich lange Strecke hinweg. Im Verlauf einer vulkanischen Tätigkeit beobachtet das Personal eines Observatoriums all diese Kreuze genau, um die Aufbeulung des Vulkans verfolgen zu können. Zwar gibt es noch weitere Verfahren, doch werden diese seltener eingesetzt. Die Überwachung von Vulkanen ist, wie man sieht, reich an analytischen Techniken.
Bei der Geochemie ist die Wiederholung der Messungen und Probe-

Gasproben werden mit Hilfe von Ampullen entnommen. Die Probe wird dann im Labor analysiert.

nahmen die Regel, wenn man von den »Radonnetzwerken« absieht. Unter Magma versteht man eine unterirdische, glutflüssige Silikatmasse mit darin gelösten magmatischen Gasen. Die Löslichkeit dieser Gase im Magma hängt sowohl vom Druck als auch davon ab, um welches Gas es sich jeweils handelt. Der Aufstieg des Magmas und die Öffnung von Spalten und Rissen im Dach der Magmakammer haben einen starken Druckabfall zur Folge, der zu einer ausgleichenden Entgasung und damit zu einer Veränderung der chemischen Zusammensetzung der Fumarolen an der Erdoberfläche führt.
Diese flüchtigen Elemente (hauptsächlich Kohlendioxid, Schwefeldioxid, Schwefelwasserstoff, Chlorwasserstoff und alkalische Halogenide) gelangen in den Grundwasserspiegel und verschmutzen ihn. Die geochemische Überwachung basiert darum auf der regelmäßigen Analyse der dauerhaften Fumarolen und der in unmittelbarer Nähe des Vulkans entspringenden Quellen. Mit einer von der vulkanischen Aktivität bestimmten Häufigkeit entnimmt man ein- oder mehrmal pro Monat Proben aus den Fumarolen und Quellen. Diese Proben werden dann mit den klassischen Methoden der Chemie im Labor analysiert. Es sei jedoch darauf hingewiesen, dass diese flüchtigen Elemente zum größten Teil aus Wasserdampf bestehen (oft zu mehr als 90 %), der nur teilweise aus dem

Magma stammt. Es handelt sich hierbei überwiegend um Sickerwasser, das durch den Kontakt mit dem Magma wieder an die Oberfläche gelangte. Auch die Temperaturschwankungen der Fumarolen und Quellen sind ein wichtiger Parameter, denn man kann sich leicht vorstellen, dass sich die Fumarolentemperatur erhöht, sobald magmatische Gase aus der Tiefe (wo ihre Ausgangstemperatur bei fast 1000 °C liegt) an die Erdoberfläche gelangen. Die Temperatur wird daher regelmäßig abgelesen. All diese Analysen stellen Indikatoren dar, mit denen sich die Aktivität eines Vulkans verfolgen lässt. Mittels Korrelationsspektrometern kann man auch die vom Vulkankrater ausgestoßene Menge an Schwefeldioxid messen.

Die historische Rekonstruktion von Eruptionen

Dass Vulkane in Unkenntnis ihrer Geschichte für seit langem erloschen gehalten werden, haben wir bereits erwähnt. Es ist darum von größter Wichtigkeit, eine zumindest annähernd zutreffende Vorstellung von der Ruheperiode potentiell gefährlicher Vulkane zu haben. Ebenso wesentlich ist es, die häufigsten Eruptionsmechanismen explosiver Vulkane zu kennen, um sich bei deren Erwachen auf die folgenden möglichen Szenarien einstellen zu können: Pyroklastikaausbrüche, plinianische Eruptionen, das Anwachsen von Domen sowie andere Erscheinungen, die auf die Eruption bestimmter Vulkantypen hindeuten. Geologen erstellen daher in jahrzehntelanger Arbeit vulkanologische Karten der betreffenden Vulkane. Dies erfordert äußerst sorgfältige Feldforschung sowie nicht minder gründliche Laborarbeit. Die Datierung der Gesteinsformation ist entscheidend, um die Eruptionen zeitlich einordnen zu können. Dafür gibt es mehrere Verfahren, von denen die Radiokarbon-Methode am häufigsten angewandt wird. In lebenden Pflanzen ist das Verhältnis der Kohlenstoffisotope ^{13}C und ^{14}C zueinander bekannt: Es entspricht dem Anteil von Kohlenstoff und Kohlendioxid in der Atmosphäre. Das erste Isotop ist stabil, das zweite radioaktiv. Wird ein Baum unter einem Lava-Strom begraben, nimmt der Gehalt an Kohlenstoff-14 allmählich ab, und wer dessen Halbwertzeit kennt, kann den Beginn dieses Rückgangs bestimmen, indem er den in den Rückständen des Baumes vorhandenen Kohlenstoff-14-Anteil misst. Das für diese Datierungen notwendige Material zu finden, erfordert von den vulkanologischen Feldforschern große Geduld und ein wenig Glück. Zudem ist jahrelange Arbeit nötig, um die Geschichte eines Vulkans wirklich kennenzulernen, selbst wenn diese nur 20 000 oder 30 000 Jahre umfasst, ein mit der oben beschriebenen Datierungsmethode gut zu erfassender Zeitraum. Das spektakulärste Beispiel für die Rekonstruktion der Eruptionsgeschichte eines Vulkans aus neuerer Zeit ist die am amerikanischen Mount Saint Helens durchgeführte Arbeit. Anfang der 1970er-Jahre veröffentlichten drei amerikanische Vulkanologen die Ergebnisse ihrer Studien zu diesem Vulkan. Die Forschungen bezogen sich auf die letzten fünf Jahrtausende und kamen zu dem Ergebnis, dass in Anbetracht der immer wieder aufgetretenen Eruptionen mit einem Ausbruch des Mount Saint Helens gegen Ende des 20. Jh. bzw. zu Beginn des 21. Jh. zu rechnen sei. Der Ausbruch fand schließlich am 18. Mai 1980 statt. Die langfristige Prognose war also sehr zutreffend gewesen. Als es 1976 zu einer ersten phreatischen Eruption des Soufrière auf Guadeloupe kam, kannte niemand dessen Eruptionsgeschichte aus der Zeit vor Beginn der europäischen Kolonisation. Vulkanologische Studien des IPGP und der Universitäten Clermont-Ferrand und Genf ermöglichten es, den letzten größeren Magmaausbruch des Soufrière auf die Zeit um 1440 n. Chr. zu datieren. Wir verstehen die Geschichte dieses Vulkans allmählich immer besser, doch bleibt noch viel zu tun. Der Einsatz vieler mit Geophysik und Geochemie verwandter wissenschaftlicher Fachrichtungen macht es notwendig, Forscher all dieser Disziplinen in den Observatorien zu beschäftigen. Von den Mitgliedern eines solchen Teams werden nicht nur Hingabe und Kompetenz verlangt, sondern auch körperliche Fitness, die es ihnen ermöglicht, unter oft schwierigen klimatischen Verhältnissen schwer zugängliches Gelände zu erkunden.

Zukunftsaussichten und Entwicklung der vulkanologischen Observatorien

Die Vulkanologen sind dazu aufgerufen, sich mit allen Kräften für die Verwirklichung der Ziele der von

Auf einem völlig abgelegenen Vulkan wie dem Erta Ale in Äthiopien sind kontinuierliche Messungen nicht möglich. Nur durch gelegentliche Probeentnahmen lernt man den Vulkan besser kennen.

der UNO proklamierten Dekade für Katastrophenvorbeugung einzusetzen. Es geht darum, die Mechanismen eines Vulkanausbruchs besser zu verstehen – man kann nur die Naturphänomene überwachen, die man auch kennt –, neue Überwachungstechnologien zu entwickeln und die gewonnenen Erkenntnisse an die Entwicklungsländer weiterzugeben. Jetzt, zu Beginn des 21. Jh., sollten wir uns bei der Entwicklung entsprechender Technologien zur Beobachtung von Vulkanen auf folgende Punkte konzentrieren:

- die Automatisierung der Bodenstationen, um kontinuierliche Messungen der verschiedenen Parameter zu erhalten;
- die Entwicklung eines mobilen Einsatznetzwerkes auf internationaler Ebene;
- die Entwicklung neuer geophysikalischer und geochemischer Sensoren,
- und schließlich die Entwicklung von Methoden der Satellitenüberwachung.

Zur wirksamen Überwachung eruptiver Phänomene und zur schnellen Reaktion darauf sollte man auf allen Vulkanen, die der Bevölkerung im Umkreis gefährlich werden könnten, vollautomatische Beobachtungsstationen installieren. Leider sind wir bisher noch nicht so weit. Die Einrichtung automatischer Überwachungsnetzwerke setzt voraus, dass es ausreichend viele Beobachtungsstationen gibt, die die entsprechenden Phänomene aufzeichnen und die so gewonnenen Daten an ein Observatorium weiterleiten, wo man sie automatisch auswertet und ergonomisch (ihrem Aussagewert entsprechend optimal) darstellt. Im Fall einer drohenden Eruption hätten wir dann eine umfassende Datenbank aller Parameter und könnten die jeweiligen Phänomene rasch deuten. Das erfordert »intelligente« Überwachungsstationen, die Daten teilweise verarbeiten und dann auf den besten Kommunikationswegen weiterleiten. Zur Übermittlung dieser Daten gibt es zwei Möglichkeiten: über Hertz-Frequenzen, wobei jede Station im Notfall als Relais für die nächste Station dienen könnte, oder über Telefonleitungen, wobei das Observatorium dann ein »schnurloses« Telefonnetz besäße, das eine Kommunikation zwischen Observatorium und Überwachungsstation in beiden Richtungen ebenso ermöglichen würde wie ein beliebig häufiges Ablesen der Daten und eine Wartung der Geräte aus der Ferne. Zur automatischen Aufbereitung der Daten in den Observatorien ist es unerlässlich, dass entsprechende Computerprogramme entwickelt werden. Da nicht jedes Observatorium alles, was nötig ist, an Ort und Stelle selbst entwickeln kann, könnte das Internet eine wirksame Schnittstelle zwischen den einzelnen Beobachtungsstationen herstellen. Dies gehört auch zu den Zielen der Internationalen Assoziation für Vulkanologie und Chemie des Erdinneren.

Manche Länder mit einer großen Zahl gefährlicher Vulkane besitzen jedoch nicht die nötigen personellen und technologischen Mittel. Die Entwicklung mobiler Beobachtungssysteme für die zahlreichen Vulkane, die nicht mit Alarmanlagen ausgestattet sind, ist darum eines der Ziele der internationalen vulkanologischen Gemeinschaft. 1996 gab es erst ein einziges mobiles Beobachtungssystem, das vom Amerikanischen Geologischen Dienst bereitgestellt wurde. Auch die europäischen Vulkanologen bemühen sich, ein funktionierendes mobiles Beobachtungsnetz aufzubauen. Die Modernisierung der bestehenden Stationen und die Einrichtung mobiler Netze gehen Hand in Hand mit der technologischen Entwicklung neuer Stationen und Messgeräte. Gegenwärtig wird erwogen, Überwachungsstationen zu entwickeln, die in der Lage sind, Informationen über seismische Phänomene ebenso zu übermitteln wie über Bodenverformungen. Wer von mobilen Beobachtungssystemen spricht, will diese im Fall präeruptiver Erscheinungen so schnell wie möglich installiert haben. Die Stationen müssen darum intelligent sein und sollten möglichst wenig wiegen – eine Herausforderung für die Ingenieure. Wenn es uns gelingt, auf die Erfordernisse einzugehen, können wir diese Probleme mit Hilfe moderner Technologien lösen.

Eine der Schwachstellen der Überwachungsnetze ist die zum Betrieb der Geräte nötige Energie, so gering der Bedarf daran auch sein mag. Nahezu alle Stationen beziehen ihre Energie aus Solarzellen. Bei bewölktem Himmel übernehmen Batterien die Versorgung. Im Falle eines Ausbruchs jedoch, der mit starken phreatischen Explosionen, gefolgt von heftigem Ascheregen, beginnt, wären die Solarzellen bald mit

Die Überwachung von Vulkanen verlangt auch, dass man sich den Kratern so weit wie möglich nähert. Die Vorposten vieler vulkanologischer Observatorien, wie hier im japanischen Sakurajima, sind daher unterirdisch angelegt. Diese Vorsorge ist notwendig, um Opfer und Sachschäden zu vermeiden.

Vulkanasche bedeckt, wodurch die Überwachungsstation blind und inaktiv würde. Um diesen Nachteil zumindest dort, wo es um die Verformungen des Vulkans geht, zu beheben, wird in einem europäischen Programm eine Radaranlage entwickelt, die jederzeit aus sicherer Entfernung eine Reliefdarstellung der Vulkanhänge liefert, und zwar entweder über Metallscheiben, die zuvor in großer Zahl aufgestellt werden, oder direkt auf dem Gestein. Man hofft, mit dieser Radaranlage eine Genauigkeit von mindestens 1 cm auf eine Strecke von 10 km zu erreichen. Die Verformungen des Vulkans, ein wichtiges Phänomen im Rahmen der Eruptionsmechanismen explosiver Vulkane, ließen sich damit auf jeden Fall verfolgen.

Bei der Beobachtung der Erde und der sich auf ihrer Oberfläche ereignenden Naturerscheinungen denkt man natürlich an die Methoden der Satellitenüberwachung. Schon seit einigen Jahren liefern diese künstlichen Trabanten verschiedene Arten von Bildern, die es ermöglichen, die vulkanische Kartografie zu verbessern, bei bestimmten Vulkanen die Art des Ausbruchs zu bestimmen, die Temperaturschwankungen eines Vulkans über ein Jahr hinweg zu verfolgen und v. a. die Verbreitung und Verteilung einer Eruptionswolke in der Atmosphäre zu auszumachen und deren chemische Zusammensetzung zu bestimmen. Wie wichtig diese Anwendung für die Luftfahrt ist, haben wir schon gesehen. Satelliten werden auch als Kommunikationsmittel eingesetzt, doch ist dies nichts Neues. Neueren Datums ist der Einsatz des Argos-Satelliten, der oberhalb eines Vulkans Daten sammelt und diese zu einem Überwachungszentrum weiterleitet, wo man sie verarbeitet. Dieses Verfahren kann jenen Ländern, die nicht über die nötigen Mittel zur Einrichtung dauerhafter Observatorien verfügen, von großem Nutzen sein. Die Methode ermöglicht eine Überwachung, die auf der Zahl und der Art der mit Argos-Satelliten gekoppelten Messgeräte basiert; die Daten werden je nach Art der Durchführung mit einer zeitlichen Verzögerung von einem Tag bis zu mehreren Tagen verarbeitet. Die Betriebskosten einer solchen Anlage sind jedoch nicht unerheblich.

Ein sehr vielversprechendes Verfahren in der Satellitenüberwachung ist das des Synthetischen Apertur Radars SAR. Man verwendet hier die differentielle Radar-Interferometrie. Dieses Verfahren wurde zuerst eingesetzt, als man zur Untersuchung lokaler Probleme in Flugzeugen Radargeräte installierte. Heute befinden sich diese Radaranlagen an Bord von Fernerkundungssatelliten wie ERS-1 und ERS-2, von wo aus sie äußerst genaue, hochauflösende Aufnahmen liefern, sobald sie eine bestimmte Referenzfläche passieren. Durch die Verarbeitung zweier Aufnahmen, die zeitlich nacheinander gewonnen wurden, erhält man ein Bild der Veränderungen in der jeweiligen Topografie. Hat der Vulkan sich aufgebeult, seit er das letzte Mal vom Satelliten aufgenommen wurde, dann lässt sich seine weitere Entwicklung mit millimetergenauer Präzision verfolgen. Obwohl entsprechende Computerprogramme existieren, ist die Verarbeitung der Aufnahmen ebenso zeit- wie arbeitsaufwendig. Ob man überhaupt ein Bild erhält, hängt zudem von der Umlaufbahn des Satelliten ab und davon, wie häufig dieser den betreffenden Vulkan passiert. Aufgrund der polaren Umlaufbahn der Satelliten können die Trabanten gegenwärtig nur einmal monatlich oder auch nur alle paar Monate Aufnahmen liefern. Es handelt sich hier also um langfristige Vorhersagen; von Prognosen in Echtzeit sind wir noch weit entfernt. Da die Aufnahmen zudem bei jedem Wetter getätigt werden, sind sie anfällig für Veränderungen der Bodenbeschaffenheit – besonders die Vegetation kann die Aufnahmen stören. In tropischen und gemäßigten Breiten ist es darum nicht leicht, aussagefähige Aufnahmen zu bekommen. Dennoch vollzieht sich die Entwicklung auf diesem Gebiet so schnell, dass dieses Verfahren schon bald zufriedenstellende Ergebnisse liefern und zur Entwicklung weiterer, neuer Methoden führen wird.

Es ist unerlässlich, die Daten von den dauerhaft an den Vulkankratern installierten Geräten weiterzuleiten. Katastrophenverhütung ist ein Kampf gegen die Zeit, und die Übertragung per Funk ist der klassische Weg zur Datenweiterleitung. Strom liefern die Sonne und eine zusätzliche Batterie, wie bei dieser Anlage am Piton de la Fournaise.

SCHLUSSBETRACHTUNG

Vulkane – Ursprung des Lebens?
Die Gasentweichung aus dem Erdinneren, Ursprung von Atmosphäre und Hydrosphäre, erfolgt über Vulkane. Vulkane sind damit das Ventil der Erde. Dieser Vorgang findet auch heute noch statt, doch wesentlich schwächer im Vergleich zu dem, was einige Hundert Millionen Jahre nach Entstehung der Erde geschah, vor etwa 4,5 Mrd. Jahren. Sind Vulkane also der Ursprung des Lebens? Auch wenn die Antwort auf diese Frage noch im Bereich von Hypothesen liegt, ist es Vulkanologen nicht verwehrt zu träumen: Ohne Vulkane gäbe es keine die Erde schützende Lufthülle, kein Wasser, kein Leben. In den hydrothermalen Fluiden der schwarzen und weißen »Raucher« im Bruchzonenbereich mittelozeanischer Gräben, in dessen Bereichen sich der Meeresboden unablässig erneuert, finden sich Bakterien, die noch bei über 200 °C überleben – die hyperthermophilen Urbakterien. Solche Bakterien gibt es auch in den Fumarolen und Eruptionsgasen des Hot-Spot-Vulkans MacDonald, im äußersten Südosten der pazifischen Tubuai-Inseln Französisch-Polynesiens. Die Bakterien in den hydrothermalen Quellen überleben mit Hilfe von Chemosynthese; anders gesagt, basiert ihre organische Synthese auf der Energie, die von der chemischen Reduktion (Sauerstoffentzug) des von den Rauchwolken ausgestoßenen metallischen Schwefels freigesetzt wird, und nicht, wie sonst der Fall, auf der Energie des Sonnenlichts. Um diese Quellen entwickeln sich im Umkreis von einigen Metern eine Vielzahl von Lebewesen, die eine Nahrungskette bilden. So entsteht eine ganz besondere Oase von Meereslebewesen, die wir noch gar nicht in allen Einzelheiten kennen. In wasserreichen Gebieten werden die von explosiven Vulkanen ausgeworfenen Aschen also zu einem bemerkenswerten organischen Dünger. In tropischfeuchten Ländern ist es darum nicht selten, dass die Bauern pro Jahr drei Ernten erzielen. So gesehen, ist es kein Wunder, dass sich die Bevölkerung an ihre vulkannahen Ländereien klammert und die damit verbundenen Gefahren in Kauf nimmt.

Überwachte Vulkane
Dennoch werden Vulkane, wenn man sie nicht überwacht, zu todbringenden Gefahren, zu Verursachern schrecklicher Katastrophen. Die Liste mit Beispielen ist lang. Auf Vulkanhängen lebende Menschen haben oft keine andere Möglichkeit, als dort zu leben, und vertrauen darum auf den Beistand der Götter. Für die Betroffenen ist »Naturwissenschaft« etwas Unverständliches, Verwirrendes, Unzugängliches. Die Forscher erfüllen darum eine zweifache Aufgabe: die eigentliche wissenschaftliche Forschung und die Aufklärung der Bevölkerung.
Bei der Überwachung von Vulkanen und der Verhütung von Vulkankatastrophen bieten sich Wissenschaftlern und Behörden zwei Lösungswege. Der eine besteht darin, Vulkane zur rechtzeitigen Prognose eines Ausbruchs zu überwachen, um die Bewohner, für die sich größere Gefahren abzeichnen, rechtzeitig evakuieren zu können. Überwachung und Prognose sind mit der grundlegenden Erforschung von Eruptionsmechanismen von Vulkanen untrennbar verbunden. In den vergangenen Jahren wurden einige bedeutsame technologische Fortschritte erzielt, dank derer es in den nächsten Jahrzehnten zu wichtigen Neuentwicklungen kommen wird. Der zweite Lösungsweg konzentriert sich auf die Abschwächung bestimmter vulkanischer Gefahren. Drei Beispiele machen deutlich, worin eine solche Katastrophenvorsorge besteht. Beim ersten geht es um Schlammlawinen, Lahare genannt. In Japan werden zahlreiche Täler, die durch den Abgang von Laharen potentiell bedroht sind, mit Dammanlagen gesichert – riesigen Filtern, deren Maschen stromabwärts immer kleiner werden. Gleichzeitig wird das Flussbett im Unterlauf dieser Täler kanalisiert. Wird im Oberlauf des Flusses ein Lahar ausgelöst, gelangt nur noch ein schlammiger Sturzbach, der glücklicherweise im Flussbett bleibt, in die bewohnten Gebiete. Nach Abfluss des Lahars werden die Dämme von den dort aufgehäuften Gesteinsbrocken und anderem Material befreit. Das gleiche Programm wird gerade in Indonesien durchgeführt. Das zweite Beispiel betrifft die kleineren Explosionen der von Touristen viel besuchten japanischen Vulkane, die oft auch Wallfahrtsorte sind. Dort werden Betonunterstände errichtet, v. a. am Berg Aso, wo die Besucher beim ersten Alarm Schutz finden. Das dritte Beispiel bezieht sich auf die Umleitung von Lavaströmen. Die ersten Erfahrungen damit sammelten die Bewohner des auf den Hängen des Ätna gelegenen Dorfes Paterno. Unter der Ägide eines

Signor Papalarco lenkten die in wassergetränkte Schafhäute gehüllten Dorfbewohner mit Hilfe von Pickeln und Hacken 1669 einen Lavastrom zum Schutz ihres Dorfes teilweise um. Sie wurden dann allerdings von den Bewohnern des nun bedrohten Nachbardorfes vertrieben! Der Lavastrom zerstörte schließlich große Teile der Stadt Catania. Die ebenfalls am Ätna gelegene Stadt Zafferana wurde dank der von dem Vulkanologen Franco Barberi geleiteten Bemühungen 1991–1992 gerettet. Zuerst errichtete man talabwärts Dämme an Stellen, die für eine Verlangsamung des Lavastroms geeignet schienen. Danach zerstörte man talaufwärts die Abflusstunnel der Lava, so dass sie sich in ein anderes Gebiet ergoss. Als dieses sich mit Lava gefüllt hatte, war die Eruption vorbei. Es gibt viele weitere Beispiele für eine erfolgreiche Schadensbegrenzung: Beim Ausbruch des Vulkans auf der isländischen Insel Heimaey 1973 wurde der Lavastrom, der den wichtigsten Fischereihafen Islands zu schließen drohte, mit Hilfe unzähliger Motorspritzen, die den Strom ununterbrochen besprengten, verlangsamt und schließlich gestoppt. Am indonesischen Kelut grub man übereinanderliegende Tunnel, um einen See mit heißem, saurem Wasser teilweise zu entleeren, der beim Ausbruch 1919 einen Lahar ausgelöst und dadurch mehr als 5000 Todesopfer gefordert hatte. In Kamerun führte man auf dem Nyos-See, wo 1986 durch eine plötzliche Gasfreisetzung 5000 Menschen ums Leben gekommen waren, einen kontrollierten Entgasungsversuch durch.
Bei einer anderen Form der Katastrophenverhütung simuliert man einen Vulkanausbruch und probt die Evakuierung der Bewohner, um die Reaktionszeit der einzelnen zuständigen Dienststellen und das Verhalten der Bevölkerung zu testen. V. a. in Gebieten, die stark durch Vulkane bedroht sind, sollte man gut vorbereitete Simulationen vulkanischer Erscheinungen durchführen, um mit Behörden und Bevölkerung die Evakuierung einzuüben. Die vielen Tausend Menschen, die am Fuß des Sakurajima in Japan leben und mit lebensnahen Übungen dieser Größenordnung wohl vertraut sind, sind dabei ein gutes Vorbild. Auch in Italien finden inzwischen ähnliche Übungen statt, v. a. auf Vulcano; weitere sind in Vorbereitung.

Vulkane als Energiequellen

Liegt eine Magmakammer nahe genug am Grundwasserspiegel, um Wasserdampf zu produzieren, der von einem Deckel aus nahezu undurchlässigen geologischen Schichten zurückgehalten wird, dann wirkt sie wie eine natürliche »Dampfmaschine«. Man braucht nur ein Loch in den Deckel zu bohren und den Dampf durch diesen Abzug in Turbinen zu leiten, um Strom zu erzeugen. Diese einfache Energiegewinnung bezeichnet man als geothermische Energie. In der Praxis ist dies meist etwas komplizierter, doch an von der Natur begünstigen Orten funktioniert das System sehr gut: in Neuseeland, Griechenland, Amerika und im italienischen Larderello, wo das älteste geothermische Kraftwerk so viel Energie produziert, dass man damit das gesamte italienische Eisenbahnnetz versorgen könnte. Ein geothermisches Paradies ist Island, wo Vulkane Strom liefern und Wohnsiedlungen, Treibhäuser und Wasser beheizen.

Vulkane als touristische Sehenswürdigkeit, als Naturschauspiel und als Bewahrer geschichtlichen Erbes

Manche Vulkanausbrüche forderten gewiss einen katastrophalen menschlichen und ökonomischen Tribut: Saint-Pierre auf Martinique 1902, Armero in Kolumbien 1985 oder Herculaneum und Pompeiji am Fuß des Vesuv 79 n. Chr. Ganze Kulturen wurden ausgelöscht, so die kretisch-minoische 1620 v. Chr., während es anderen Eruptionen paradoxerweise zu verdanken ist, dass ein Teil der Menschheitsgeschichte unter dichten Schichten aus Vulkanasche und Bimssteinen unversehrt konserviert wurde. Was wäre heute noch übrig von prachtvollen Städten wie Herculaneum oder Pompeji, wären diese nicht unter Asche und Schlammlawinen begraben worden? Vermutlich kaum noch etwas. Würde der Tempel von Borobudur heute noch bestehen, wenn er nicht 1200 Jahre lang immer wieder von den Aschen des Merapi bedeckt und geschützt worden wäre? Welche Überreste der minoischen Kultur wären ohne den Ausbruch des Santorin bis heute erhalten geblieben? Wüssten wir überhaupt noch etwas darüber? Was wäre übrig von den Akrotiri-Fresken und den anderen auf Thera anzutreffenden Zeugnissen dieser vergessenen Kultur, mit deren Hilfe wir nun einen Teil unserer Geschichte rekonstruieren? Dass wir heute so wenig darüber wissen, ist natürlich nicht zuletzt Schuld des Vulkans, doch wäre ohne ihn auch der erhalten gebliebene Teil dieser Vergangenheit verschwunden. Am Beginn des 21. Jh. blickt der Mensch noch immer auf den Vulkan und der Vulkanologe auf seine Verantwortung als Wissenschaftler, damit der Mensch in Harmonie mit dem Vulkan leben kann. ■

GLOSSAR

Asthenosphäre (griech. *asthenos,* »ohne Kraft«). Schicht im oberen Erdmantel, direkt über der Litosphäre. Diese feste, aber fließfähige Schicht ist in der Lage, sich zu verformen, sodass die litosphärischen Platten gleiten können.
Basalte, Alkali-B., Hawaiit, Mugearit und Trachyt. Vulkanisches Gestein (*vgl.* Eruptivgestein) der Alkali-Reihe, mit geringem (Alkali-Basalt) bis hohem (Trachyt) Kieselsäureanteil. Dieses Gestein steht mit Vulkanismus im Zusammenhang, der nicht an Plattenrändern, sondern im Platteninneren auftritt (z. B. französisches Zentralmassiv).
Basalte, Kalkalkali-B., Andesit-B., Dazit, Rhyolith. Vulkanisches Gestein (*vgl.* Eruptivgestein) der Andesit-Reihe. Basalt hat einen geringen, Rhyolit einen hohen Kieselsäureanteil. Dieses Gestein ist typisch für Vulkanismus an Subduktionszonen (z. B. Japan, Anden).
Blast (engl., »Druckwelle«). Gewaltige, zur Seite hin gerichtete Deflagration mit enormer Zerstörungskraft (am Mount Saint Helens z. B. war der Blast am 18. Mai 1980 mit einem Einsturz der Flanke verbunden).
Caldera *s. S.* 110–111.
Chondrit (griech. *chondros,* , »Korn«). Eisen- und nickelreiches, aus Steinkügelchen bestehendes Meteoritgestein.
Dazit *vgl.* Kalkalkali-Basalt
Durchschlagsrohr (Diatrema). Zylindrisch bis konisch geformter vulkanischer Schlot, gefüllt mit Trümmergestein (Brekzien), das durch Anhäufung von Pyroklastika entstanden ist. Durchschlagsrohre bilden sich bei einer phreatomagmatischen Eruption (*s. S.* 100–103) und erscheinen an der Erdoberfläche als Maare (*s. S.* 103).
Eruptivgestein. Gestein, das durch Erkalten von Magma entsteht. Es gibt im Wesentlichen zwei Arten von Eruptivgestein:

- Tiefengestein (Plutonit), besteht aus großen Kristallen, bildet sich im Erdinneren durch langsames Erkalten (z. B. Gabbro, Granit).
- Vulkangestein (Vulkanit), geht zurück auf eine glasige Magmamasse, in der sich Kristalle gebildet haben. Bildet sich an der Erdoberfläche durch schnelles Erstarren (z. B. Basalt, Rhyolith).

Je nachdem, ob die Magmaschmelze die Erdoberfläche erreicht oder nicht, kann sich ein und dasselbe Magma sowohl zu Tiefen- als auch zu Vulkangestein entwickeln. So haben Basalt und Gabbro – wie auch Granit und Rhyolith – die gleiche chemische Zusammensetzung, da sie vom identischen Magma abstammen.
Extrusion (lat. *extrudere,* , »hinausstoßen«). Differenzierte, also zähflüssige, Magmamasse, die durch Aufstauung einen Vulkandom oder eine Staunadel bildet. Eine Protrusion ist eine besondere Form der Extrusion.
Gabbro. Tiefengestein, dessen chemische Zusammensetzung der von Basalt entspricht.
Geothermisch (griech. *ge,* »die Erde«, *thermos,* »warm«). Die innere Wärme der Erde betreffend.
Hot Spot (engl., »heißer Fleck«) *s. S.* 84.
Ignimbrite (lat. *ignis,* »Feuer«, *imber, imbris,* »Regen«). Begriff, der im weiteren Sinn die tuffhaltigen Ablagerungen gewaltiger Pyroklastikaströme bezeichnet, die mit der Bildung großer Calderen in Zusammenhang stehen. Im engeren Sinn steht er für miteinander verschweißte Pyroklastika und Tuffe.
Kryptodom (griech. *kryptos,* »verborgen«, *doma,* »Kuppeldach«). Im Inneren eines Vulkans (meist eines andesitischen Stratovulkans) »verborgene« Magmamasse.
Lapilli (Plural von ital. *lapillo,* »kleiner Stein«) *vgl.* Pyroklastika.
Lithosphäre (griech. *lithos,* »Stein«). Starre äußere Schale der Erde aus Gestein, widersteht recht starkem Druck (etwa 100 Kilobar), besteht aus mehreren beweglichen Platten, die sich gegeneinander verschieben. Umfasst die (kontinentale und ozeanische) Erdkruste und Teile des oberen Erdmantels, den so genannten lithosphärischen Erdmantel.
Lithostatischer Druck (griech. *lithos,* »Stein«). Durch Gesteinsmassen ausgeübter Druck, der mit zunehmender Tiefe steigt.
Mittelozeanischer Rücken *s. S.* 90–91.
Obsidian (Lavaglas, von *obsius,* nach Plinius d. J., der das Gestein als erster entdeckt haben soll). Vulkangestein, das fast ausschließlich aus schwarzem vulkanischem Glas besteht. Wird häufig mit differenziertem, kieselsäurereichem und darum zähflüssigem Magma in Verbindung gebracht.
Ophiolite *s. S.* 91.
Pelétätigkeit (nach dem Vulkan Mont Pelée auf Martinique) *s. S.* 101.
Peridotit. Schwarzes Tiefengestein, das hauptsächlich aus so genannten Olivinen, eisen- und magnesiumreichen Mineralien, besteht.
Petrografie, Petrologie (griech. *petra,* »Fels«, *graphein,* »schreiben«, *logos,* »Lehre«). Gesteinskunde. Befasst sich mit der Beschreibung der Gesteine (Petrografie im engeren Sinn), ihrer Klassifizierung sowie der Geschichte ihrer Entstehung (Petrologie).
Phreatische Eruption (griech. *phreas,* »Brunnen«). Explosionsphänomen in Form von plötzlichem, heftigem Verdampfen überhitzten Wassers. Geht die Erhitzung des Wassers auf den Kontakt mit Magma zurück, kommt es zu einer so genannten phreatomagmatischen Eruption.
Pitkrater (Schachtkrater; engl. *pit,* »Loch, Grube«). Mehr oder weniger kreisförmiger Krater, der durch Einbruch auf basaltischen Schildvulkanen entsteht, nach Auswurf großer Mengen flüssiger Lava (z. B. die Dolomieu- und Bory-Krater am Piton de la Fournaise).
Plinianische Tätigkeit, plinianische Eruptionssäule (nach Plinius d. J.) *s. S.* 101.
Protrusion (lat. *protrudere,* »hervordrängen«). Sehr zähflüssige Lavamasse, die beim Austritt aus dem Krater den gleichen Durchmesser bewahrt und eine Staunadel bildet, die wie ein Kolben vorrückt.
Pyroklastika (Tephra; griech. *pyros,* »Feuer«, *klastein,* »zerbrechen«, *tephra,* »Asche«). Sammelbegriff für alle Gesteinsfragmente, die bei explosiver vulkanischer Tätigkeit ausgeworfen werden. Die Auswurfprodukte werden nach ihrer Größe wie folgt unterteilt:

- Vulkanstaub: staubartig bis feinkörnig (< 1 mm);
- Vulkanaschen: im Millimeterbereich;
- Lapilli: im Zentimeterbereich;
- Blöcke und Bomben: im Dezimeter- und Meterbereich.

Pyroxen (griech. *pyros,* »Feuer«, *xenos,* »Fremder«). Mineral aus der Familie der Eisen-Magnesium-Silikate, das sich bei hoher Temperatur kristallisiert. Zusammen mit Olivin gehört es zu den Mineralien, die bei Erkalten des Magmas als Erste kristallisieren.
Rhyolit *vgl.* Kalkalkali-Basalt.
Riftzone (engl. *rift,* »Spalte, Riss«). Privilegierte Nährgebiete eines basaltischen Schildvulkans. Diese Struktur entspricht in der Tiefe einem dichten Bündel aus Gängen und strahlenförmigen Adern. Zu Erdrutschen an den Flanken kommt es v. a. zwischen zwei Riftzonen, wie z. B. am Piton de la Fournaise und am Kilauea auf Hawaii.
Schlacke, vulkanische. Blasig-poröse Auswurfprodukte und Lavafragmente von rauer, unebener, ausgezackter Oberfläche und geringer Dichte.
Schwefeldioxid. Gas, oft vulkanischen Ursprungs, das zu Schwefliger Säure wird, wenn es sich mit Wasser verbindet.
Serpentin (lat. *serpens,* »Schlange«). Zur Ophiolit-Gruppe (*s. S.* 91) gehörendes grünes Mineral.
Stratigrafie (lat. *stratum,* »Decke«, griech. *graphein,* »schreiben«). Wissenschaft, die sich mit den Gesteinsschichten (Sedimenten) und ihrer Datierung befasst.
Stratovulkan, andesitischer *s. S.* 104–105.
Subsidenz (lat. *subsidere,* »sinken, sich senken«). Der Begriff bezeichnet im Allgemeinen das allmähliche Absinken eines Sedimentationsbeckens über einen relativ langen Zeitraum hinweg. Manchmal dient er auch zur Bezeichnung eines identischen Phänomens, das mit der Anhäufung von Material vulkanischen Ursprungs auf gewaltigen Basaltdecken in Zusammenhang steht.
Surtseyanisch (-e Dynamik, -e Eruption) *s. S.* 100.
Tephra *vgl.* Pyroklastika.
Trachyt *vgl.* Alkali-Basalt.
Tholeiitisch. Vulkanasche.
Tephra *s. S.* 90
Vulkanasche *vgl.* Pyroklastika.
Zwillingskristall. Verbindung zweier oder mehrerer Kristalle desselben Minerals nach einer bestimmten Anordnung ihres Kristallgitters, die auf weniger klaren geometrischen Regeln basiert.

REGISTER

Kursiv gesetzte Zahlen weisen auf Illustrationen hin, **fett** gesetzte Zahlen auf die Stellen, die ein Thema ausführlich behandeln.

BILDNACHWEIS